基于空间信息技术的湖库生态环境动态监测与综合评价研究

Research on the Dynamic Monitoring and Synthesize Assessment of Lake and Reservoir Based on the Spatial Information Technology

曹波 沙志贵 杨胜梅 叶松 张煜 方喻弘 沈定涛 著

测绘出版社

·北京·

内容简介

本书依据湖泊、水库实际特点,遴选出与人类活动关联度大的生态环境影响因子,建立具有代表性的生态指标体系,研究基于空间信息技术提取相关生态指标的方法,以丹江口水库及三峡水库为研究对象,在前期没有投入大量资金建设完备的工程生态与环境监测网的情况下,针对少资料、少站点、有大量数字产品的湖库生态环境影响,探索精简扼要、切实可行的定量评价方法,分析不同水位调控与土地开发利用状态对库区水生态环境影响,揭示人类活动驱动并改变生态环境的作用机制。

本书适合地理信息、遥感、信息技术、生态环境影响评价等相关专业背景的读者参考和选读。

图书在版编目(CIP)数据

基于空间信息技术的湖库生态环境动态监测与综合评价研究 / 曹波等著. - - 北京 : 测绘出版社, 2022.9
ISBN 978-7-5030-4446-5

Ⅰ. ①基… Ⅱ. ①曹… Ⅲ. ①湖泊污染－环境监测－生态环境评价②水库污染－环境监测－生态环境评价
Ⅳ. ①X524②X832

中国版本图书馆 CIP 数据核字(2022)第 168763 号

基于空间信息技术的湖库生态环境动态监测与综合评价研究
Jiyu Kongjian Xinxi Jishu de Hu Ku Shengtai Huanjing Dongtai Jiance yu Zonghe Pingjia Yanjiu

责任编辑	李　莹	**封面设计**	李　伟	**责任印制**	陈姝颖

出版发行	测绘出版社	**电　　话**	010－68580735(发行部)
社　　址	北京市西城区三里河路 50 号		010－68531363(编辑部)
邮政编码	100045	**网　　址**	www.chinasmp.com
电子信箱	smp@sinomaps.com	**经　　销**	新华书店
成品规格	169mm×239mm	**印　　刷**	北京捷迅佳彩印刷有限公司
印　　张	12	**字　　数**	231 千字
版　　次	2022 年 9 月第 1 版	**印　　次**	2022 年 9 月第 1 次印刷
印　　数	001－800	**定　　价**	76.00 元

书　　号　ISBN 978-7-5030-4446-5

前　言

湖泊与水库(简称湖库)是人类生存和发展所需的重要资源。近年来人类对湖库采取的不合理开发利用方式正在产生各类负面生态环境影响。填湖造田、污水排放、岸线过度开发利用等行为严重侵害着湖库健康,致使有些湖库呈现出水质恶化、水体富营养化、面积萎缩和水量减少的趋势。鉴于生态环境监测与影响评价具有很强的地域性和空间性的特点,只依靠传统的地面监测站网的方法存在着实时性弱、覆盖范围小、以点带面不准确等缺点,难以满足新形势的湖库管理与决策的需要。因此本书引入以遥感、地理信息系统(geographic information system,GIS)技术为代表的空间信息技术,准确观测、计算提取或定量反演湖库的生态环境指标状态,掌握其时空变化规律,生态环境指标主要包括土地利用、水温、叶绿素、采砂、湖库特征信息、潜在淹没范围等,为后续开展生态环境影响评价提供数据支撑。目前人类活动(本书主要是指以水位控制为主的湖库调度和周边土地开发利用方式)对生态环境影响累积叠加效应及其与各生态因子关联性主要以定性与半定量为主,有关的生态环境影响监测方法和定量评价理论还有待深入研究。本书针对目前湖库水位调度及土地开发态势下生态环境影响监测及定量评价能力不足的现状,选择丹江口水库和三峡水库为研究对象,以利用空间信息技术可以宏观快速获取的生态环境数据为基础,依据模糊理论、数学模型等方法,对水库不同水位模式对生态环境造成的影响,以及土地开发对库区水生态环境的影响进行了综合定量评价研究。

本书主要研究内容如下:

第 1 章介绍本书研究的目的和意义,分析国内外研究进展,提出需研究的问题。

第 2 章研究基于遥感技术的湖库生态环境动态监测。针对涉水违法开发利用、填库填湖、水体富营养化、蓝藻暴发、非法采砂等湖库典型管理职能,研究相应的土地利用分类及其变化检测、水温和叶绿素的准确观测、采砂船只识别等计算提取、定量反演有关模型与算法。

第 3 章研究基于地理信息系统技术的湖库流域特征信息提取与淹没损失评估。主要使用地理信息系统的空间数据管理、叠加分析、挖填方计算等功能,基于数字高程模型(digital elevation model,DEM)数据计算提取湖库流域有关的特征信息,包括坡度坡向、水深、水量、断面剖面、水系河网等,处理后得到水位—面积—库容曲线、溃口形状、洪水演进路径等大量的专题信息,为后续的洪水演进计算提供初始输入条件。针对静态淹没法适用范围有限,以及二维水力学计算对边界条件要求高的局限性,在前述提取的湖库特征信息的支持下,开展基于一维水文演算和地理信息系统相结合的潜在淹没范围计算方法研究，为静态法不适用的河道型湖库、二维水动力学计算不适用的少资料湖库提供高效的淹没评估手段。淹没损失是最关键的生态环境影响之一。本书为不同类型的湖库提供了一套完整的淹没范围计算方案。

第 4 章以丹江口水库为研究对象，选择与丹江口水库水位调度关联性大和可控性强的生态环境影响作为评价指标，使用第 2、3 章中的关键空间信息技术提取不同水位状态下各指标的自然状态，使用 AHP 法计算符合水库管理目标的权重体系，基于模糊多层次综合评判理论，实现丹江口水库的时空敏感生态环境影响综合评价。

第 5 章以三峡水库为研究对象，使用空间信息技术提取土地覆盖空间分布特征，结合地理信息系统空间分析、数理统计分析、评估数学模型等多学科知识，分析流域土地开发的地理分布特征及其对水生态环境的影响，在此基础上，构建面向水质安全的土地开发压力源(预警)评估方法，进行流域尺度的三峡库区实证分析。

第 6 章总结全书，提出尚需进一步研究的问题。

本书参考和引用了大量国内外专家和学者的相关研究成果，在此一并表示感谢！由于作者水平有限，书中难免存在缺点甚至错误，诚挚欢迎读者批评指正。作者特别感谢华中科技大学康玲教授、张秋文教授，以及长江科学院谭德宝教授级高级工程师对本书提出的宝贵意见，并感谢凌峰、李文波、文雄飞、李昌文给予本书的大力支持。

目　录

第1章 绪 论

§1.1 湖库生态环境动态监测与评价研究概述

水资源是人类社会生存与发展的首要物质基础。各类湖泊与水库是珍贵的水资源的重要组成部分,美其名曰“陆上珍珠”。在我国长江中下游流域,湖泊水库众多,其迤逦的风光不仅造就了特有的水灵秀文化,更为重要的是为珍稀动植物提供了栖息家园,为人类发展提供了强大资源支撑。但是,近年来随着社会经济的迅猛发展,人类对资源需求的增长加重湖泊水库的生态胁迫,特别是一些不可持续的不当开发利用模式,极大损害了湖库健康状况,不少湖库正遭受各类侵害。

一些湖库周边工业生活污水的排放问题日益严重,消落带上农田大量使用化肥农药造成的非点源污染也同样危害湖库水质安全,问水要地和围湖造田等侵占水域的现象更是时有发生。众多湖泊水库已呈现出水质恶化、水体富营养化、水域面积萎缩、水量减少、珍稀水生动植物濒危的趋势。以湖泊分布最为广泛、侵害与治理过程最为典型的武汉市为例。湖北省武汉市是我国中部地区中心城市,也是我国重要的交通枢纽,长江和汉江在此交汇,城区湖泊众多,素有“江城”和“百湖之城”的美誉,水域总面积占全市土地面积近1/4,人均水资源占有量位居全国首位,是一个水资源十分丰富的城市。近年来由于人为的污染与填埋,武汉市湖泊保护形势严峻,引起了公众极大的忧虑与社会广泛的关注。据武汉市水务局的调查数据显示:近30年武汉湖泊面积减少了228.9 km^2;50年来,近100个湖泊人间“蒸发”,武汉城区(中心城区)湖泊由中华人民共和国成立之初的127个锐减至目前的38个。截至2005年1月14日,通过专家评审的水资源普查报告首次披露,武汉中心城区和远城区面积在0.1 km^2 以上的大小湖泊仅存166个,除大面积被填埋外,大多数湖泊的消失都经过水质恶化、藻类暴发、污染淤积、逐渐消亡的相似历程。近年来通过武汉市政府超规格的重视与最严格的管理,以及明确提出现有湖泊数量、面积不减的总体要求,湖泊消亡现象才得以有效遏制。消失的水域不仅是水资源的损失和水生态的损失,更极有可能演变成困扰周边大范围区域的生态顽疾。

“水是生命之源、生产之要、生态之基。兴水利、除水害,事关人类生存、经济发展、社会进步。”近年来,国家高度重视水资源保护,有系统持续性地颁布了2011年的中央一号文件《中共中央 国务院关于加快水利改革发展的决定》(中发〔2011〕

1号)、《国务院关于实行最严格水资源管理制度的意见》(国发〔2012〕3号)、水利部2013年1号文件《水利部关于加快推进水生态文明建设工作的意见》(水资源〔2013〕1号)等一大批政策文件。2016年习近平总书记在重庆的谈话中更是明确指出要把修复长江生态环境摆在压倒性位置,“共抓大保护,不搞大开发”。可见水生态文明建设是国家长期战略,在很长一段时间内将是不可动摇的基本国策。

正是基于此大背景,长江流域相关的湖库保护、生态环境影响评价、生态修复等研究正在广泛地开展。目前长江中下游各省份依据各自实际情况,制定了相应的湖泊生态环境保护条例。水库现在还没有相关管理部门制定统一的保护条例,可参照湖泊执行。为保障湖泊功能,保护和改善湖泊生态环境,各省份湖泊保护条例有不同之处,但基本核心目标一致。总结湖库保护最核心的管理职能为:应当定期组织实施湖泊状况普查,掌握位置、面(容)积、调蓄能力、主要功能等内容;在保护区内,禁止建设与防洪、改善水环境、生态保护、航运和道路等公共设施无关的建筑物、构筑物;在湖泊禁采区内,禁止采砂、取土、采石;禁止在湖泊保护范围内圈圩养殖;禁止在湖泊保护范围内填湖造地、围湖造田、筑坝拦汊以及进行其他侵占和分割水面的行为;防止湖泊面积减少和水质污染;等等。

针对湖库生态环境保护的核心管理目标,除了提高监测手段、加强不合理开发方式的监管和限制外,如何评价人类行为模式对湖库生态环境造成的影响也是一个很重要的研究方向。湖库的人为调度方式主要是水位控制,湖泊主要是依靠江湖联通建闸控制,水库主要是下泄流量控制。水位模式改变水面面积,引起水力要素改变,改变湖库生境,产生各种正面负面影响效应(Brismar,2004;Gagnon et al,2002)。区域内生态环境因子之间存在着交互或层次性的交互,其影响相互叠加作用,从而导致各生态环境要素的状态不断变化,可能扩大或缩减其中的某些影响,甚至由量变到质变地生成新的影响(付雅琴,2009;曹波 等,2019)。与简单的线性问题相比,湖库的调度不是简单的水位升降问题,而是更需注重水位变化引发的一连串具有显著时空累积效应的生态环境影响(陈凯麒 等,2005;麻泽龙 等,2006)。针对湖库群体构建一个系统性的分析与评价体系,探讨与之相适应的具体分析与定量评价方法,辅助决策制定更为有效的优化调度方案来缓解负面生态环境影响,增强人为调度对生态环境影响的“可控性”,对于提升流域水资源的可持续性利用有着重要意义。对于只注重工程效应的水库工程,目前也正在转变思路,将生态环境因素考虑到水库调度目标中来是未来水库和流域管理者需要考虑的重要任务之一(陈进 等,2008)。目前人类行为对湖泊水库造成的生态环境影响定量评价研究任务十分艰巨,大多研究正处于定性与半定量的探索阶段。与之相适应的生态环境因子监测方法、多指标评价方法都有待发展。正是因为湖库的调度生态环境评价的复杂性,洞庭湖、鄱阳湖建闸工程长期处于艰难的论证阶段。

§1.2　国内外研究进展

1.2.1　调度对生态环境影响研究进展

国外一些发达国家对水电能源开发利用较早,因此也是最早遭受水库工程生态负面效应困扰的国家,对流域内水利工程对生态系统的影响以及观测方法、相关定量评价的研究开展得也比较早。国外的研究着重强调水资源在整个生态系统中所扮演的角色及其重要性,关注生态系统中各因素之间关联性,将湖库的运行和生态反馈视作一个完整的体系,以复杂综合的系统观点指导水库运行,特别强调对于恢复和保护生物多样性,减少对生态系统的破坏和负面影响方面的研究。水库调度也不再是传统的、仅与发电泄洪有关的水位升降问题,而是关系到全流域尤其是下游生态环境系统完整性得以保全的重大问题(Ligon et al,1995;Proff et al,1997)。

美国最早注意到河川径流对生态环境的重要意义。通过监测对比位于科罗拉多河干流的于1963年建成的格伦峡大坝建坝前后的生态环境变化发现:建坝前,科罗拉多河每年带走5 700万吨泥沙,河水呈现泥红色,河水水温在0℃至32℃,水生物种丰富;建坝后,90%以上的泥沙淤积在鲍威尔湖中,科罗拉多河水变清,流速显著降低,建坝后水温基本保持在9℃左右,3种本地鱼已经灭绝,弓背鲑濒临灭绝,还有60多个物种受到威胁(陈启慧,2005;吴保生 等,2004;Anderson et al,1996;Konieczki et al,1997;Powell,2002)。Richter等通过分析罗阿诺克水坝建坝前和建坝后水文数据,发现年最大流量和年最小流量的自然发生时间、水流过程脉冲事件的频率和延长脉冲事件的持续时间、水文值的变化率等因素对水生物有明显的影响(Richter et al,1997;Richter et al,1996)。1996年Gleick提出了基本生态需水量(basic ecological requirement)的概念,指出提供一定数量和质量的径流对于维护生态系统健康、保护物种的多样性及生态系统的完整性的重要意义(Gleick,1996)。Rashin等在1996年也提出可持续的水资源是指要有充足的径流量来保证湿地、河流和湖泊的最小生态需水量要求。在一系列定量评价研究成果的基础之上,美国开始了对调度策略的实质性调整(Rashin et al,1996)。从1991年到1996年,为了改善下游生态环境系统,20多个水库经过田纳西河流域管理局(TVA)进行了优化调度的调整,提高水库泄流水量及水质。具体包括进行适当的日调节等提高下游河道的最小流量,通过涡轮机通风等设施提高水库下泄水流的溶解氧浓度,这些措施为改善河流下游的生态系统起了重要的作用。

在国内,三峡工程对生态与环境的影响一直是备受关注的问题。长期以来,水利部长江水利委员会、中国科学院及国内其他有关部门、科研单位、大专院校,都相继对三峡工程影响所涉及的众多生态与环境因子进行了深入调查和研究工作，并在工程的规划、方案论证、可行性研究和各阶段的设计中，提出了一系列评价报告和规划设计报告（汪恕诚，2004；蔡其华，2006）。在国务院三峡工程建设委员会办公室的组织协调和有关部委的大力支持下，1996 年有关部门和单位共同组建长江三峡工程生态与环境监测系统。该系统围绕三峡工程建设和今后的运行，对三峡工程可能引起的生态环境问题进行全过程的跟踪监测，为三峡工程建成后进行环境影响评价积累完整数据。监测系统的主要内容是三峡工程引起生态环境各种因子的变化与发展趋势，了解掌握三峡建坝前后长江流域相关地区生态环境变化的时空规律；同时充分发挥工程的有利影响，使受工程影响的地区及相关地区生态系统呈良性循环；针对三峡工程在生态与环境中引起的主要不利影响，监测系统中将监测工作与减免对策应用结合起来，开展以经济、环境协调发展为目标的实验和示范研究，以期推广应用，达到监测工作为改善生态环境服务的目的；对某些还认识不清的问题积极开展科学实验与应用研究，提出三峡工程及长江相关区域生态建设对策体系和对策优化的具体措施。长江三峡工程生态与环境监测系统由 11 个监测子系统（包括 15 个监测重点站、4 个监测实验站和若干个专项监测站）组成，涵盖了水文水质、污染源、鱼类和水生生物、陆生动植物、局部气候、农业生态环境、河口生态环境、人群健康、库区社会经济环境以及泥沙、地质灾害、施工区等专项监测。监测系统按照国家或行业部门有关专业的规范规程，结合三峡工程实际情况，对重要的生态环境因子进行定期与不定期的监测、观测和调查，已基本形成了三峡水库蓄水前的生态环境本底资料。

三峡工程生态与环境监测系统是国内唯一的跨地区、跨部门、跨学科、综合性的生态与环境监测网络。与国内外大型水电工程相比，三峡工程生态与环境监测系统的监测内容、范围和规模都是最大的，其投资耗时也是巨大的。对于绝大多数流域实际情况而言，并不具备如此完备的监测专项种类和前期监测站网投入。因此针对少资料、少站点的湖库流域生态环境影响评价则亟须探索一种经济宏观、切实有效的定量评价方法。

在该问题上，目前存在的主要问题是，我国关于调度对生态环境影响的评价主要以定性研究较多，生态环境指标监测手段还是以传统的地面监测站断面控制为主，针对目标还是以具备监测站网条件的湖库为主，而基于 3S 技术[1]的定量分析与评价调度对生态环境影响的研究还处在发展阶段。

1.2.2 土地利用开发对水环境影响研究进展

随着社会经济的快速发展，面源污染问题越来越突出。面源污染主要是指

[1] 地理信息系统（GIS）、遥感（RS）、全球导航卫星系统（GNSS）的合称。

各种污染物在降雨作用下，从非特定的地点顺着径流进入河流或湖泊而造成的水体污染。至今已有众多学者通过不同方法和角度，研究了各流域土地利用变化对水环境的影响，结果表明，土地的不合理利用和开发是造成水域面源污染增加的关键因素。

随着植被的保持水土、防止土壤侵蚀的功能受到大家关注，土地覆盖/土地利用结构对土壤侵蚀、养分流失的影响研究也越来越多。傅伯杰等研究了水土流失较严重的黄土丘陵区土地利用变化对流域土壤侵蚀、土壤养分和土壤水分的影响，发现坡耕地—草地—林地土地利用结构具有较好的土壤养分保持能力，是黄土丘陵区较好的土地利用结构类型(傅伯杰 等,1999)。Yu Feng 等针对黄河皇甫川流域开展了土地利用变化模拟、土壤侵蚀 3S 监测、适宜植被盖度估算、土壤侵蚀情景模拟、土地利用格局优化等方面的综合研究，发现土地利用格局变化是导致土壤侵蚀变化的重要因素，土地利用类型与土壤侵蚀模数密切相关并存在一定规律，土地利用结构和空间格局优化有助于提升区域生态安全水平(Yu et al,2014)。喻锋等采用通用土壤侵蚀方程 USLE 定量研究了皇甫川流域不同土地利用背景下的土壤侵蚀分布规律。结果表明林、灌措施是流域植被恢复和减少土壤侵蚀的首选，草地限制土壤侵蚀的效果明显(喻锋 等,2006)。

为进一步了解土地利用及其变化对环境的影响，学者们展开了相关的定性、定量研究。Guo Xudong 和 Zhao Mijin 等进行了土地利用/土地覆盖变化对区域气候、土壤、水量和水质影响的定性分析，认为不同土地利用方式和土地覆盖类型的空间组合影响着土壤养分的迁移规律(Guo et al,1997;Zhao et al,2005)。韩黎阳针对三峡库区兰陵溪小流域，分别从不同尺度探讨径流及土壤的养分输出、土壤侵蚀、水质等响应特征及其影响因子，分析表明：景观格局对流域水质有重要影响，且不同时期存在差异；流域水质受不同土地利用斑块类型的破碎化程度影响(韩黎阳,2014)。Amiri 等分析了太田川河口周边地区农田、草地、林地和建筑用地面积所占比例与主要水污染指标的相关性，发现水体中总氮(total nitrogen, TN)浓度变化的 64% 由土地利用变化引起(Amiri et al,2009)。郭青海等进行了武汉市墨水湖、龙阳湖、三角湖和南太子湖四个湖泊水质指标与其土地利用结构的相关性分析，得出结论：龙阳湖中的滩地面积与水质指标呈负相关，农田面积与水质指标呈负相关，而居民用地、草地与水质指标均呈正相关关系；墨水湖和三角湖中，各地类与 TN、总磷(total phosphorus, TP)和高锰酸钾指数(COD_{Mn})均无显著相关关系；南太子湖中，农田与 TN 浓度呈正相关，TP、COD_{Mn} 与各地类相关性不显著(郭青海 等,2009)。张润森等研究表明，土地利用/覆盖变化对大气质量、大气污染以及气候变化也带来重要的影响(张润森 等,2013)。

随着环境生态的重要性逐渐显现，土地覆盖/土地利用变化研究的应用领域越来越广，水质保护领域的相关研究也逐渐增多。区域土地利用格局特征、驱动及影响分析可以为土地资源优化布局提供决策依据，尤其是发展迅速的城镇区域和流域、草原等生态脆弱区。葛全胜等通过重建历史土地数据，采用“簿记”模型方法估算近300年我国土地利用变化对陆地碳储量的影响，发现我国碳排放的空间分异明显，东北地区和西南地区的植被破坏相对较大，但目前全国自然植被活动增强，土地利用活动，特别是农林活动正对陆地生态碳储量产生比较明显的积极作用（葛全胜 等，2008）。Wang Genxu 选取了黑河流域的两个典型区域，进行土地利用变化的空间差异与影响的对比研究，定量评价了土地利用变化对不同区域绿洲系统的稳定性和水资源空间分配的影响，为相关水资源管理提供了支撑（Wang et al，2006）。王宗明等基于遥感观测所得的土地利用数据和生态系统过程模型计算植被净初级生产力数据，估算土地利用变化过程对三江平原地区植被生产力的影响，发现2000至2005年林地、草地和沼泽湿地向耕地的转化是三江平原土地利用/覆盖变化的最主要特征，土地覆被的变化直接导致区域净初级生产力减少了5.9%，该结果对研究区域初级生产力有重要意义（王宗明 等，2009）。

1.2.3　基于空间信息技术获取地表参数研究进展

随着以遥感、地理信息系统为代表的高新空间信息技术的飞速发展，空间信息技术获取地表参数的产品不断丰富、精度持续提高、观测周期不断缩短、分析方法不断完备，使得点面结合、累积滚动、定量综合地开展生态环境影响分析与评价研究成为可能。当前，伴随智慧时代的来临，数字流域技术也全面升级，在空间信息技术、物联网技术、无线传感器网络、大数据和云计算技术的支持下，构建空天地立体监测网逐渐成为生态环境动态变化监测的流行方式。目前通过遥感地表参数反演以及数字高程模型（digital elevation model，DEM）信息提取可以直接获取水深、水量、水表温度、叶绿素、含沙量、湿周、淹没区土地利用、地形指数等地表参数，这些参数大多能够直接或间接地反映流域生态环境影响。例如，水体含沙量能够通过泥沙对水体水色和透明度的改变而被遥感手段监测到；水深是在同等气候条件下水库水温的影响因素；地形地貌反映水位变幅范围内土地利用状况、淹没形成湿地浅滩面积、湿周的多少等要素直接关联到水陆生态系统的栖息地状况；水量则是是否满足生态基本需水状况的评价依据；等等。

这些地表参数的获取方法比较成熟，国内外已经开展十分广泛的研究。在植被覆盖度研究方面，Gratez 等早在1988年就利用 TM 影像获取植被覆盖情况（Gratez et al，1988）。Dymond 等于1992年较早地在 SPOT 影像上开展植被覆盖提取研究（Dymond et al，1992）。在水表温度（water surface temperature，WST）的监测方面，遥感手段为水温提取工作提供了一个高效途径。目前国内外的研究较多使用 Landsat TM 和 MODIS 两种遥感卫星数据开展对地温度的遥感反演。2004年覃志豪依据热辐射传输方程，推导出针对单波段热红外遥感数据反演的单窗法(覃志豪 等,2004)。2003 年 Jimenez-Munoz 提出与单窗法类似的单通道法(Jimenez-Munoz et al,2003)。经过几十年的发展,遥感提取环境参数的研究在理论和实际应用上已日臻完善和成熟。在近期,环境遥感研究取得了更多的进展和突破,几乎涵盖植被、水质、水量、温度等生态环境的各个方面。Feyisa 等利用增强光谱对比的新技术从而更加准确地对水陆边界进行自动识别,提高了洪水风险图制作的准确性(Feyisa et al,2014)。Wan Zhengming 研究利用 MODIS 数据更为有效地提取地表温度和发射率(Wan,2014)。Barnes 等则采用常见 Landsat 陆地卫星长期持续地监测佛罗里达的水质变化(Barnes et al,2014)。Zheng Duan 等利用卫星高度测量数据库结合水文数据、遥感影像监测与估算水库、湖泊的水量变化(Zheng et al,2013)。在 DEM 信息提取方面,沈定涛等基于地理信息系统(geographic information system,GIS)平台二次开发的软件,能够使用 GIS 的空间分析功能很好地在 DEM 本底数据的支持下完成不同水位条件下的水库容积、淹没范围、水深、地形指数等要素的计算,并在库容复核、堰塞湖溃决影响评估等项目中得到了很好的应用(Shen et al,2015)。近年来,我国在利用 GIS 进行洪灾损失评估方面的研究工作比较多,也取得了不少研究进展和成绩。例如,李纪人等利用遥感和空间展布式社会经济数据库,进行洪涝灾害遥感监测评估(李纪人,1998);丁志雄等也对基于遥感(remote sensing,RS)与 GIS 的洪涝灾害损失评估技术方法进行了研究(丁志雄,2004);焦俊超等首先构建了洪灾危险性指标体系,再提出了基于 GIS 和模糊综合评判的洪灾危险性评价模型,并开发了相应的分级评判系统(焦俊超 等,2010);2013 年,李谢辉等分析了地形、土壤、历史洪水、降雨、河流水系等对洪灾危险性的影响,并利用 GIS 制作了洪灾危险性区划图(李谢辉 等,2013)。

空间信息技术获取地表参数为流域生态环境评价提供了大量的专题数据,但是需要引入一种理论将众多信息关联与综合起来,并能定量评价水位调节模式对生态环境造成的综合影响。模糊理论正是契合湖库调度时空敏感生态环境影响定量评价研究的优选决策理论。

1.2.4 模糊理论与应用研究进展

模糊数学始于美国控制论专家 L. A. Zadeh 于 1965 年发表的第一篇论文《模糊集》(Fuzzy Sets)。经过 50 余年的发展,模糊数学已经成为构建数学模型的三大分支之一,即确定性模型、随机性模型、模糊性模型(杨纶标 等,2011)。现实世界很多对象是模糊的,成员对象也没有清晰的界定标准,然而人类对判别与推理的要求却是清晰的。模糊数学就是为精确描述复杂模糊对象而产生的一门科学。

现阶段模糊理论已从静态的模糊集理论突破与发展到可变模糊集理论体系。该理论体系由陈守煜教授于 2005 年提出,通过建立非此即彼清晰性与亦此亦彼模糊性辩证的对立统一的可变集,解释具有模糊性、动态可变性的自然现象、事物、概念,将其纳入严密的数学体系,对为评价清晰模糊交织的现实世界提供途径具有重要的理论意义与实际应用价值。陈守煜将发展了的可变模糊集理论率先应用到水资源系统优选决策、水资源可再生能力评价等领域的优选决策问题中去,并展望了该理论的广阔应用前景(陈守煜 等,2006;陈守煜,2012)。柴春岭通过研究基于模糊集理论的水文水资源系统模拟、评价与决策方法,引入模糊集理论,解决水文水资源系统中模糊性、随机性与非线性的问题,实现水资源系统的多层次、多指标、多模型的定量评价(柴春岭,2008)。郭瑜应用工程模糊集理论对水资源可持续利用、水资源与水环境承载能力、区域水资源合理配置、防洪调度的模糊决策、珠江流域水问题及深圳特区供水量预测等问题进行了分析研究,拓展了模糊集理论的应用范围(郭瑜,2006)。目前模糊集理论在水利中的应用主要集中在水文与水资源、防洪调度方向,用于湖库调度生态环境影响评价方面的研究还比较少。

§1.3 问题的提出

目前,人类行为对湖泊水库造成的生态环境影响定量评价研究任务十分艰巨,存在诸多问题和难点亟待解决,并且大多研究正处于定性与半定量的探索阶段。

第一个方面的原因是水利工程生态环境影响指标体系庞大,涉及水文、水环境、气象、水生物、大气环境等多个方面,每个分项又有多个详细指标,给全面研究带来了困难。表 1.1 是主要常见的生态环境指标。

表 1.1 主要常见的生态环境指标

生态因子	详细指标
水文	主要包括水位、流量、流速、悬移质输沙率和含沙量、水深等
水环境	水温、pH 值、溶解氧、浊度、透明度、氨氮、总氮、总磷等
气象观测	大气压、风速、温度、降雨、降雪、蒸发量、土壤温度等
生物(水生、陆生)观测	生物种类组成、数量、生物量、生产量、密度、覆盖度(植被)等
水土流失(包括土壤要素)观测	主要包括土壤容重、水分、有机质、氮、磷、钾、产流量、产沙量等
泥沙	含沙量、颗粒级配、清浑水界面高程、水位、水深、流速流向等
水力学	动水压强、冲淤、掺气、水下噪声等
大气环境	空气的物理、化学和生物特性及各类气体含量

同时人类行为模式对湖库生态环境施加的影响在时间尺度和空间尺度难以统一。比较热门的水库诱发地震、湖库温室气体排放等现象受水位流量调节影响的程度在短期内难以衡量,这类变化影响时间尺度大,贯穿于整个生命周期,不能简单体现在若干次人类行为影响上;而水深、淹没范围、水量等诸多要素对调度的响

应时间短,有"立竿见影"的效果,对湖库工程的水位控制模式高度敏感。在空间尺度上,影响范围差异也很大,有的影响仅限于河道级,有的是关系到河道附近区域生态环境圈的廊道级,更大范围的影响则是流域级的影响,如微气候、植被覆盖度等变化。因此很难全面兼顾各类时空尺度各异的生态环境影响指标。所以需要依据湖泊水库的实际特点,在同一时空尺度下以关联度大、可控性强、影响敏感为选择标准,遴选出与调度模式(水位控制)有关的、可调可控的生态环境影响因素,建立具有代表性的生态指标体系。

第二个方面的原因是数据采集手段十分有限,生态监测指标缺失,监测手段不够先进,缺乏大数据分析能力。部分生态因子的累积效应、相互影响和关联性还不明确,亟待基于大量实测数据研究探明。基于大量数据分析方法构建生态环境影响评价模型需要引进先进的数据采集与获取手段(王桥 等,2006)。鉴于生态环境系统现状、变化与趋势的评价与调查具有很强的地域性和空间性的特点,只依靠单纯的地面监测站网存在着投资大、耗时长、实时性弱的缺点,传统监测站网自动化程度低、覆盖范围小、维护成本高,难以满足新形势的湖库管理与决策的需要。因此需要引入以遥感、GIS 为代表的空间信息技术,以其具有的宏观、多尺度、快速和经济等特征,大范围覆盖、实时快速获取解译对象分布规律与宏观趋势,适宜获取流域生态环境因素的时空变化情况,特别是旨在建立指标对象在全流域范围内定量关联时,拥有实地散点观测所不具备的优势。遥感地表参数反演以及基于 GIS 的 DEM 信息提取技术可以获得大量生态环境信息,例如调节对应水位条件下的水深、水量、水温、含沙量、叶绿素、湿周、淹没范围、地形地貌等。到目前为止,以生态环境遥感为主的空间信息技术已经成为全球性、区域(流域)性生态环境问题研究的重要手段,为流域生态环境监测和评价提供了强有力的工具(贾海峰 等,2006)。同时,目前多数湖库管理部门缺少前期投入,并没有完备的生态与环境监测网,基础数据条件差,信息化程度低,专业化人员少。重走建站结合定期巡检、实地采样的老路不可行,使用先进有效的空间信息技术作为监测手段是未来的必然趋势。

第三个方面的原因是生态环境效应的模糊性、复杂可变性与难量化性,难以直接使用具有明确数值意义和模糊不确定的指标体系相互交叉、效应累加地开展生态效益定量评估(陈守煜,2009)。根据湖库调度生态环境影响问题的性质,生态环境体系中很多影响效应具有模糊性,例如最典型的水陆生物栖息与生存状态只能通过地形数据、遥感数据得到有一定关联性的明确数值(如湿地浅滩面积、水量、湿周等),但其中蕴含的模糊性导致评价只能以模糊的形式给出风险的高低和状况的优劣。有的指标却是非此即彼的清晰值,如区域内水质、淹没损失等。同时在水位调控的共同作用下指标要素也是相互作用与交叉影响的,例如水深影响水库水温,水温影响水生生物,水温和流速共同影响鱼群产卵量等。这些联系有确定性关联,但是无法得到有确切物理数值意义的量化联系，只能通过实测数据或者经验概率等形式划分出优劣等级，给出模糊评判。因此，湖库水位调度生态环境影响优选决策问题，确切地说是一个模糊清晰集的问题。

正是基于以上三个方面的原因，本书选择丹江口库区作为研究区域，依据湖库核心管理职能，利用先进的空间信息观测技术，进行遥感地表参数反演以及 DEM 信息提取，从而获取大量的时空敏感生态环境指标信息，构建有典型性的流域生态指标体系，结合流域有关的工程规划，引入多层次模糊综合评判模型开展基于模糊理论的丹江口流域水库调度时空敏感生态环境影响定量评价研究。选择丹江口流域的意义在于丹江口流域是长江流域中一个十分重要和典型的子流域，水文地质、环境气候、生物植被等条件有典型的代表性。同时丹江口水库是南水北调中线工程水源地，是近期热点区域，库容量巨大，湖库管理问题典型突出，具有典型性和普适性。

本书选择三峡水库为面向水质安全的库区土地开发压力源研究的应用对象，因为三峡水库是我国的特大型水库，亦是淡水资源战略储备库，生态功能极其关键。同时库区人地矛盾突出，土地开发利用形式多样，水环境安全面临土地开发常态型压力源的胁迫，极具代表性。

两项典型应用研究均旨在充分发挥空间信息技术优势，在前期没有投入大量资金建设完备的工程生态与环境监测网的情况下，针对少资料、少站点、有大量数字产品的湖库生态环境影响，探索一种精简扼要、切实可行的定量评价方法，分析人类活动对生态环境的影响与作用，揭示人类活动驱动并改变生态环境的作用机制，具有重要的理论意义与实际应用价值。

第2章　基于遥感技术的湖库生态环境变化动态监测方法

以遥感技术为代表的空间信息技术，以其具有的宏观、多尺度、快速和经济等特征，能够大范围覆盖、实时快速获取解译对象分布规律与宏观趋势，适宜获取流域生态环境因素的时空变化情况，特别是旨在建立指标对象在全流域范围内定量关联时，拥有实地散点观测所不具备的优势。遥感地表参数反演以及信息提取技术可以获得大量与生态环境密切相关的关键信息，例如土地利用分类、水温、叶绿素、采砂危害等，涵盖了湖泊水库大量的核心管理内容，十分契合湖库管理的需要。到目前为止，以环境遥感为主的空间信息技术已经成为全球性、区域(流域)性生态环境问题研究的重要手段，为流域生态环境监测和评价提供了强有力的工具。基于遥感技术的湖库生态环境动态监测研究内容详见图2.1。

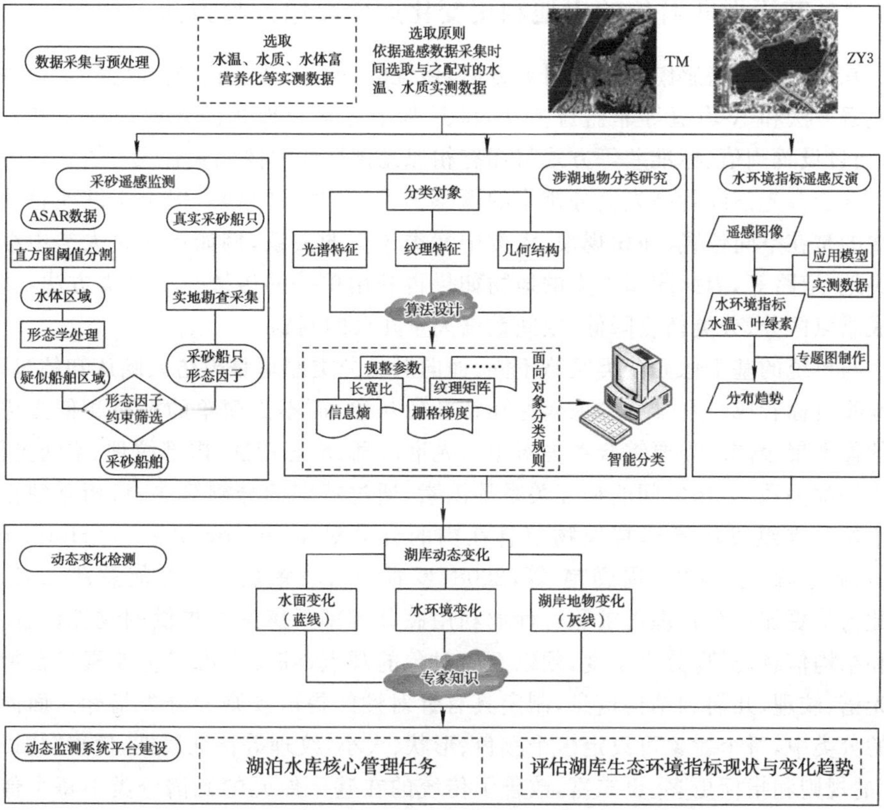

图2.1　基于遥感技术的湖库动态监测与评价技术路线图

§2.1　基于面向对象分类的湖库流域土地利用变化遥感动态监测

遥感技术能够通过近期高分辨图像有效地提取和统计湖泊水库现势形态、边界、面积等特征性状，以及周边流域区域内土地开发利用情况。再通过对比该区域积累的长序列时序影像，即可准确地追溯湖泊水库的演变历史及其变迁过程，利于研究湖泊水库多年来形成的演变规律和变化趋势。同时可加强湖泊水库周边开发利用状况的日常管理和监控，针对滨水建设控制线以内的涉水建筑、堤防、渠道、涵闸等地物目标，以及流域范围内居民用地、工业用地、农田、道路等进行动态监测，为查处涉水违法开发利用、查清土地利用现状和后续规划工作提供技术手段，为湖库流域人口经济规模评估、污染负荷预测、生态承载力评价等更高一级生态环境目标提供数据支撑。因此，实现湖泊水库土地利用变化遥感动态监测也将是湖库管理中最基础核心和最应优先重点建设的方向。

2.1.1　基于面向对象的土地利用变化遥感影像分类方法

在高分辨率遥感图像分类研究方面，传统的分类方法包括极大似然、最小距离等监督方法和K均值等非监督方法，都是基于像素和地物的光谱信息来进行分类，通过设置阈值、标准差等方式将拥有相似光谱特性的像元聚合成一类。该方法更适合于多光谱或者高光谱分辨率的遥感图像(孙显，2011)。但由于湖库管理更关注的是在空间位置、面积规模、大类中父类子类的关系，例如在建筑大类中细分居民地、道路等，因此同属大类的地物如果再利用单一的传统光谱分类方法，就会造成难以区分、分类精度降低、空间数据大量冗余的问题。

与传统的基于像元分类策略不同，面向对象分类原理是模仿人脑认知的过程，将地物目标看成一个具有多项属性和特征的对象，而不是简单的拥有相似光谱信息的像素聚合体。需要综合考虑对象的光谱信息、形态特征、内部纹理、空间坐标、前后层次关系、地物之间的相互关系等因素，通过特定的分割算法，将相互独立的单个像元重组成包涵丰富地物信息在内的分类对象(image object)(Hofinann，2001；赵宇鸾 等，2008；周春艳 等，2008；罗青，2013；童磊，2012；胡慧萍，2011)。因此为了更加切合管理需求和合理地利用高分辨率遥感影像提供的纹理信息、几何和结构信息，提高分类精度，须以面向对象的观点，综合考虑目标要素各自特有的光谱、纹理、几何和结构信息，制定具有针对性的提取规则和分类指标。面向对象的分类中，每个对象可设定多个颜色、形状、大小、纹理等特征属性，使得“物以类聚”的规则和指标更多、更丰富，改善了传统的在基于像元的光谱分类中每个像元只含有单一光谱信息的局限性(Fan et al，2001；莫登奎 等，2005；Benz et al，

2004)。因此,分类的依据就可以更多,分类更加灵活,精度也明显更高。同时使得具有相似光谱信息的大类(水体、植被、裸土、建筑等)能够依据几何和纹理信息向下细分子类,例如可以引入形状规则参数、长宽比等分类规则和指标,对管理关注的建筑子类进行细分,将道路从建筑父类中剥离开来。

面向对象方法一般常见的光谱、形状、纹理特征有如下几种(谭衢霖 等,2007;孙波中,2011;黄慧萍 等,2006)。

(1)光谱特征:均值、方差、差值、比值等。

(2)形状特征:面积、长度、宽度、长宽比、周长、形状因子(形状规则参数)、主方向、对称性、位置等。对于线状地物包括线长、线宽、线长宽比、曲率等,对于面状地物包括面积、周长、紧凑度、主方向、对称性等。

(3)纹理特征包括对象熵、纹理梯度、密度、相异性、相关性系数等。

分类时应观察研究对象在不同类别和波段的遥感数据中呈现出的专属特征,建立有效的分类规则,通过选用以上所述的或自定义多种特征阈值、公式、算法,实现规则的具体量化,然后再对影像分类。

2.1.2　分类指标与策略研究

湖泊水库管理关注的地物主要有水体面积变化、周边植被、建筑、道路、土地,因此以面向对象的观点制定分类规则时,综合考虑光谱信息、几何信息、纹理信息。具体如下:用光谱信息归一化水指数区分水体与陆地,用光谱信息植被指数区分植被与非植被,非植被区域用纹理信息和几何信息(纹理相似性与形状规则性)区分裸土与建筑,建筑区用几何信息长宽比区分建筑和道路。具体指标表达式如表 2.1 所示。

表 2.1　分类指标表达式

信息	指标	表达式	描述
光谱信息	NDWI	$NDWI=(Green-NIR)/(Green+NIR)$	水指数区分水体与陆地
光谱信息	NDVI	$NDVI=(NIR-Red)/(NIR+Red)$	植被指数区分植被与非植被
纹理信息	Dissimilarity	$f=-\sum_i\sum_j(i-j)p(i,j)$	相异性反映纹理的非均质性
几何信息	Regularity	$f=\Vert B\Vert^2/4\pi A$	规则参数反映形状的规则度
几何信息	Length-Width ratio	$F=Length/Width$	长宽比
几何信息	Scale parameter		Object area,面积指数控制分类最小单元面积

表 2.1 中各表达式的意义为:A 为面积,B 为周长;p 代表统计次数,i、j 代

表灰度值；*Length* 为长，*Width* 为宽；*Green*、*Red*、*NIR* 代表参加运算的多光谱遥感影像波段名称，分别是绿波段、红波段和近红外波段，例如对应 ZY3 号就是第 2、3、4 波段，常见的遥感数据如资源三号（ZY3）、高分一号（GF1）、德国 RapidEye 以及美国 TM 的波段范围如表 2.2 所示。

表 2.2　常见遥感数据波段特性

数据源	波段数	波段范围	分辨率
ZY3	4	B,G,R,NIR	多光谱 6 m
GF1	4	B,G,R,NIR	多光谱 8 m
RapidEye	5	B,G,R,R-edge,NIR	多光谱 5 m
TM	7	B,G,R,NIR,SWIR, LWIR,SWIR	LWIR：120 m 其他：30 m

注：B、G、R、NIR、R-edge、SWIR、LWIR 分别代表蓝、绿、红、近红外、红边、短波红外、热辐射波段。

以下内容详细介绍分类指标选择的依据和分类实现方法。每个湖泊水库均有不同类型的突出水问题，以上是湖库土地利用遥感分类最为基本的水域、植被、建筑、道路、土地五大类分类指标，是针对各类不同湖泊水库开展遥感分类的基础，可根据研究区域实际管理情况适当增加指标，得到更多支持管理与决策的分类结果。

1. 光谱水指数方法研究

对于湖泊水库管理最为核心的内容是关切水域面积的变化，特别是人为填埋导致的水域面积萎缩，因此与之相对应的是，在遥感分类中精度要求最高的是水域面积的划分。现有精度较好的是 NDWI（归一化水指数）法（McFeeters，1996），公式如下

$$NDWI = \frac{\rho_{\text{Green}} - \rho_{\text{NIR}}}{\rho_{\text{Green}} + \rho_{\text{NIR}}} \tag{2.1}$$

式中：ρ_{Green} 和 ρ_{INR} 分别为绿色和近红外波段的反射率。

需要说明的是，通常用户所使用的遥感影像数值是量子化的标定像素值 DN 值，即每个像元的灰度值，该值取值范围是 0 至 255 的整数值。因此要得到辐射能量值还需要一个辐射定标的过程，将 DN 值转换成其代表的能量值，转换公式如下

$$L_{(\lambda)} = L_{\min(\lambda)} + (L_{\max(\lambda)} - L_{\min(\lambda)})Q_{\text{dn}}/Q_{\max} \tag{2.2}$$

式中：$Q_{\max}$ 取 DN 值上限 255；Q_{dn} 为像元灰度值；$L_{(\lambda)}$ 为卫星传感器观测到的热辐射能量值；$L_{\min(\lambda)}$ 和 $L_{\max(\lambda)}$ 分别是传感器接收到的最大与最小辐射值，该值可在遥感影像头文件中查到。然后再通过式（2.3）将辐射值转换成反射率，即

$$\rho_\lambda = \frac{\pi \cdot L_\lambda \cdot d^2}{ESUN_\lambda \cdot \cos\theta_{\text{s}}} \tag{2.3}$$

式中：ρ_λ 是波长 λ 的反射率；d 是日地距离；$ESUN_\lambda$ 是平均大气层外太阳辐射度，单位为 $\text{W}/(\text{m}^2 \cdot \mu\text{m})$；$\theta_{\text{s}}$ 是太阳天顶角角度；L_λ 是在传感器的光圈下波长 λ 的光

谱辐射率，单位为 W/(m^2 · sr · μm)。以上转换参数均可在卫星特征参数文件中查到。

1）水指数设计原理

水体光谱特性是，水体为一种总体反射率较低的地物，小于 10%，远低于其他地物，在可见光的蓝绿波段处有一个反射峰，这也是纯净水呈蓝色、一般水体呈现出绿色的原因。可见光以后的波段，反射率随着波长增加而递减，近红外反射率接近为 0，如水体中含有叶绿素、泥沙等杂质，近红外反射率则会随着浓度的增大有一定的抬升。根据水体光谱特征可以看到 McFeeters 的 NDWI 法设计原理为：

(1)利用绿色波段的反射率作为水体反射率的最大值的特性；

(2)利用近红外波段的反射率作为水体反射率的最小值的特性；

(3)利用植被和土壤在红外波段的高反射性。

结果是，植被和土壤红外波段的高反射特性使得 $Green - NIR$ 为十分明显的负值，而水体的为正值(清洁水体)或较小的负值(含杂质水体)，除以 $Green + NIR$ 是归一化的需要。因此，McFeeters 的 NDWI 法可使影像中的水体信息能和背景(植被和土壤特性)信息显著区分开来。

研究表明，McFeeters 的 NDWI 法可以增强水体信息，限制植被和土壤特性信息，但是不能彻底区别部分水体和建筑的组合特性。Xu 通过研究水体、植被、土壤、建筑的光谱特征，提出利用改进水指数 MNDWI 解决这个问题(Xu，2006)，并提高水体分类精度，定义为

$$MNDWI = \frac{\rho_{\text{Green}} - \rho_{\text{SWIR}}}{\rho_{\text{Green}} + \rho_{\text{SWIR}}} \tag{2.4}$$

式中：ρ_{SWIR} 是 SWIR(短波红外)波段的发射率。

Xu 的 MNDWI 法将 McFeeters 的 NDWI 法公式中的 NIR 替换成 SWIR，目的是保持植被土壤与水体之间差异的同时，利用建筑在 SWIR 波段的反射率要明显高于 NIR 波段的特性，即 $Green - SWIR$ 比 $Green - NIR$ 差异要明显。需要说明的是，建筑屋顶因材质原因，反射光谱类型较多，总体而言绝大多数建筑物可用 $Green - NIR$ 区分开来，但也不排除部分建筑在 $Green - NIR$ 计算中的表现与含有杂质水体拥有相似特性，引入 $Green - SWIR$ 即为了区分该部分建筑和水体的组合。如表 2.2 所示，大部分高空间分辨率影像只含有近红外波段，而分辨率较低的一些影像则含有多个短波红外波段，例如 TM 的第 5 和第 7 波段。以下通过选取实验区，利用 TM 影像检验 NDWI、MNDWI 的实际分类性能，即

$$NDWI_{\text{T2,4}} = (B_{\text{T2}} - B_{\text{T4}})/(B_{\text{T2}} + B_{\text{T4}}) \tag{2.5}$$

$$MNDWI_{\text{T2,5}} = (B_{\text{T2}} - B_{\text{T5}})/(B_{\text{T2}} + B_{\text{T5}}) \tag{2.6}$$

$$MNDWI_{\text{T2,7}} = (B_{\text{T2}} - B_{\text{T7}})/(B_{\text{T2}} + B_{\text{T7}}) \tag{2.7}$$

2）动态阈值分割理论

如前所述，将像元灰度值 DN 通过式(2.2)、式(2.3)转换成具有物理意义的反射率后，代入式(2.5)～式(2.7)中，即可得到一种归一化水指数 NDWI 和两种改进归一化水指数 MNDWI 的计算结果。

可以看到，其后最关键的一步是定义阈值，假设 NDWI 像素计算结果的范围为 $[a,t]$。阈值 t 可将像素分为两类：非水体类 $[a,t]$ 和水体类 $[t,b]$。其中 $-1 \leqslant a < t < b \leqslant 1$。所以阈值 t 选定的合理性直接关系到分类的精度。

阈值选取静态固定值(例如 NDWI 阈值被定为 0)，对于不同地区、不同遥感数据源以及不同水体状态是缺乏合理性的。因此，建立动态阈值用以获得更准确的水体描述是必要的(Ji et al,2009)。本书选择最大的类别方差法确定动态阈值，实现水体与背景的二值化分离。

非水体类和水体类的类别方差可以通过式(2.8)获得(Otsu,1979)，即

$$\left.\begin{aligned} &\sigma^2 = P_{nw} \cdot (M_{nw} - M)^2 + P_w \cdot (M_w - M)^2 \\ &M = P_{nw} \cdot M_{nw} + P_w \cdot M_w \\ &P_{nw} + P_w = 1 \end{aligned}\right\} \tag{2.8}$$

式中：σ^2 是非水体类和水体类的类间方差；M_{nw} 和 M_w 是非水体和水体的平均像素值；M 是 NDWI 影像的平均值；P_{nw} 和 P_w 是像素为非水体和水体的概率。显然，以上各项参数都是阈值 t 的函数，阈值 t 一经确定，图像中属于水体和非水体的总体概率 P_{nw} 和 P_w，以及非水体和水体的平均像素值 M_{nw} 和 M_w 均可以通过统计分析获得。

最佳的阈值 t^* 通过非水体类和水体类的最大类别方差确定，即

$$t^* = \underset{a \leqslant t \leqslant b}{\mathrm{Argmax}}\{P_{nw} \cdot (M_{nw} - M)^2 + P_w \cdot (M_w - M)^2\} \tag{2.9}$$

图 2.2　三峡水库坝址 TM 影像 RGB 波段彩色合成图(2010-05-02)

式(2.9)通过背景特征(如植被、土壤等)和水体特性之间的类方差最大规则选择阈值。当部分水体被错误地归类为背景特征，或者部分背景特征被错误地归类为水体特性，类别方差减小。相当于，类别方差达到最大时，两种类别(背景和水体)的差异也达到理想的最大化，此时的阈值即为优选的最佳结果。动态阈值可以有效减小错误分类的概率。

选取 2010 年 5 月 2 日获得的 TM 数据(图 2.2)，对三峡水库坝址处影像进行水体提取。选择熟悉典型的三峡坝址区

域有利于使用目视解译方法评价分类精度。

使用 TM 第 2 和第 4 波段计算 NDWI，分别使用第 2 和第 5 波段以及第 2 和第 7 波段计算两种 MNDWI，结果如图 2.3 所示。

（a）$NDWI_{T2,4}$　（b）$MNDWI_{T2,5}$　（c）$MNDWI_{T2,7}$

图 2.3　TM 第 2、4、5、7 波段参与运算得到的水指数和改进水指数计算结果

如图 2.3 所示，结合实地经验和 RGB 彩色合成图，可以直观地看到改进水指数 MNDWI［图 2.3(b)、图 2.3(c)］相较水指数 NDWI［图 2.3(a)］在区分建筑与水体方面，反差更大，其中图 2.3(b)效果最佳，图 2.3(a)中水体与建筑区的 NDWI 值有层次区别，但灰度值接近。基于最大类别方差法，分别得到三组阈值−0.052、−0.013、0.243。使用三组阈值即可得到水体与背景二值化图，即水体提取专题图(图 2.4)。

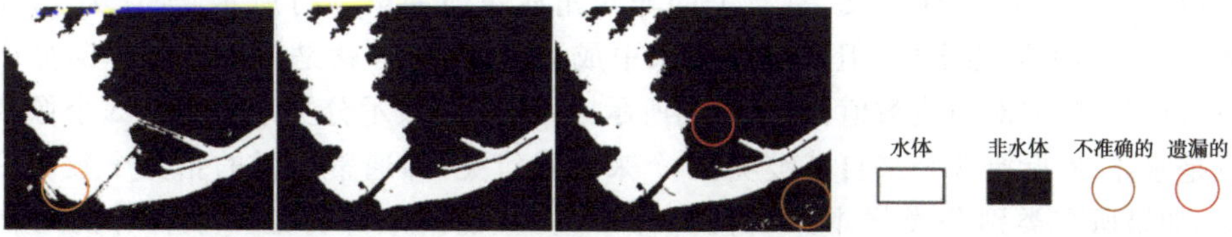

（a）$NDWI_{T2,4}$水体图（b）$MNDWI_{T2,5}$水体图（c）$MNDWI_{T2,7}$水体图

图 2.4　水体提取专题图

如图 2.4 所示，橙色圈示区域为水体错误划分区域，红色圈示区域代表水体漏分区域。依据彩色影像和实地经验，三峡水库和长江在内的水体信息以及三峡大坝、建筑群和植被等的背景信息是比较清晰的。从区域整体情况来看，图 2.4(b)接近实际水体边界，错分、漏分现象较少，但水体与建筑的混合像元区域(过船闸)水体提取的像元数量较真实水体像元数偏少；图 2.4(a)水体边界不够清晰，不易区分水体与陆地接边处的建筑物，如橙色圈内的堤防区域被错误地划分为水体类，在过船闸区域提取的水体像元数偏多；图 2.4(c)水体边界清晰，但缺点是将一些建筑地物错误划分为水体，如图右下角橙色圈示区域，同时也容易漏分水体与建筑的混合像元区域，例如红色圈示的过船闸区域。整体而言，图 2.4(b)最优，图 2.4(a)和图 2.4(c)略差，三者孰优孰劣还需要定量的评价方法。遥感分类精度评价是遥感地物分类过程中一项不可或缺的重要环节，精度的高低直接关系到分类结果的

可信程度，以及波段、指数、算法等方面选择或设计的合理性或可行性。故需要引入严谨的、定量的、逐像素统计的数理统计方法。为定量评价三类水指数的精度，使用基于混淆矩阵的总体分类精度 OA 和 Kappa 系数(Foody,2002)做评价。

3) 分类精度检验

混淆矩阵概念按表 2.3 进行定义。

表 2.3 混淆矩阵示意

实际类别	分类结果			
	水体	植被	建筑	土地
水体	93	1	5	1
植被	3	86	2	9
建筑	2	0	90	8
土地	0	6	7	87

假设分类结果为 4 大类，共计 400 个采样点，每类 100 个，分类结束的混淆矩阵如表 2.3 所示，每行合计 100。以第一行为例，93 代表水体正确划分为水体的有 93 个像元，错误划分到植被类有 1 个像元，错误归为建筑类的有 5 个，错分到土地的有 1 个，合计 100 个。可以看出，混淆矩阵对角线上的数值十分重要，直接代表着分类成功的样本个数，是与分类可靠性成正比的关键系数。每行每列上的非对角线数值也有统计意义，每行上的非对角线数值如第一行所示，合计为 7，代表 7 个像素实际为水体，但在分类结果中成了其他类别，就是常说的水体漏分个数；每列上的非对角线数值，如第一列所示，合计为 5，表示分类结果中这 5 个像素也是水体，实际是 3 个来自植被类，2 个来自建筑类，即通常所说的错分个数。可知，如果所有类别分类样本来自同一样本空间，混淆矩阵将是一个特殊的对称矩阵。

基于混淆矩阵特性，总体分类精度 OA 定义如下

$$P_{\mathrm{OA}} = \frac{\sum_{i=1}^{n} p_{ii}}{\sum_{i=1}^{n}\sum_{j=1}^{n} p_{ij}} \tag{2.10}$$

式中：分母表示矩阵总和，即样本数目总和；分子则是对角线上元素总和，即正确分类像素总和。总体分类精度评价只考虑了对角线数值，未考虑非对角线元素，即错分、漏分的情况。Kappa 系数则兼顾了分类结果中的非对角线元素，是一种衡量参考数据(先验知识)和分类数据(实验结果)吻合程度的指标，其公式为

$$Kappa = \frac{p\sum_{i=1}^{n} p_{ii} - \sum_{i=1}^{n}(p_{i+} \times p_{+i})}{p^2 - \sum_{i=1}^{n}(p_{i+} \times p_{+i})} \tag{2.11}$$

式中：p 是样本像素的总数目；p_{ii} 是第 i 分类恰当的像素的总数目(对角线像素)；p_{i+} 是参考数据中第 i 分类像素的总数目；p_{+i} 是分类数据中的第 i 分类像素的总数目；n 为分类类别数。

如前所述，实验区水体与背景信息清晰，依据目视解译在彩色影像上逐像素勾画出水体边界，以此作为参考影像(先验知识)。再分别对三种水指数分类结果进行定量统计，精度评价结果如表 2.4 所示。

表 2.4　分类结果精度评价

水指数	阈值	类别方差	P_{OA}/%	*Kappa*	水体面积/km^2
$NDWI_{T2,4}$	−0.052	0.047	93.19	0.844 0	22.89
$MNDWI_{T2,5}$	−0.013	0.083	96.33	0.913 3	20.85
$MNDWI_{T2,7}$	0.243	0.057	95.47	0.893 9	20.77

根据总体分类精度 OA、类别方差和 Kappa 系数可以看到，第二种基于 TM 第 2 和第 5 波段的改进型水指数效果最好，符合目视解译时分类准确性总体趋势的判断，P_{OA}、*Kappa* 和类别方差均是最大的，说明该指数在区分水体、植被、建筑、土地等几类在湖库管理中经常涉及的地类类别组合时，性能优良。从定量结果上看，尽管第三种水指数在右下角部分建筑区出现明显的错分情况，但总体精度评价要略优于第一种。分析原因主要是第一种水指数法在水体与陆地接边处的分类表现相较而言不够精准，将沿水岸线的一些地类类别划分为水体，同时过船闸水体与建筑的混合像元区域，提取的水体偏多。因此，第一种方法提取的水体面积要高于另外两种方法，即便如此，该分类指数仍获得了很高的 93.19%的总体分类精度，以及 0.844 0 的 Kappa 系数，在遥感影像分类中，属于一项精度、可靠性很高的分类算法。

综上所述，通过选取三峡水库实验区，实际检验水指数和改进型水指数在水体、植被、建筑、土地地类类别典型组合条件下的区分效果，验证了改进型水指数对经典的水指数的改进作用。同时发现，对于波谱段很宽的 SWIR(短波红外)波段很多传感器在此波段上设置了较多的通道，改进型水指数应选择邻近 NIR 段的 SWIR 通道，如 TM5，此时效果最佳。从物理意义上理解就是，该种改进型水指数最大限度地兼顾了 NDWI 设计原理，即保持植被土壤与水体之间差异最大化的同时，克服了部分建筑与水体在此波段组合条件下难以区分的弱点。选择远离 NIR 段的 SWIR 通道，从实际效果看，该方法会将一部分建筑错分为水体，并且在混合像元区表现相对较弱。需要指出的是，NDWI 也有不可替代优势，当前高分辨率影像流行的波段配置就是 B、G、R、NIR 的四波段配置。很多管理应用是需要在高分影像上展开，而此类影像大多并没有 SWIR 通道的设置。同时定量精度检验也验证了 NDWI 的高准确性，在没有 SWIR 通道的条件下，NDWI 仍是湖泊水库水体分类中的首选分类指标。后续各分类指标的准确性均可采用上述同样的方法进行定量评价。

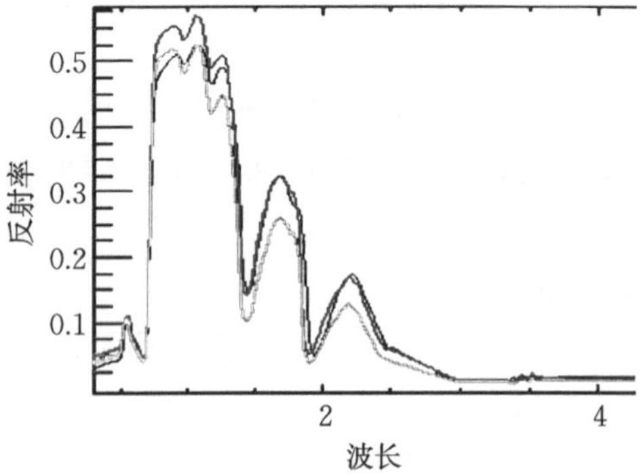

图 2.5 三种典型植物光谱曲线

2. 其他指标选择

1) 植被指数

水指数是专门用于划分水体与陆地，陆地上大类有植被、土地与建筑。依据植被特有的光谱特性，选择经典的植被指数加以区别分类，植被光谱如图 2.5 所示。

植被在红色波段有吸收谷，在近红外波段有个明显的反射峰，这是植物所独有的光谱特性。因此可以利用这个显著区别于其他地类的光谱特性，使用植被指数 NDVI 区分植被与非植被，即

$$NDVI = (NIR - Red)/(NIR + Red) \tag{2.12}$$

2) 相异性公式与形状规则参数

植被指数能将陆地划分为植被区与非植被区。非植被区的建筑和裸土相较于水体都属于高反射地物。光谱上，一般而言建筑要“因材而异”，有些材质的建筑要大于裸土的反射率，但这并不是绝对条件，极容易出现错分、漏分，因此仅考虑光谱特征是不够的，应加入纹理和几何特征综合考虑。典型建筑材质光谱曲线见图 2.6。

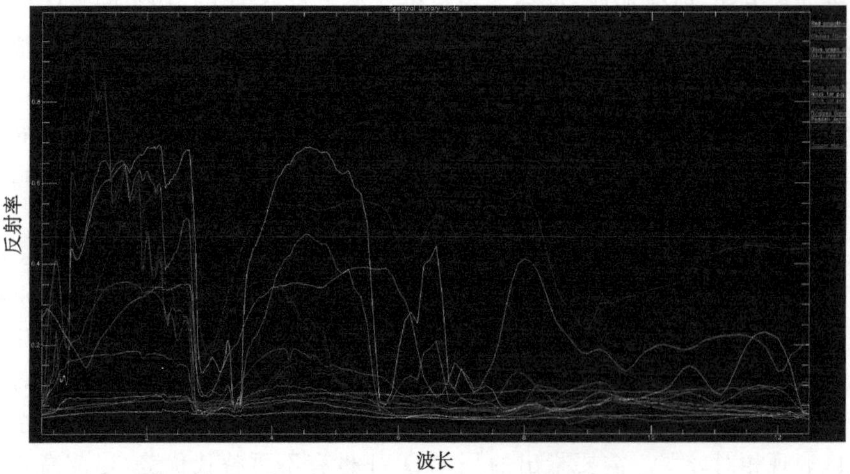

图 2.6 典型建筑材质光谱曲线

如图 2.6 所示，建筑屋顶及外墙材质多样，光谱曲线差异很大，总体而言金属屋顶，如铝质、铜质屋顶，反射率总体能达到 80%以上，木质屋顶在近红外波段也有很高峰值，这点与植被类似；混凝土、煤渣砖、柏油屋顶属于低反射率地物，且曲

线起伏不大；瓷砖、红砖、电镀板材、各色油漆涂料反射率居中，且有一定的起伏。

实验室典型土壤样本曲线如图2.7所示，可以看到土壤属于中反射区地物，起伏趋势与图2.6中红砖、瓷砖较为相似，这些建筑材质本身就是由不同土壤加工烧制而成，因此光谱曲线有一定的相似性。同时，自然条件下的土壤成分不纯，光谱曲线也会受到组成成分的影响，比较复杂，特别是含有各类杂质时，土壤光谱曲线将受到杂质物质，如矿物质、垃圾、少量地表覆盖物等物质的共同影响。

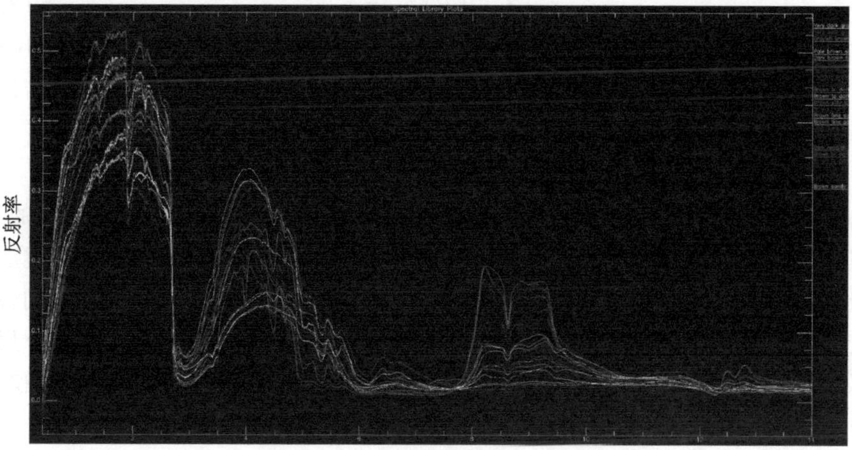

图2.7　典型土壤光谱曲线

综上所述，鉴于建筑和土壤的复杂性，以及湖库管理区域内建筑和土壤的多样性，如仅以光谱信息制定单一的分类指标是难以实现精确分类的。

因此，此处以面向对象的观点，综合利用高分影像图像的光谱、几何、纹理信息，加入纹理指标参数 Dissimilarity（相异性）和几何指标参数 Regularity（形状规则）。具体实现方法如下。

(1)物以类聚，通过光谱相似性，设定阈值，在非植被区生成大量斑块聚类。如前所述，即使各斑块之间光谱差异很大，仍不能排除属于同一地物类别的可能性，但是此步骤能够得到大量的光谱同质斑块，再根据后续计算进行判断与合并。

(2)以光谱同质斑块为对象，计算斑块的纹理和几何信息，建筑和裸土的纹理信息和形状特性差异很大，可利用这个特性将其分离开来。裸土纹理杂乱无章，不像人工地物有规则的变化。大型建筑即使总体上纹理类型多样，但也能分解成若干纹理均质部件，前述的步骤(1)中相似光谱聚类过程，已将其分解成多个斑块。相异性计算公式为

$$f=-\sum_{i}\sum_{j}(i-j)p(i,j) \tag{2.13}$$

式中：i、j 代表灰度共生矩阵中两种灰度值；$p(i,j)$ 代表灰度共生矩阵中灰度 i 与

灰度 j 在图像中相邻的次数。由式(2.13)可见，该公式意义在于累加像素之间的差异。裸土纹理杂乱无章时，公式数值持续累计；但是人工地物则不同，在光谱同质斑块，人工建筑纹理有规律性，相邻位置的像素值变化不大，则 (i,j) 数值大的情况下，在图像中相邻的次数 $p(i,j)$ 反而很少，(i,j) 的功能类似于权重，差异大权重大，故人工建筑累计的差异值要比杂乱纹理小得多。同时还应计算每个斑块的形状规则参数，即

$$f=\|B\|^2/4\pi A \tag{2.14}$$

式中：B 代表周长；A 为面积。由式(2.14)可以看出圆形最规整，指数最小为 1，人工建筑比边界杂乱的地物具有更规则形状和边界。故反映在影像分类结果上，光谱值相似、纹理相异性小、形状更规则的地类图斑属于建筑类。

(3)将建筑斑块合并，得到建筑区，剩余部分为土地大类。

可以看到，该方法采用类似搭积木的办法，将同属地物分解成光谱同质的细小部件，再根据人工地物纹理、形状的规则性将建筑地物由图斑碎块合并搭建起来。与传统基于光谱的监督和非监督分类方法不同，影像的最小基元不是单个的像素，而是拥有纹理、几何属性的对象，后续的影像计算和处理均基于对象的综合属性，而不是仅仅依靠类别间光谱方差最大化的准则，使得光谱特性复杂的建筑和土壤组合分类成为可能。

3) 几何指标长宽比

同属建筑父类再往下细分时，光谱特性失去了分辨的能力，故应从地物纹理和几何特性上加以区分。环湖道路与其他建筑最显著的区别就是地物形状，对应具体形状指标就是长宽比。

在分类计算结果中的建筑区内，同样以光谱均质斑块为对象，使用几何分类指标长宽比(Length-Width ratio，记为 F)，计算各对象的几何属性，如式(2.15)所示，即

$$F=Length/Width \tag{2.15}$$

式中：$Length$ 为几何对象长度；$Width$ 为几何对象宽度。通过设定长宽比阈值，区分建筑与道路。光谱值相似、形状细长的地类图斑属于道路类。最后再将所有道路图斑合并得到道路大类。阈值的选取需要根据实际效果进行调试，以期达到最优的分类效果。

4) 几何指标面积指数

采用面积指数(Scale parameter)的目的是控制分类图斑的最小面积，使得分类结果不会过于琐碎，同时还能降低“椒盐”噪声干扰，将小于面积指数的图斑对象合并到邻近大类中去。

3. 分类策略研究

通过面向湖泊管理关注对象的综合分析方法，构建了基于光谱、纹理及形状

特征的分类规则与指标，然后需要引入合理的算法和策略实现。基于湖泊水库管理每个湖库均有不同类型的突出水问题，分类算法使用决策树法，该法比较适合管理实际应用。决策树型可以在分出父类的基础上，根据管理实际需求再决定是否往下细分。例如：有些重点关注水质的湖泊水库十分关切水产养殖产生的污染排放和水体富营养化状况，此时即可在水体大类的基础上，引入面积和形状参数，将网箱养殖水域、圈湖鱼塘水域和自然水体分割出来；有些水库则十分关注消落带上的开发利用，如后面章节中的丹江口水库对水质要求高，不仅关注如上所述的水体面积、植被、建筑、道路、裸土等五大类，更加关注消落带上的土地开发类型，用以评估和控制面源污染以及人工填库行为。因此需要将植被大类细分为林地和草地，将土地大类细分为园地和耕地，具体实现需要在植被和土地大类下引入纹理、几何形状参数。决策树结构保证了管理目标不同的湖泊水库在大类分类方法、结构、框架不变的基础上，还能根据实际管理需求方便地增减管理分支，而不影响整个分类规则的制定与分类算法的实现。只需在原有植被和土地大类下增加分支即可，因此决策树理论十分契合湖泊管理中地物调查的需要。

根据前述的分类规则与指标，构建的基本决策树如图 2.8 所示。

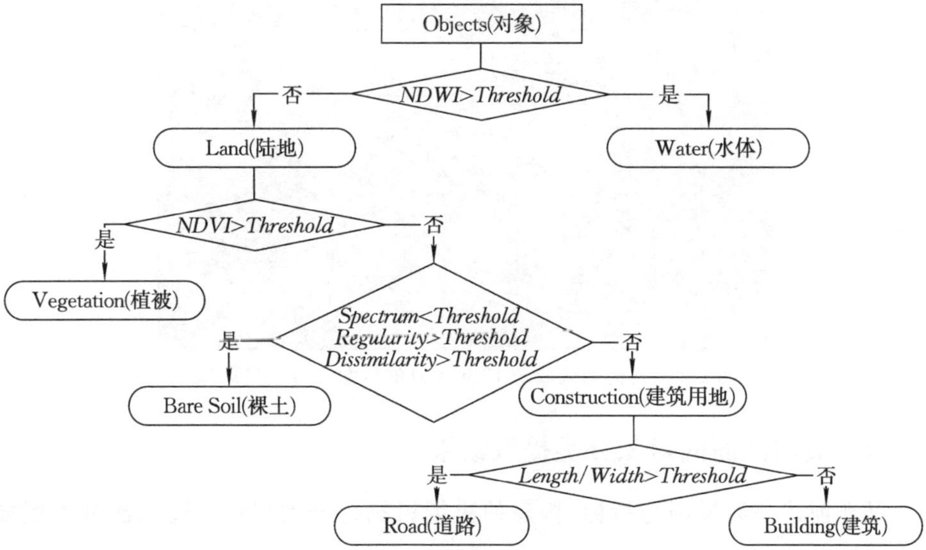

图 2.8　分类决策树示意

每个湖泊水库均有不同类型的突出水问题，以上为最基本的决策树，是针对各类不同湖泊水库开展遥感分类的基础，以丹江口水库实际管理应用为例的改进型决策树详见后续章节。

2.1.3 实验区与遥感影像资料情况介绍

以武汉市西湾湖及周边区域为实验区，基于前述的面向对象的遥感分类提取方法，按照决策树计算流程具体实现该区域的地物基础大类分类。

实验区西湾湖地处武汉市蔡甸区，湖汊长约 3 000 m，平均宽约 300 m，湖面水域面积约有 1.5 km^2。周边的建筑用地信息为北岸有小集村、田家堡村等小规模村组，南岸是规模较大的集镇的大集街。2012 年 4 月的蔡甸区西湾湖区域资源三号卫星遥感影像经过辐射校正、图像配准、图像融合等标准预处理流程得到的真彩色合成影像如图 2.9 所示。

图 2.9 西湾湖区域 2012 年 4 月的资源三号卫星影像

2.1.4 实验区面向对象分类提取结果

按照前述分类规则与指标、构建的决策树执行分类提取。逐层次分类图如图 2.10 所示。

(1)使用归一化水指数 NDWI 划分水体与非水体区域。

根据资源三号卫星遥感数据波段通道特性，该影像设置了 B、G、R、NIR 四个波段，未设置 SWIR，故具体选择第二和第四波段参与 NDWI 运算。在此计算结果基础上，使用类别方差最大化为约束指标优选阈值，分类结果如图 2.10(a)所示。

(2)使用归一化植被指数 NDVI 划分植被与非植被区。

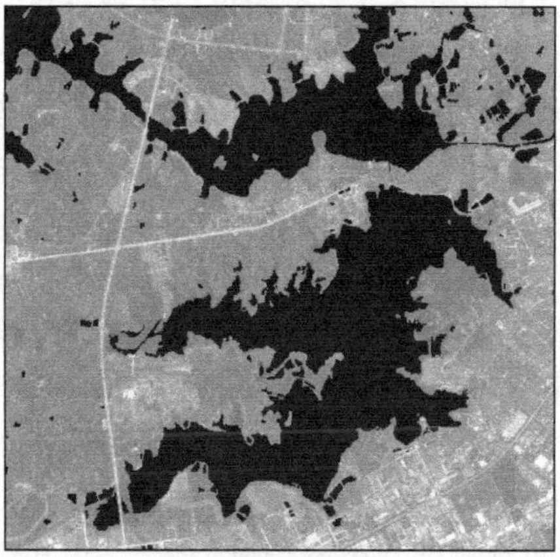

（a）水体与陆地

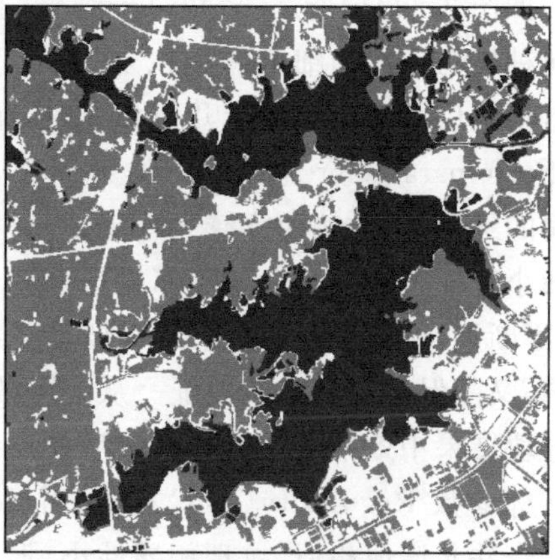

（b）植被与非植被区

（c）建筑与裸土

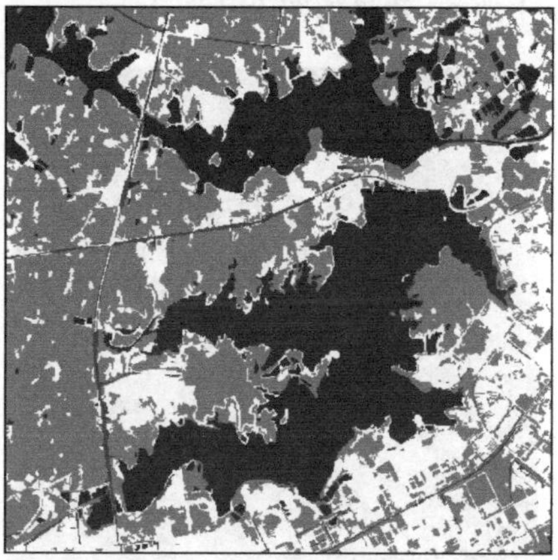

（d）长宽比区分道路

图 2.10　逐层次分类图

具体选择第三和第四波段参与 NDVI 运算，使用类别方差最大化为约束指标优选阈值，分类结果如图 2.10(b)所示。

(3)先通过光谱相似性将图像划分为若干光谱均质图斑，需要说明的是斑块的划分需要调试面积指数(Scale parameter)和光谱紧密度阈值。面积指数(Scale parameter)作用如前所述，是为了防止斑块过于琐碎，降低“噪声”的影响，忽略同种地物内部的细微差别。光谱紧密度阈值是斑块形成的准入条件，即新加入的像素与整个斑块的平均值之差要小于设定阈值范围，可认为此像素为同质元素，加入到斑块中，形成新的区域，然后再判断邻域像素是否也满足阈值条件，继续生长，直至再无满足条件像素加入为止。

在阈值统一设定为 0.5 的条件下，改变面积指数(Scale parameter 分别设定为 20、40、70、100)得到四组分块结果(图 2.11)。面积指数过小(Scale parameter 为

20)，如图 2.11(a)所示，斑块过于细碎，通过目视解译真彩色图可以发现分块结果对同种地物内部的细微差别以及“噪声”过于敏感，一些地方未正确拆解地物“部件”，不宜后续对斑块进行几何、纹理指标计算和斑块重组合并。相反，面积指数过大(Scale parameter 为 70、100)，如图 2.11(c)、图 2.11(d)所示，会弱化和忽略地物间的细小差异，例如穿越大片土地与植被区的狭窄道路会被中断，一些并非噪声的细小特征结构也会合并到邻近斑块中。因此，面积指数的选取需要根据实际效果，不断调试以期达到最优效果，既能忽视同属地物内部无意义的细微差别和噪声影响，又能保持细小结构特征。从实际效果看，图 2.11(b)面积指数取 40 时，是四组分块结果中效果最优选择。然后使用纹理指标参数 Dissimilarity(相异性)和几何指标参数 Regularity(形状规则)对 Scale parameter＝40 时的图斑进行分类计算。合并光谱值相似、纹理相异性小、形状更规则的地类图斑属于建筑类，其他合并成土地类，效果如图 2.10(c)所示。

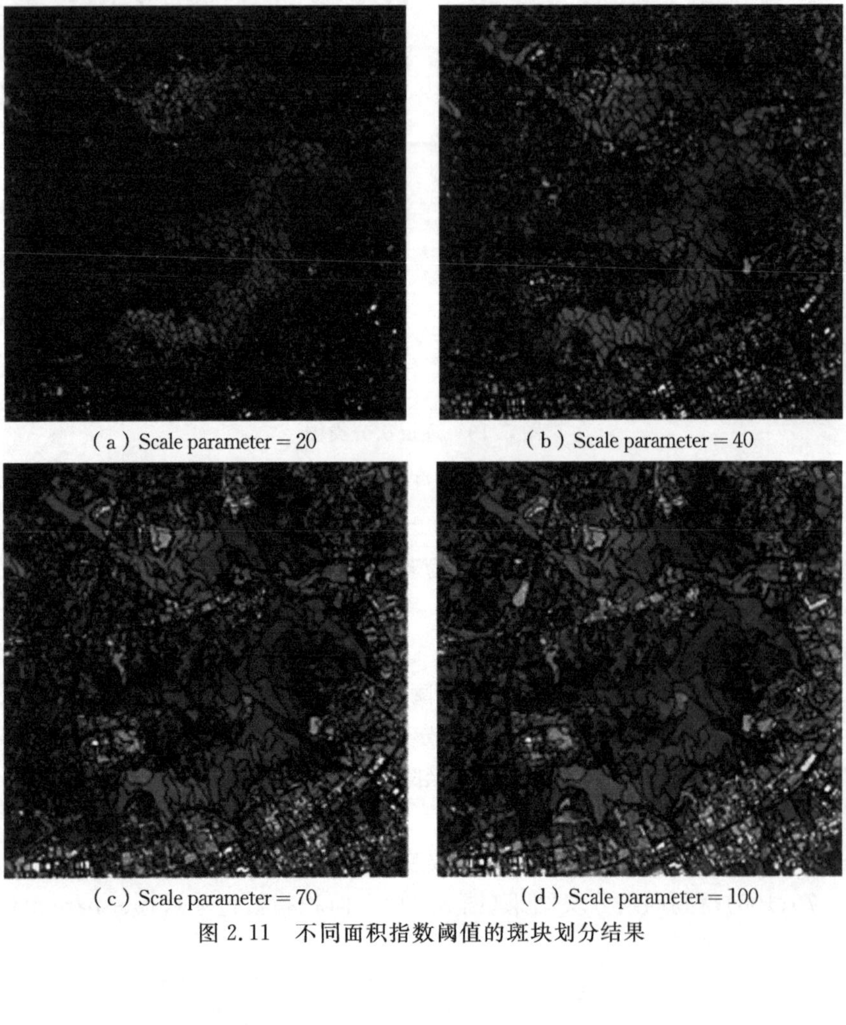

(a) Scale parameter = 20　(b) Scale parameter = 40

(c) Scale parameter = 70　(d) Scale parameter = 100

图 2.11　不同面积指数阈值的斑块划分结果

(4)通过最后一步使用长宽比从建筑类抽离道路，分类结果如图 2.10(d)所示。

(5)完整的土地大类分类图如图 2.12 所示。

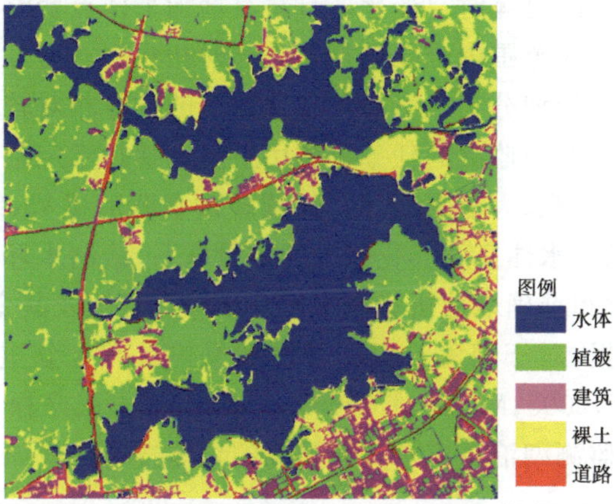

图 2.12　西湾湖土地利用分类

从分类精度上来看，水体和植被分类精度高。道路分类结果中，主干道路能够准确地获取，枝干小路未能有效地从建筑类中分离，提取精度有待改进。原因在于对于建筑区内的小路而言，全色波段空间分辨率 2.1 m 的资源三号卫星遥感数据不足以支撑对细节要求更高的分类需求，这种规模的道路宽度在图像上往往只有几个像素，依据光谱相似性进行图斑聚类时常常出现中断，现有依据长宽比进行分类的对象均是面向图斑对象的，对于一些打断的道路，图斑缺乏人眼趋势判断能力和自动连接的智能化分析过程。长宽比阈值设置过小会使一些长方形建筑错分为道路类；长宽比阈值设置过大，将使一些断断续续的道路图斑排除在外。

总体而言，基于面向对象算法的湖泊地物分类方法概念明晰，可操作性与可移植性强，分类结果将为后续的湖泊水库管理提供数据支持，极大减少了海量遥感数据目视解译的工作强度，使得实现湖库流域土地利用全境定期动态监测成为可能。

§2.2　基于遥感反演模型的湖库富营养化监测

不适宜的人类活动方式会导致湖泊水库生态系统陆续出现许多生态环境问题，包括水质恶化、生态系统失调、蓝藻水华频繁暴发等，严重制约湖泊水库流域社会和经济的可持续发展。水体富营养化情况只采用单纯的地面监测方法存在着投资大、耗时长、监测范围有限、实时性弱、维护难等缺点，早已不能满足流域管理与决策的需要。利用遥感技术进行湖库水环境状况实时动态监测，不但可以及时了解湖库水体污染状况，更能为预测预报湖库富营养化的发生和发展提供必要的分析依据。由于常规的水环境参数监测是基于实地湖泊表面采样和实验室物理或化学分析测量等手段进行的，这种方法在精度上有一定的准确性，但是不能了解除监测断面外的整体范围内的水质状态分布，只具备局部和典型的代表意义，并不能反映整个水体生态环境的总体时空变化。且盲目增加采样点费时费力、成本高，更为重要的是人工采样在大范围内难以进行多点同时相观测。另外，为运行维护方便，现有水环境监测站点规划分布在交通欠发达地区的数量相对较少，代表性也不够，难以适应流域水环境全面监测的任务。利用卫星遥感技术定量监测湖泊水库富营养化状况具备快速、宏观、大范围、实时、连续多次观测的优势，结合高精度的实地采样，可以建立影像与水体富营养化状况的定量联系，绘制水环境遥感动态监测系列专题图，能够及时和准确地分析流域水体环境综合状况及其变化趋势，为控制湖泊富营养化提供依据，对于湖库水资源开发和保护具有十分重要的意义（马荣华 等，2008；王建平 等，2003；Ma et al，2006；Kuster，2004；张亭禄 等，2002）。

使用遥感影像监测湖泊水库水环境状况的具体技术路线如图 2.13 所示。

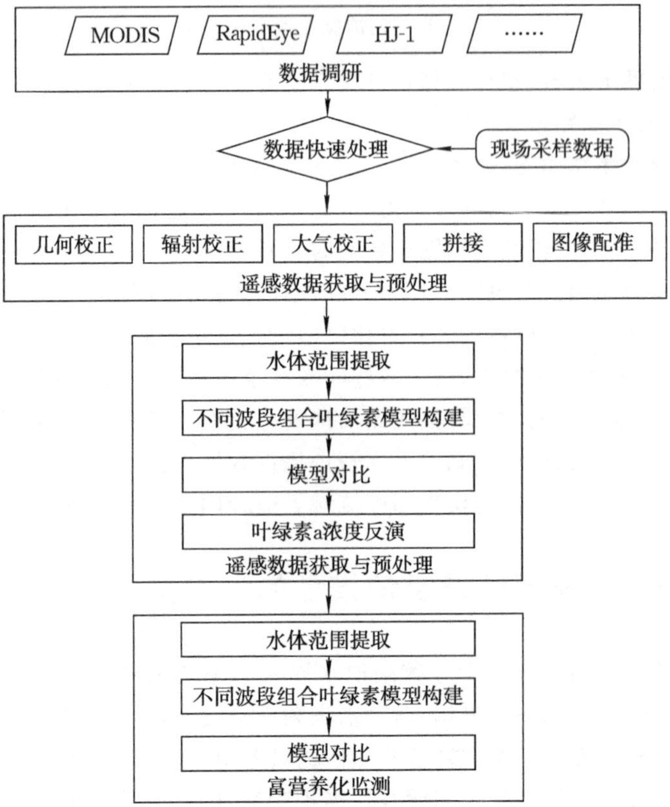

图 2.13　遥感监测水环境技术路线图

从图 2.13 可以看出，首先需要收集与地表采样数据能够形成有效配对的各类遥感影像，再对影像进行预处理；其后再选择合适的叶绿素 a 浓度反演模型，获取影像中的叶绿素信息，这个步骤具体来说就是找出遥感影像与叶绿素a浓度相关性最大的波段，然后选择以敏感波段组合为自变量、叶绿素a浓度为因变量的数学模型，通过影像值为输入、实测浓度值为输出来率定模型参数，建立影像与水体中叶绿素浓度的定量联系；最后根据叶绿素浓度信息利用富营养化评价模型对水质情况进行评价。

2.2.1 遥感影像的收集与处理

一般情况下，实测值和遥感影像之间十分严苛的配对较难达到，遥感成像是瞬时值，而实地采集是一个过程，尤其测区面积很大的情况下，很难做到实测和影像的实时对应关联。因此定量反演在一般不具备优越条件情况下（卫星过境时多点同时采样），对于水量流速交换快的水体，如河流，定量反演是不成立的。但是对于水体交换慢的湖泊水库是可以考虑这种短期内同步的准实时反演，这也是湖泊水库水环境遥感定量反演的基础假设。

因此，影像收集过程中最关键的步骤是了解卫星过境时间、成像区域、当天的天气预报，然后对影像进行预订，并在过境当天完成对测区内的实地水样采集。本书选择了2012年10月17日的德国的RapidEye影像作为数据源。选择RapidEye的原因在于RapidEye的五个波段的设置（B，G，R，R-edge，NIR）十分适合水体叶绿素的定量反演。研究表明，水体叶绿素和植被叶绿素有相似的光谱特性，即近红外NIR有反射峰，因此RapidEye的R-edge（红边），NIR波段均与叶绿素有很高的相关性。同时，相较多波段影像TM和MODIS影像而言，RapidEye的空间分辨率高得多，达到5 m。另外，RapidEye卫星星座由五颗卫星组成，重访周期短，数据生产量大，利于安排和选择实地同步采样的时间。

影像处理过程一般包括几何校正、辐射定标和大气校正，以及拼接与裁剪等。其中几何校正最为关键，高精度的几何校正能够将遥感图像和实地水质采样点的空间位置信息精准地置于同一空间坐标体系中，实现遥感数据和地面采样数据的同位观测。

2.2.2 叶绿素浓度反演模型

在遥感影像提取采样点的反射率或辐射亮度，进而进行不同波段的组合，利用这些波段组合，分析其与叶绿素a浓度的相关性，寻找最优的波段组合用于叶绿素a浓度反演模型的建立。

基于叶绿素的光谱特征，常用单个波段、波段比值、波段差值等遥感指标建立叶绿素定量遥感模型（Duan et al，2009；马荣华，2010）。所建立的统计模型主要有以下几种形式。

（1）根据两个波段的比值，建立线性回归方程。

一阶线性回归方程为

$$C_{chla}=a_1+a_2\times\frac{R(n_1)}{R(n_2)} \tag{2.16}$$

式中：C_{chla} 为叶绿素 a 的含量（mg/m^3）；a_1、a_2 为回归系数；$R(n_1)$、$R(n_2)$ 为传感器的两个不同波段的遥感信息（n_1、n_2 表示中心波长），通常为叶绿素的特征吸收谷和反射峰所在的波段。特征吸收谷（负相关系数最大）常选 675 nm 附近波段，特征反射峰（正相关系数最大）常选 700 nm 附近波段。

二阶线性回归方程为

$$C_{chla}=a_1+a_2\times\frac{R(n_1)}{R(n_2)}+a_3\left(\frac{R(n_1)}{R(n_2)}\right)^2 \tag{2.17}$$

式中：$R(n_1)$、$R(n_2)$ 为传感器的两个不同波段的遥感信息。

(2)针对不同波段建立多元线性回归方程为

$$C_{chla}=a_1\times R(n_1)+a_2\times R(n_2)+a_3\times R(n_3)+a_4\times R(n_4) \tag{2.18}$$

式中：C_{chla} 为叶绿素 a 的含量（mg/m^3）；a_1、a_2、a_3、a_4 为回归系数；$R(n_1)$、$R(n_2)$、$R(n_3)$、$R(n_4)$ 为传感器不同波段的遥感信息（n_1、n_2、n_3、n_4 表示中心波长）。

(3)建立反射峰位置与叶绿素含量对数值的线性回归方程为

$$\lg C_{chla}=a_1+a_2\lambda_{max}(n) \tag{2.19}$$

式中：$\lambda_{max}(n)$ 为第 n 波段附近反射峰的位置（nm），该模型适用于高光谱数据。

(4)对不同波段或波段组合（如加、减、乘、除、取对数等）进行处理后，建立回归方程为

$$C_{chla}=a_1\times x+a_2 \tag{2.20}$$

式中：x 为波段组合处理后的值，如 $x=\dfrac{TM_3\times TM_4}{In(TM_1+TM_2)}$。

(5)利用植被指数建立回归模型为

$$C_{chla}=a_1\times v+a_2 \tag{2.21}$$

式中：v 为植被指数。

之后基于实测数据，以一部分实测采样数据率定模型回归系数，以另一部分实测采样数据进行精度检验，对建立的各种模型进行精度分析和反演效果对比，最终选定各种反演叶绿素 a 浓度效果最优的反演模型。

2.2.3　湖泊水库富营养化评价

藻类等水生植物大量繁殖会导致水质恶化，叶绿素 a 是反映湖泊水体营养状态的一个客观生物学指标，是水体营养状态评价和富营养化评价的重要参数，其含量大小在一定程度上反映了水体富营养化的程度。同时 SD（水体透明度）、TP（总磷）、TN（总氮），COD（化学需氧量）等指标也和水体的营养状态有关。因此水体

的富营养化评价就是通过分析以上和水体的营养状态紧密相关的各项指标，进而对水体富营养化程度做出准确判断。目前，国内外众多学者提出了大量的营养状态指数，均是基于以上指标提出的评价模型。

以其中的一种为例，例如金相灿根据全国20多个湖泊的调查数据，提出基于我国若干湖泊叶绿素a浓度与其他几个参数的相关系数建立的湖泊富营养化状态评价综合指数TLI模型（金相灿，1995），即

$$TLI(chla) = 25 + 10.86\ln(chla) \tag{2.22}$$

$$TLI(SD) = 51.18 - 19.4\ln(SD) \tag{2.23}$$

$$TLI(TP) = 94.36 + 16.24\ln(TP) \tag{2.24}$$

$$TLI(TN) = 54.53 + 16.94\ln(TN) \tag{2.25}$$

$$TLI(COD) = 1.09 + 26.61\ln(COD) \tag{2.26}$$

式中：$chla$ 为叶绿素浓度参数；SD 为是湖水透明度；TP、TN 为总磷、总氮；COD 为化学需氧量。本书以式(2.22)为指标进行湖泊的富营养化评价，按照富营养化标准将 TLI 值0～100划分为5个等级，即贫营养(0～30)、中营养(30～50)、轻度富营养(50～60)、中等富营养(60～70)、重度富营养(>70)。

其他各大类常见的营养状态指数法均有关于叶绿素a的计算公式，只是模型形式和公式系数有所不同，不在此一一列举。

2.2.4　基于遥感定量反演的巢湖水体富营养化分析

1. 研究区域

巢湖是我国五大淡水湖之一，外形似鸟巢，故取名"巢湖"。位于安徽省境内，地处长江与淮河两大水系之间，兼有城市供水、旅游观光、农业灌溉、养殖、航运、蓄洪等多种综合效益，是巢湖周边城市的重要饮用水源地。巢湖水深较浅，流速慢，湖底平坦，是河流型浅水吞吐型湖泊。自从20世纪60年代建坝造闸后，巢湖成了半封闭水域，一定程度上减弱了湖泊的水体交换能力，削弱了湖泊天然的稀释、自净的调整能力，使得湖泊的生态系统变得十分脆弱。加上巢湖沿岸区域工农业生产的迅速发展，环境保护基础设施发展相对滞后，生活、工业污水以及环湖农田的化肥、农药残留物的大量排放，直接加剧了巢湖的水质富营养化状况。目前，巢湖的富营养化程度居全国五大淡水湖泊之首。受氮、磷营养盐与有机物的污染，其水质常年在Ⅴ类和劣Ⅴ类之间徘徊。尤其是蓝藻每年暴发，西半湖情况严重，蓝藻遍及湖心，最厚的地方深达1 m以上，局部地区形成"冻湖"，并且出现向东半湖蔓延的趋势。巢湖日益恶化的富营养化及水华问题，严重威胁着区域饮用水水质安全，影响和制约了周边城市社会经济的可持续发展。国务院曾将巢湖列为重点治理的水域之一。

巢湖RapidEye遥感真彩色合成影像如图2.14所示。

图 2.14　2012 年 10 月 17 日巢湖 RapidEye 遥感真彩色合成影像(B、G、R 波段合成)

2. 巢湖湖区水质参数地面采样

本次实地监测数据的采集时间是 2012 年 10 月 17 日,数据采集指标主要包括水温、pH、电导率、溶解氧、高锰酸盐指数、总磷、总氮、氨氮、浊度、叶绿素 a 等 10 项。采样点有 21 个,为使实测数据具有代表性,采样点均匀分布在巢湖湖面,如图 2.15 所示。

A	B	C	D	E	F	G	H	I	J	K	L	M
		采样断面(点)	垂线	测点	采样时间	水温(℃)	pH	电导率(μS/cm)	浊度(NTU)	溶解氧	高锰酸盐指数	总磷
										mg/L		
1	N947	巢湖区1#	/	上	2012.10.10	21.7	8.3	317	23	8.5	3.4	0.09
2	N948	巢湖区2#	/	上	2012.10.10	22.0	8.9	309	10	9.7	4.2	0.04
3	N949	巢湖区3#	/	上	2012.10.10	21.9	8.7	310	23	8.4	3.9	0.04
4	N950	巢湖区4#	/	上	2012.10.10	22.7	8.9	321	8	9.4	5.6	0.07
5	N951	巢湖区5#	/	上	2012.10.10	22.6	8.9	308	18	10.0	5.0	0.05
6	N952	巢湖区6#	/	上	2012.10.11	22.6	9.4	281	48	12.0	6.5	0.26
7	N953	巢湖区7#	/	上	2012.10.10	22.7	8.7	305	13	9.7	4.4	0.08
8	N954	巢湖区8#	/	上	2012.10.11	22.5	9.1	287	24	10.9	5.0	0.11
9	N955	巢湖区9#	/	上	2012.10.10	23.8	9.1	311	28	10.8	6.1	0.08
10	N956	巢湖区10#	/	上	2012.10.10	22.9	8.7	311	27	9.5	5.2	0.07
11	N957	巢湖区11#	/	上	2012.10.11	22.2	8.0	306	20	10.3	5.2	0.12
12	N958	巢湖区12#	/	上	2012.10.10	24.8	8.8	310	24	10.1	4.7	0.08
13	N959	巢湖区13#	/	上	2012.10.10	23.5	9.7	264	17	12.5	8.0	0.27
14	N960	巢湖区14#	/	上	2012.10.10	23.8	9.3	294	14	12.4	5.1	0.09
15	N961	巢湖区15#	/	上	2012.10.11	20.9	9.4	253	61	9.4	6.9	0.17
16	N962	巢湖区16#	/	上	2012.10.11	22.1	9.4	237	46	11.0	7.0	0.24
17	N963	巢湖区17#	/	上	2012.10.11	21.1	9.2	303	56	9.2	9.6	0.44

(a)实地检测数据

图 2.15　实地检测数据与影像位置关联

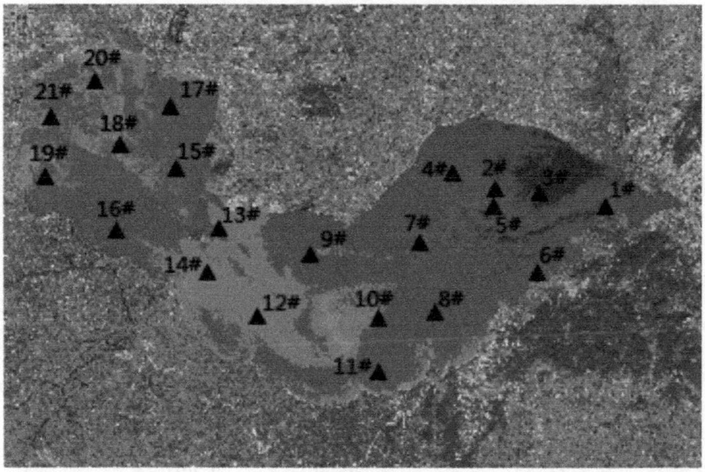

(b) 影像位置关联

图 2.15(续)　实地检测数据与影像位置关联

3. 反演模型选择与精度分析

理论上，水体叶绿素和植被叶绿素有相似的光谱特性，即在红波段(R)有吸收谷(最大负相关)，在近红外波段(NIR)有反射峰(最大正相关)。通过RapidEye各波段数据与实地采样点数据对比分析后发现(表 2.5)，RapidEye 波段与叶绿素 a 值拥有最大关联的是第五波段，最不相关的是第三波段。RapidEye 五波段分布是 B、G、R、R-edge(红边，RapidEye 特有波段)、NIR，从相关系数结果上验证了水体叶绿素和植被叶绿素有相似的光谱特性，在近红外和红边波段有反射峰。

表 2.5　RapidEye 各波段与实测叶绿素 a 值的相关性

第一波段 (B)	第二波段 (G)	第三波段 (R)	第四波段 (R-edge)	第五波段 (NIR)
0.094 037	0.187 542	0.002 799	0.645 981	0.689 195

特征波段组合的意义在于将目标与背景差异最大化，基于以上光谱相关性特性，选取$(Band5+Band4)/(Band2+Band1)$、$(Band5+Band4)/(Band3+Band2)$、$(Band5+Band4)/(Band3+Band1)$、$(Band4-Band3)/(Band4+Band3)$、$(Band5-Band3)/(Band5+Band3)$五种特征波段组合。前三种组合的意义在于分子为叶绿素反射峰值波段之和，分母为反射谷值波段之和，这样两者的比值将趋向最大化，其他不具备叶绿素 a 反射特性的地物，将通过这样的组合显著地区分开来。后两种组合的意义等同于归一化植被指数。

以一种波段组合为 x 值，实测叶绿素为 y，分别选择二次多项式、直线公式、幂指数公式三种数学模型进行回归分析。其中率定数据与校核数据保持 2∶1 的比例，即 14 个用于率定拟合方程的参数，7 个用于精度检验，如表 2.6 所示。

表 2.6 叶绿素 a 浓度多光谱遥感反演模型列表

	参数	反演模型	决定系数 R^2
多光谱数据模型	$x=(Band5+Band4)/(Band2+Band1)$	$y=14.033\,076\,x^2+1.707\,456\,x-1.437\,236$	0.745
		$y=27.887\,337x+13.013\,124$	0.729
		$y=1.219\,323e^{2.367\,348x}$	0.661
		$y=23.269\,102\ln(x)+14.989\,527$	0.667
	$x=(Band5+Band4)/(Band3+Band2)$	$y=3.515\,368\,x^2+20.505\,897x-8.739\,155$	0.739
		$y=27.196\,438x+11.713\,075$	0.738
		$y=1.414e^{2.261x}$	0.643
		$y=23.701\,648\ln(x)+15.905\,340$	0.707
	$x=(Band5+Band4)/(Band3+Band1)$	$y=1.454\,345\,x^2+17.081\,670\,x-7.961\,408$	0.723
		$y=20.505\,55x-9.821\,54$	0.723
		$y=1.672\,508e^{1.693\,839x}$	0.621
		$y=21.840\,075\ln(x)+11.347\,192$	0.690
	$x=(Band4-Band3)/(Band4+Band3)$	$y=85.229\,741x^2+44.397\,210\,x+8.516\,564$	0.689
		$y=55.790\,784x+8.988\,906$	0.662
		$y=7.894\,982e^{4.724\,813x}$	0.598
	$x=(Band5-Band3)/(Band5+Band3)$	$y=17.357\,088x^2+34.867\,069x+13.880\,230$	0.732
		$y=33.893\,238x+14.444\,855$	0.723
		$y=12.503\,190e^{2.853\,193x}$	0.646

从表 2.6 第一项可以看到，波段组合为 $(Band5+Band4)/(Band2+Band1)$、拟合方程为二项式形式时，校验数据与该反演模型匹配得最好，相关方差达到 0.745。常见的用于反演水体叶绿素 a 浓度的植被指数 NDVI，具体对应第五种波段组合 $(Band5-Band3)/(Band5+Band3)$，反演模型采用二项式和直线方程时，也有比较良好的精度，分别达到 0.732 和 0.723。第四种组合 $(Band4-Band3)/(Band4+Band3)$，采用红边代替近红外波段的改进型植被指数反演模型效果最差，相关方差分别是 0.689、0.662 与 0.598。

因此，本书采用最优反演模型，即 $x=(Band5+Band4)/(Band2+Band1)$ 时，$y=14.033\,076x^2+1.707\,456x-1.437\,236$ 定量反演巢湖叶绿素 a 的浓度分布图(图 2.16)。

反演结果表明，巢湖湖区 2012 年 10 月 17 日叶绿素 a 浓度相对较高，叶绿素 a 浓度高值区主要分布在巢湖西半湖，特别是西半湖沿岸部分区域叶绿素 a 浓度能够达到 60 μg/L，巢湖东半湖区叶绿素 a 浓度含量相对较低，部分区域能够达到 30 μg/L。反演总体情况与区域调查情况相符。

4. 巢湖水质富营养化评价

以上一部分中反演的巢湖叶绿素 a 浓度分布影像为输入条件，使用式(2.22)

计算得到新的富营养化专题图，并以贫营养(0～30)、中营养(30～50)、轻度富营养(50～60)、中等富营养(60～70)、重度富营养(＞70)为标准，划分该专题图等级区间，得到如下巢湖 2012 年 10 月 17 日 RapidEye 数据富营养化状态空间分布图(图 2.17)。

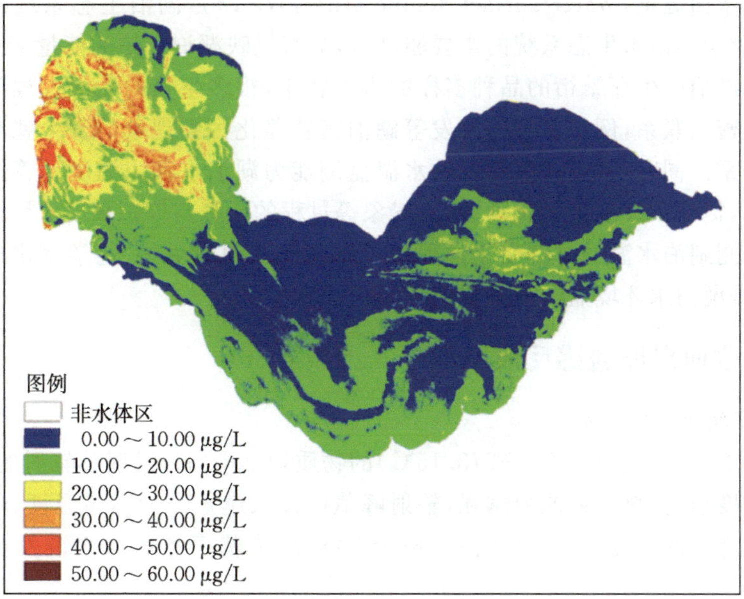

图 2.16　巢湖 2012 年 10 月 17 日叶绿素 a 浓度分布图

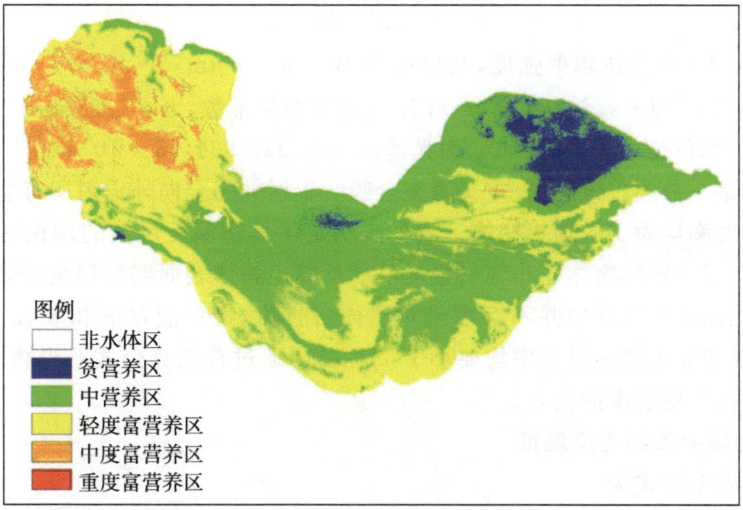

图 2.17　巢湖 2012 年 10 月 17 日 RapidEye 数据富营养化状态空间分布图

如图 2.17 所示，巢湖湖区绝大部分面积属于中营养化和轻度营养化，东部少量区域属于贫营养化，水质总体情况堪忧，蓝藻问题突出。

§2.3　基于遥感反演方法的湖库水温动态监测

湖泊水面温度(water surface temperature，WST)是湖泊生态系统的重要参数，也是影响湖泊水生态系统的重要驱动力，能够反映湖泊水体的能量交换与平衡过程。在湖泊中生存繁衍的品种多样的水生物中，很多生物的生长过程与水温有着十分紧密的联系，例如蓝藻的暴发等湖泊富营养化污染现象的发生就与温度有直接的联系。同时，基于遥感图像的水温监测能为湖泊水动力温度计算结果提供验证方式，提高和改进生物化学、水文气象等过程的计算与模拟精度。因此准确地掌握和监测湖泊水温的时空变化过程是了解和研究湖泊生物、化学变化过程的重要途径，是湖泊水环境监测的必要内容。

2.3.1　水面温度遥感反演原理

1. 普朗克辐射函数

理论上，高于绝对零度(－273.15℃)的物质均具备向外发射热辐射的能力，并且自身温度越高，热辐射能力越强，辐射峰值的波长越短。为描述温度、热辐射强度与波长之间的定量联系，普朗克(Planck)给出了基于黑体的光谱发射特性公式，即

$$M_\lambda(T)=\frac{hc^2}{\lambda^5\left(e^{\frac{hc}{\lambda KT}}-1\right)} \tag{2.27}$$

式中：$M_\lambda(T)$ 为黑体辐射强度，其单位为 $W\cdot m^{-2}\cdot \mu m^{-1}\cdot sr^{-1}$；$h$ 为普朗克常数，$6.63\times10^{-34}\ J\cdot s$；$\lambda$ 为波长(m)；K 为玻尔兹曼常数，$K=1.38\times10^{-23} J\cdot K^{-1}$；$T$ 为温度，单位是 K(开尔文)；c 为光速，$c=2.997\ 924\ 58\times10^8\ m/s$。

黑体是一种假想概念，被定义为完全吸收辐射并完全向外辐射所有能量，即吸收率和发射率均为 1 的理想物体。该公式奠定了地物温度反演的理论基础，即波长确定后，通过观测物体的热辐射强度就能反算出物体表面实际温度(梅安新 等，2001)。然而现实世界中并不存在绝对黑体，任何地物只能发射和吸收一部分能量，即发射和吸收的能量比率均要小于 1，因此要通过普朗克公式获得物体实际温度需要引入比辐射率的概念。

2. 比辐射率和亮度温度

比辐射率公式为

$$\varepsilon=\frac{M_\lambda(T)}{M_{B\lambda}(T)} \tag{2.28}$$

式中：$M_\lambda(T)$ 为物体在温度 T、波长 λ 处的辐射强度；$M_{B\lambda}(T)$ 是黑体在温度 T、波

长 λ 处的辐射强度；ε 为比辐射率。

如前述所，在温度为 T、辐射波长为 λ 时，实际地物辐射的能力要小于黑体，故 ε 取值范围是 $0 \sim 1$，是一个没有量纲、代表辐射能力的度量。不同地物比辐射率可以通过设计比较复杂的科学实验与观测获得。比辐射率与物质构成、表面粗糙程度、含水率、温度、介电常数等相关联。不同地物的比辐射率有所区别，例如：在热波段范围内水体比辐射率很高，接近黑体，取值 0.995；植被比辐射率总体也较高，取 0.986；各类土质的土壤的比辐射率平均为 0.972；城市建筑在 0.96 与 0.98 之间，数值上略小于土壤的比辐射率(覃志豪 等，2004)。

利用遥感热红外传感器能够探测地表的热辐射能，通过普朗克函数即可转换得到相对应的黑体温度，这个概念就是“亮度温度”。一般而言，亮度温度要低于实际温度，是因为实际地物辐射能力要低于黑体，因此地物实际温度只有高于黑体温度时才能发射出在卫星上可以接收到同样能量的辐射。比辐射率概念的引入就是为搭建理想黑体与现实地物之间的桥梁，所以通过比辐射率即可将亮度温度反演出真实地物温度。

3. 热辐射传输方程

理论上对于没有大气的星球，卫星观测到的热辐射值可以通过普朗克函数和比辐射率确定地表真实温度。然而对于地球这样一个拥有浓密大气的星球实施地表温度观测，影响热辐射的不确定因素(包括云、风、水汽等)较多，因此使得观测与反演难度加大。由于大气吸收和发射作用，卫星观测到热辐射值实际上是地表与大气共同作用的结果，在能量传输过程中地面和大气都是热辐射源，大气的热辐射除了直接向上发射外，还能向下辐射被地物反射再向上。所以由卫星影像反演地表温度的时候必须考虑大气和地表的双重影响(梁顺林，2009)，热辐射传输方程可用式(2.29)表达，即

$$B_\lambda = B_\lambda(T_S) \cdot \varepsilon_\lambda \cdot \tau_\lambda + I_\lambda \uparrow + (1-\varepsilon_\lambda) \cdot I_\lambda \downarrow \cdot \tau_\lambda \tag{2.29}$$

式中：B_λ 为传感器接收到波长为 λ 的热辐射强度；$B_\lambda(T_S)$ 是地面黑体辐射强度；ε_λ 为发射波长为 λ 的地表比辐射率；τ_λ 为大气透射率；$I_\lambda \uparrow$ 是波长为 λ 的大气上行热辐射强度；$I_\lambda \downarrow$ 为波长为 λ 的大气下行热辐射强度。

式(2.29)中，第一项地物热红外辐射能量乘以大气透过率表示通过大气吸收部分能量后卫星上接收到的衰减过的地物辐射强度；第二项是卫星上直接接收到的大气上行辐射强度；第三项 $(1-\varepsilon_\lambda) \cdot I_\lambda \downarrow$ 表示大气下行辐射能量被地物吸收一部分后又重新向上反射回天空的能量，同时要乘以大气透过率才是到达星上的有效观测能量。在该公式中，B_λ 是已知的观测值，需要推求地表温度 T_S，而大气透射率、大气上行辐射强度、大气下行辐射强度就成为需要给定而且都与大气有关的待求项。因此利用热红外通道反演地面温度必须精确估计大气状态，并消除大气影响，才能得到准确的地表温度。大气透射率、大气上行辐射强度、大气下行辐射

强度与大气水汽含量、大气温度、大气气压垂直廓线等因素有关，这些因素实际上是在从地表到卫星之间的大气柱中随高度不断变化，理想的计算过程应是从下至上的积分过程，然而这种方式需要大量的边界条件和观测数值，使计算难以进行，因此需要通过合理的假设简化计算过程，基于实验观测引入可靠的经验公式或系数、标准大气剖面等，实现简易可行、结果精准的反演计算。

2.3.2 水面温度遥感反演方法

水面温度遥感反演方法主要分为分裂窗法和单窗法(Qin et al,2001;Sobrino et al,2004;Thomas et al,2002;Kerr et al,1992;Anderson et al,1997;Schneider et al,1996;Haakstaad et al,1994)。

分裂窗法是根据两个相邻热红外波段数据反演水面温度，主要适用于拥有两个以上热红外波段的遥感数据，例如 NOAA/AVHRR 的热红外波段 4 和 5，以及 MODIS 的 31 和 32 波段。以产品众多的 MODIS 为例，通过 MODIS 第 1、2 波段计算植被指数用以估算地表比辐射率，使用第 2、19 波段获取大气水汽含量，使用第 31 和第 32 波段获得亮度温度 T_{31} 与 T_{32}，然后将这些已知参数代入分窗法公式即可反演地表温度 T_S。

单窗法适用于只有一个热红外波段的遥感数据，例如 Landsat TM 的第 6 波段。由于 TM 影像没有相关水汽产品，无法只依靠遥感数据产品消除大气干扰，因此使用 TM6 反演地表温度需要补充地面观测到的大气有关的参数，如含水量、平均气温等参数，推算整个大气柱的含水量与平均作用温度以消除大气干扰。

一般而言，分裂窗法适用的遥感数据通道多、产品众多，但影像分辨率低，适宜小比例尺的大范围气象观测，例如 NOAA/AVHRR 的热红外波段空间分辨率为 1 100 m，MODIS 热红外波段空间分辨率为 1 000 m。而 Landsat TM 的空间分辨率则高得多，为 120 m。对于范围较小的湖泊水库，NOAA/AVHRR 和 MODIS 应用有局限性，特别是要获取湖库范围内水温层次变化时，Landsat TM6 显然更具优势。另外，Landsat 系列是从 20 世纪 70 年代起开始发射，历经 40 多年已发射到第八代，是最成功的陆地观测卫星系列之一，该数据容易获取，积累了众多历史数据，影像资料容易收集形成时序产品，利于观测与研究地物的演变规律。因此以下着重介绍基于 Landsat TM 的单窗法反演水表温度。

如前所述，热传输方程是一个积分过程，覃志豪等根据积分中值定理，引入一个大气平均作用温度的概念，推导出一个简单易行的计算公式，即

$$T_S = [a(1-C-D) + (b(1-C-D) + C + D)T_6 - DT_a]/C \quad (2.30)$$

式中：T_S 为地表反演水温(K)；a 和 b 为常量，分别为 $a = -67.355\ 351$ 和 $b = 0.458\ 606$；C 和 D 是中间变量，$C = \varepsilon\tau$，$D = (1-\tau)[1+(1-\varepsilon)\tau]$；$\varepsilon$ 是地表比辐射率；τ 为大气透射率；T_6 为卫星传感器观测的亮度温度(K)；T_a 是大气平均作用温

度(K)。

水体的地表比辐射率 $\varepsilon = 0.995$，大气透射率 τ 则采用标准大气剖面经验公式推算(实时大气剖面观测与计算均太过复杂)。经验公式是分段公式，依据实时近地层气温(地面 2 m 处左右)以及水汽含量确定，公式如表 2.7 所示。

表 2.7　大气透射率经验公式

标准大气剖面	水汽含量 w (g/cm^2)	透过率方程
高气温	0.4～1.6	$\tau = 0.974\,290 - 0.080\,07w$
	1.6～3.0	$\tau = 1.031\,412 - 0.115\,36w$
低气温	0.4～1.6	$\tau = 0.982\,007 - 0.096\,11w$
	1.6～3.0	$\tau = 1.053\,710 - 0.141\,42w$

依据中值定理，大气平均作用气温 T_a 能够极大地简化积分过程。同时经研究表明，T_a 能够利用近地处(2 m)的气温 T_0 推求，两者近似为线性关系。在实验观测与计算统计的基础上，形成了几个标准大气剖面经验公式，如下所示。

1976 年美国平均大气

$$T_a = 25.939\,6 + 0.880\,45T_0$$

热带平均大气(北纬 15°)

$$T_a = 17.976\,9 + 0.917\,15T_0$$

中纬度夏季平均大气(北纬 45°)

$$T_a = 16.011\,0 + 0.926\,21T_0$$

中纬度冬季平均大气(北纬 45°)

$$T_a = 19.270\,4 + 0.911\,18T_0$$

T_a 经验公式可依据测区所处的纬度、季节进行选用。

亮度温度 T_6 可依据普朗克函数求解得到。公式为

$$T_6 = K_2/\ln(1 + K_1/L_{(\lambda)}) \tag{2.31}$$

式中：$K_1 = 60.776\ \mathrm{mWcm^{-2}sr^{-1}\mu m^{-1}}$；$K_2 = 1\,260.56$ K；$L_{(\lambda)}$ 为卫星传感器观测到的热辐射能量值。通常用户所使用的遥感影像数值是 DN 值，即每个像元的灰度值，该值取值范围是 0 至 255 的整数值。因此要得到辐射能量值还需要一个辐射定标的过程，将 DN 值转换成其代表的能量值，转换公式如下

$$L_{(\lambda)} = L_{\min(\lambda)} + (L_{\max(\lambda)} - L_{\min(\lambda)})Q_{DN}/Q_{\max} \tag{2.32}$$

式中：$Q_{\max}$ 取 DN 值上限 255，Q_{DN} 为像元灰度值；$L_{\min(\lambda)}$ 和 $L_{\max(\lambda)}$ 分别是传感器接收到的最大与最小辐射值，该值在 TM 影像头文件中可以查到。

至此，单窗法公式中所有参数均已给定，只需地面实测的近地气温、水汽含量、所处季节和纬度，即可选定相应的标准大气剖面经验公式，从而反演出地表水温。以下将详细叙述水温反演算例以及精度验证过程。

2.3.3　实验区选择与遥感数据

1. 实验区选择

选择位于武汉市城区的东湖为实验区。该湖曾是中国面积最大的城中湖，水域面积达到 33 km^2，拥有大量的珍稀水生动植物，保护意义重大。近年来，为应对东湖的水污染和蓝藻暴发，武汉市开展了最为严格的保护与治理措施。水温作为水环境最关键的驱动因素，对研究东湖的水污染变化趋势与过程有十分重要的意义。同时，东湖水域面积大，地处城市中心，各区域水温差异明显，对水温分布趋势的研究也能帮助加深城市热岛效应对城市湖泊影响的理解(Streutker,2002; Weng et al,2004)。实验区概况如图 2.18 所示，由中国资源三号卫星遥感影像制作，空间分辨率为 2.1 m。

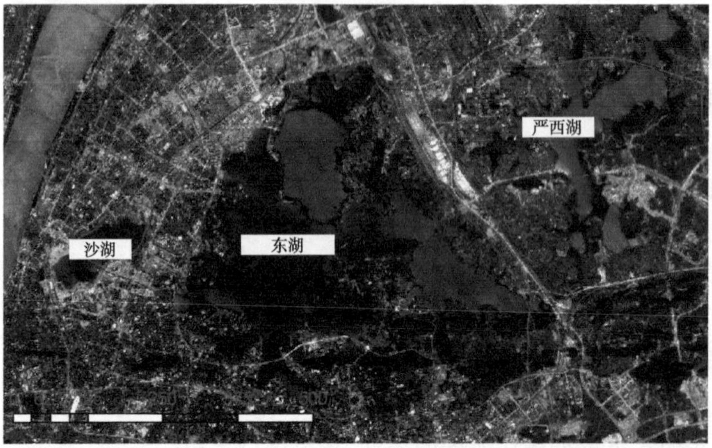

图 2.18　研究区域

2. TM 遥感数据介绍

本书中采用 Landsat TM 数据反演获取湖泊表面温度(WST)。TM 拥有 7 个波段，如表 2.8 所示。

表 2.8　Landsat TM 波段特性

波段序号	波段名	光谱范围/μm	分辨率/m
B1	Blue	0.45～0.52	30
B2	Green	0.52～0.60	30
B3	Red	0.63～0.69	30
B4	NIR	0.76～0.90	30
B5	SWIR	1.55～1.75	30
B6	LWIR	10.40～12.5	120
B7	SWIR	2.08～2.35	30

第6波段，长波红外波段即为单窗法中反演波段。如前所述，基于MODIS数据的分裂窗法中，MODIS的第31和第32波段影像空间分辨率低(1 000 m)，适宜小尺度宏观范围的气象观测。对于旨在研究湖库水域范围内水温层次变化的WST反演，Landsat B6(120 m×120 m)波段无疑更加适宜湖库尺度的研究。

2.3.4 计算过程与反演结果实例

以2002年10月13日(采集时间为上午11:00)获取的TM数据为例，卫星过境时，地表气象站显示东湖区域地表温度(T_0)为24℃，水汽含量为13.142 g/m³。

换算成开尔文单位为

$$T_0 = 24 + 273.15 = 297.15(\mathrm{K})$$

$w(0)$ 是0～1 km海拔大气柱水汽含量，有

$$w(0) = \frac{13.142\ \mathrm{g}}{10^6\ \mathrm{cm}^3} \times 1\ \mathrm{km} = 1.314\ 2\ \mathrm{g/cm}^3$$

$R_w(0)$ 是标准大气剖面经验参数，能通过标准大气剖面查表得到，大气剖面数据分为夏季剖面与冬季剖面。武汉属于中纬度地区，因此 $R_w(0)$ 应是标准大气剖面表中中纬度夏季值0.438 446，则

$$w = \frac{w(0)}{R_w(0)} = \frac{1.314\ 2}{0.438\ 446} = 2.997(\mathrm{g/cm}^3)$$

大气透过率 τ 分段公式的选定取决于气温高低与水汽含量，分为四组。气温分高气温与低气温。水汽含量分0.4～1.6 g/cm³ 与1.6～3.0 g/cm³。当属于高温天气、水汽含量在1.6～3.0 g/cm³ 之间时，查表选用以下分段公式计算大气透过率 τ，即

$$\tau = 1.031\ 412 - 0.115\ 36w = 1.031\ 412 - 0.115\ 36 \times 2.997 = 0.685\ 7$$

湖泊表面介质属于水体，水体比辐射率是 $\varepsilon = 0.995$。

根据上述计算方法有

$$T_a = 16.011\ 0 + 0.926\ 21T_0 = 16.011\ 0 + 0.926\ 21 \times 297.15 = 291.23(\mathrm{K})$$

$$C = \varepsilon\tau = 0.995 \times 0.685\ 7 = 0.682\ 3$$

$$D = (1-\tau)[1+(1-\varepsilon)\tau] = (1-0.685\ 7)[1+(1-0.995)\times 0.685\ 7] = 0.315\ 4$$

$$T_6 = 1\ 260.56/\ln(1+60.776/(0.123\ 8+0.005\ 632\ 56Q_{\mathrm{DN}}))$$

由此，式(2.30)中所有的参数均已计算给出，唯一的输入即为TM6影像的DN值，经过公式转换即可得到整幅影像WST反演结果，如图2.19所示。

将整幅WST反演结果通过东湖水域边界裁剪出来，水域边界可通过水体提取得到，再将水表温度数据根据等级划分进行渲染，得到东湖表面温度分布趋势如图2.20所示。颜色等级对应的温度划分详见图中颜色表。

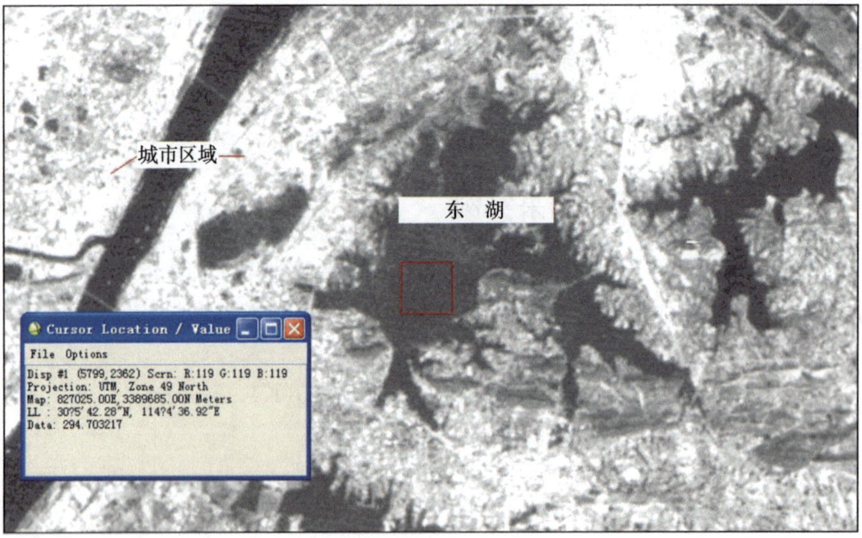

图 2.19 武汉市 WST 反演结果(2002-10-13)

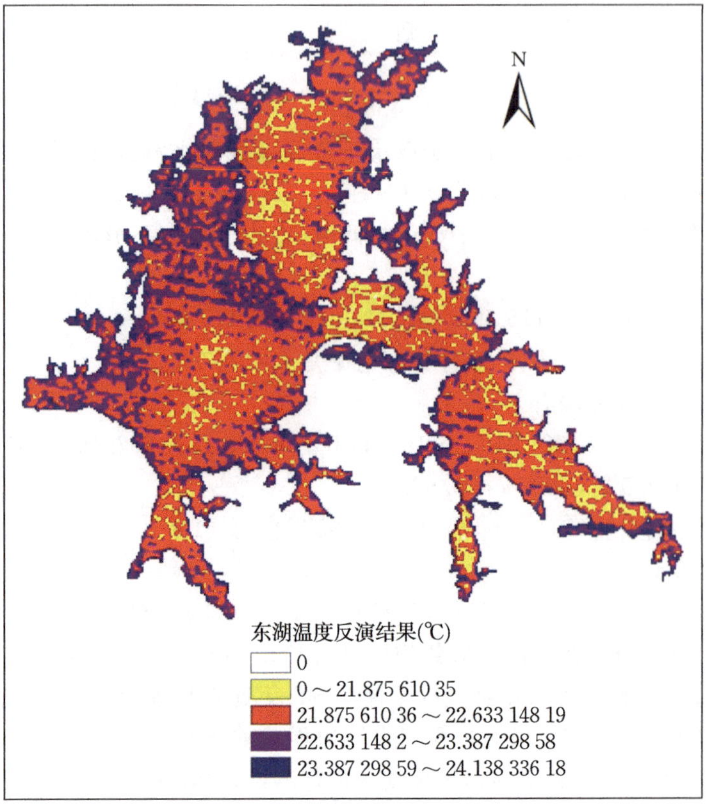

图 2.20 东湖表面温度分布趋势图 (2002-10-13)

对比1991至2008年多幅温度反演影像发现，均与图2.20呈现出相似的分布规律。一般而言，水域中心温度要低于岸边区域，更多人口、更高建筑密度和人类活动的西部水温明显高于更多植被覆盖与较少土地利用开发的东部水域，城市热岛效应明显。上述分布趋势通过目视解译高分遥感影像真彩色合成图（图2.18）能够得到很好的验证。

2.3.5 单窗法WST反演精度验证

温度是一项一天之中变幅较大的监测要素，因此温度反演精度验证关键在于遥感数据与陆面监测数据时相上的精准匹配，同时为准确去除大气影响，还要具备同时相地表气象温度、水汽含量等数据。受到数据要求的限制，暂未有东湖上同时观测多项反演要素的地面监测站点，而临近的长江段上拥有具备观测条件的地面监测点（观测河段范围如图2.21方框所示）。

为验证单窗法在湖库水温反演（WST）上的精确性，将已有遥感数据的拍摄时间与该地面监测点在上午11:00时（卫星过境时）拥有完整地表温度、水汽含量、水温监测数据的日期进行配对，得到三组有效验证条件。相应观测要素如表2.9所示。

表2.9 WST验证信息

序号	拍摄日期	获取时间	地表气象温度/℃	实验点水温/℃	湿度/%	水汽含量/(g/m³)
1	2007-12-14	11:00	8.0	12.1	76	1.57
2	2008-02-16	11:00	10.0	7.8	43	1.0
3	2008-05-06	11:00	26.0	21.3	61	3.6

根据所处季节、实时气象温度、水汽含量选择相对应的大气标准剖面、透过率分段公式。再依据前面章节实例相同的计算过程，得到以下三组反演结果（图2.21）。

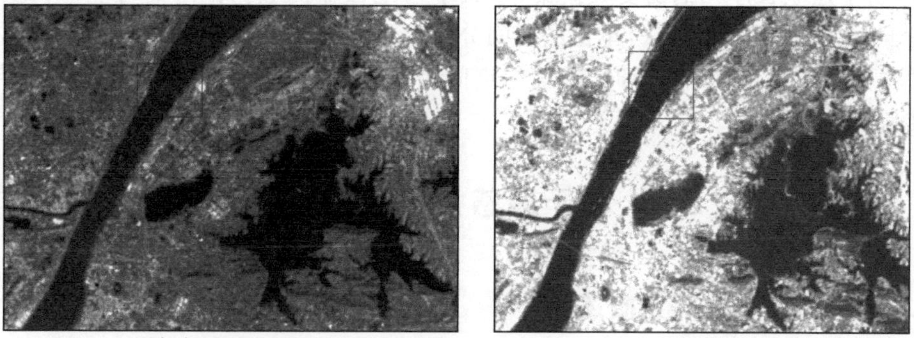

(a) 2007-12-14　　(b) 2008-02-18

图2.21 三组反演结果

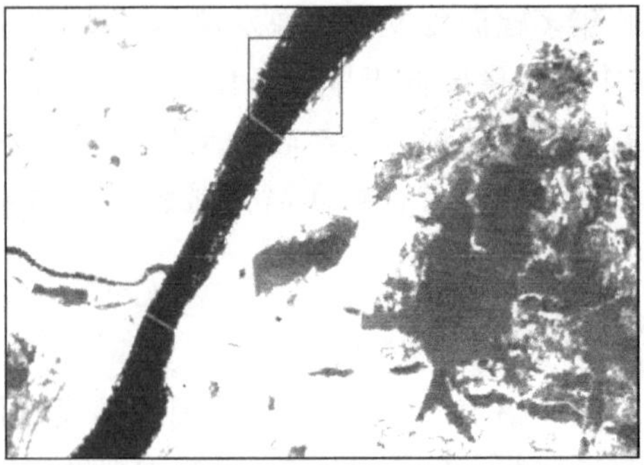

(c) 2008-05-06

图 2.21(续)　三组反演结果

从反演结果上看,河流的水温分布变化不大,没有湖泊水温差异及等级层次那样明显。取监测点周边区域水温平均值作为对比值,与实测值之间误差如表 2.10 所示。

表 2.10　单窗法反演 WST 的校验结果

序号	河段观测水温/℃	河段反演水温/K	误差/K
1	12.1	285.65	0.4
2	7.8	280.79	−0.16
3	21.3	294.15	−0.3

结果表明单窗法在地表气象温度、水汽含量数据的支持下准确去除大气影响后,对水体温度的反演十分接近同期历史水温数据,精度良好。

基于遥感的水温监测方法相较传统的地面观测更具优势,能够有效弥补地面散点监测效率低、同时性差等不足。特别是对于大型湖库的监测,遥感反演是一种获取分布趋势和变化规律的有效方式。通过研究实际效果可以看到,基于 TM6 波段的单窗法对于湖库水温反演精度高、效果良好,同时 TM 影像容易获取,易于建立长序列的历史数据集,增大了与地面监测数据配对的可能性;比较基于 MODIS 的分裂窗法,单窗法空间分辨率更高,特别是旨在研究湖库范围内温度层次变化与内部分布时,适宜的空间尺度更有利于理解其中内涵的趋势与机制。

§2.4　基于遥感技术的采砂船辨识

2.4.1　彩砂辨识研究概述

湖泊、水库蕴含着大量砂石资源,砂石是国民经济发展和国家建设的重要物资保障。近些年来,在砂石"软黄金"的巨大经济利益驱使下,无序的非法开采现象屡禁不止，造成水下地形坑洼塌陷，破坏岸坡完整性和水下生物栖息环境，给两岸防洪带来了严重的安全隐患，威胁公众安全，破坏水下生态环境，并给国家造成了巨大的经济损失。因此，有关的湖库管理部门十分重视水下采砂的统一管理、监督检查以及相关的组织协调与指导工作，高度重视乱采乱挖的违法采砂活动对湖库生态环境造成的负面影响。为有力地打击和遏制日益呈现出机动、隐蔽化的非法开采活动，有效调查、监控与评价采砂对湖库生态环境造成的影响程度，管理部门迫切需要依托高新技术手段，针对流动性强、昼伏夜出、逃避监督的违法采砂行为，统计其活动规律，评价生态环境负面影响，弥补现有人工巡视制度力不能及的方面。

为了适应采砂工作中的新形势，必须加强采用新的监控与分析技术，提高执法监控的快速响应能力，扩大监控的覆盖面以及实现全天候性监控，才能有效掌握不同天气、水位、流速条件下的采砂活动规律，从热点活动规律上反推，从而更加准确地理解与探索人为调控模式(主要是水位和流量控制)是否能有效控制生态保护水域的泥沙淤积。遥感技术有着周期短、覆盖面积大、不受昼夜云雨影响的全天候性等特点。在云雨天气以及夜间采用雷达数据，在日间晴好天气采用光学高分辨率遥感影像，共同构建一个24小时全天候覆盖的采砂船只遥感辨识与分析体系。

采砂遥感监控目前正处于发展阶段，存在着影像定期更新成本高、采砂船特征难提取、与地面执法难同步等局限。目前将遥感技术引入到采砂管理中的实际意义并不在于实时监控违法开采以及确定与严惩从事非法开采的个人，而是作为传统执法手段的有益补充，弥补管理监控中薄弱环节，进行24小时全天候覆盖，分析非法盗采活动规律以及确定高发地段位置，特别是确定人工巡视无法开展的时段及非法开采活动规律。加之遥感技术正处于飞速发展阶段，无人机低空航摄的成本正大幅下降，实现水陆空立体化同步监控是必然趋势，应用前景光明。因禁采区间内采砂对湖库生态环境破坏的严重性，多省份湖泊保护部门都将采砂监控放在湖泊保护的重要位置。

2.4.2 常见遥感数据特性及IDL语言简介

1. 常见遥感数据特性

常见的光学高分辨率遥感影像，国外的有IKONOS、OrbView、QuickBird、SPOT等，国产的有ZY(资源卫星)、GF(高分卫星)；雷达影像有RadarSat、EnviSat-ASAR、Terra-SAR等。目前有代表性的遥感影像，其特性如表2.11所示。

表 2.11 典型遥感影像简表

卫星影像	波段数	波段范围	分辨率	载荷类型	发射时间及国家或组织
ZY3	4	B,G,R,NIR	全色 2.1 m 多光谱 6 m	光学	2012 年,中国
GF1	4	B,G,R,NIR	全色 2 m 多光谱 8 m	光学	2013 年,中国
RapidEye	5	B,G,R,R-edge,NIR	多光谱 5 m	光学	2008 年,德国
TM	7	B,G,R,NIR,SWIR, LWIR,SWIR	热红外 120 m 其他 30 m	光学	1972 年,美国
IKONOS	4	B,G,R,NIR	全色 1 m 多光谱 4 m	光学	1999 年,美国
OrbView4	4	B,G,R,NIR	全色 1 m 多光谱 4 m	光学	2001 年,美国
QuickBird2	4	B,G,R,NIR	全色 0.62 m 多光谱 2.44 m	光学	2001 年,美国
SPOT5	4	G,R,NIR,SWIR	全色 2.5 m 1、2、3 波段 10 m 4 波段 20 m	光学	2002 年,法国
RadarSat2	1	C 波段全极化	3 m	雷达	2007 年,加拿大
EnviSat	1	C 波段全极化	波模式 5 m 成像模式 30 m	雷达	2002 年,欧洲航天局
Terra-SAR	1	X 波段全极化	1 m	雷达	2007 年,德国

本节中光学高分辨率遥感影像主要采用 IKONOS 数据,雷达影像则采用 EnviSat 的 ASAR 数据。

先进合成孔径雷达(advanced synthetic aperture radar,ASAR)是 EnviSat-1 搭载的先进的星载合成孔径成像雷达系统,具有多模式、多极化、大幅宽、多入射角等特点。ASAR 是基于 ERS-1/2 主动微波仪(AMI)建造的,目的是进行对地观测,提供海浪和海冰范围及运动情况、陆地冰雪的分布范围、地表地形及陆地表面特性、土壤湿度及湿地范围等观测信息。它继承了 ERS-1/2 AMI 中的成像模式和波模式,增强了在覆盖率、入射角范围、极化和工作模式上的功能。尤其是在多云多雨地区光学遥感数据很难获得的情况下,ASAR 数据具有广阔的应用前景。

ASAR 工作在 C 波段,可为每个轨道连续地获取 30 分钟图像。

ASAR 传感器共有五种工作模式:① Image(成像)模式;② Alternating Polarization(交替极化)模式;③Wide Swath(宽条带)模式;④Global Monitoring(全球监测)模式;⑤Wave(波)模式。在上述五种工作模式中,高数据率的三种,即 Image 模式、Alternating Polarization 模式和 Wide Swath 模式供国际地面站接收,低数据率的 Global Monitoring 模式和 Wave 模式仅供欧洲航天局的地面站接收。五种成像模式的具体参数见表 2.12。

表 2.12　ASAR 在轨工作参数

参数	工作模式				
	成像	交替极化	宽条带	全球监测	波
极化	HH 或 VV	HH+VV VV+HV VH+VV	HH 或 VV	HH 或 VV	HH 或 VV
空间分辨率	29 m×30 m	29 m×30 m	150 m×150 m	850 m×850 m	5 m×5 m
辐射分辨率/dB	≤2.5	≤3.8	≤2.0	≤1.5	≤2.5
照射宽度	100～56 km 7 个条带	100～56 km 7 个条带	406 km 5 个条带	406 km 5 个条带	5 km 任何条带
入射角/(°)	15～45	15～45	17～43	17～43	15～45
定位精度/km	0.32	0.32	0.32	0.32	0.32
消耗功率/W	1 365	1 395	1 200	760	700
数据平均传输速度/(Mbit/s)	96.3	96.3	96.8	0.9	0.9

2. IDL 语言简介

交互式数据语言(interactive data language,IDL)是二维及多维数据可视化分析及应用开发的软件工具,是一种面向矩阵的第四代可视化语言。由美国 ITT VIS(ITT Visual Information Solutions)公司致力研制与开发。IDL 的特长是对科学数据进行可视化和分析。IDL 面向的对象是矩阵,这些矩阵可以是遥感数据、医学影像、数字信号等二维、三维甚至是多维数组可以抽象表示的科学问题。IDL 的核心机制就是实现以矩阵为对象进行高效的表达、操作与计算。因此,大量基础而核心的面向矩阵的输入输出、分析处理、计算统计等命令或应用程序接口,使得 IDL 快速分析超大规模数据的能力十分强劲,同时使得专业研究人员无须再编写大量的传统程序即可实现读取数据、可视浏览、交互输出,而将更多精力专注于科学问题的凝练与解决。

IDL 自 20 世纪 90 年代进入中国以来,广泛应用于诸多领域。目前仍需科研工作者更多地应用到实际科学研究和工程开发当中去,用课题研究提高 IDL 应用水平,提高的应用水平将反过来促进科研进展,解决更多实际问题。

2.4.3　雷达影像采砂船只辨识

现有的 ASAR 数据较 IKONOS、QuickBird 等高分辨率光学卫星遥感数据而言空间分辨率不具优势,最高的波模式分辨率为 5 m,成像模式空间分辨率为 30 m,通过增强处理能达到 12.9 m。因此对船只辨识应从形态特征角度入手,而不应像高分辨率图像那样侧重纹理特征。基于现有技术进展阶段和 ASAR 图像自身特点，本书制定了从 ASAR 图像上提取形态特征作为判别因子，然后借助其他辅助信息、约束条件协同辨识定位采砂船只的路线方案（曹波 等，2010）。辨识与分析研究流程如图 2.22 所示。

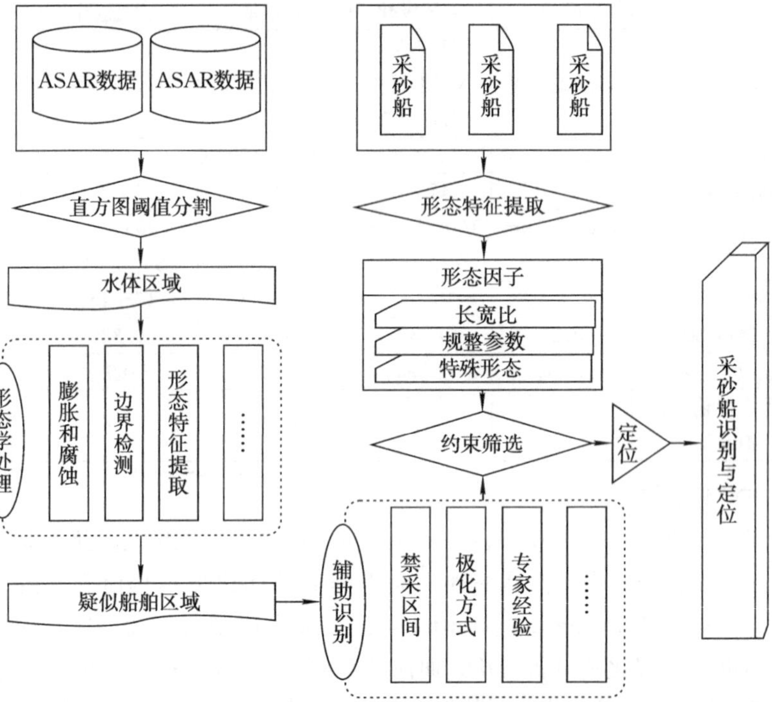

图 2.22　基于雷达影像的采砂船只辨识与分析研究流程

具体研究内容如下所述。

1. 船舶区域提取

在 ASAR 影像上，水体是一种易于辨识的特殊地物，它的灰度值总体上比其他地物低得多，所以雷达影像提取水体边界准确是其一大优势。因此对于离岸船舶，提取思路上可不必从船只本身的光谱特征进行采样、训练、聚类，而是可以首先通过提取出图像上的水体部分，然后检测并提取水体中孔洞的部分（疑似船舶区），这样提取疑似船舶形态反而更为准确有效（Feng et al，2006；Pastinaa et al，2003；Howard et al，1999）。而后再利用进一步的形状指标和辅助信息进行筛选，就可辨识采砂船舶。

1）水体分割

如前所述由于水体对于微波吸收能力较强，反映到 ASAR 图像上体现出水体整体灰度值较低的特征，因此准确选取阈值，然后进行二值化处理即可将水体和其他强反射地物区分开来。

船只与水体的分割阈值选择可使用直方图阈值分割方法。直方图是概率密度的图形显示，可以直观地看出某个特定值出现的概率。对应到 ASAR 图像上，就是统计某灰度值在图像中出现的次数，也可理解为统计拥有该灰度值的像元个数。

一般意义上，当图像包含强反射地物和弱反射地物两种对比强烈的地物时，直方图就会体现出双峰性，水体和船只就是反射强弱对比显著的例子。针对水体灰度值较低（往往对应灰度直方图的第一个峰）的特点，本书选用直方图阈值分割方法，提取第一个灰值峰所对应的波谷作为水体分割阈值。

实验区域选取洞庭湖城陵矶段，该河段是采砂管理较为典型的区域。图 2.23 显示了该地段的 ASAR 图像。本书基于 IDL 语言将采砂船监测与分析研究中所有需要用到的计算分析算法和基本工具都集成在如图 2.23 所示的软件之中，将整个研究流程编制成一个独立、通用的专题程序模块，因此同样可以运用在其他工作敏感河段，也便于集成到更高一级的大系统之中。

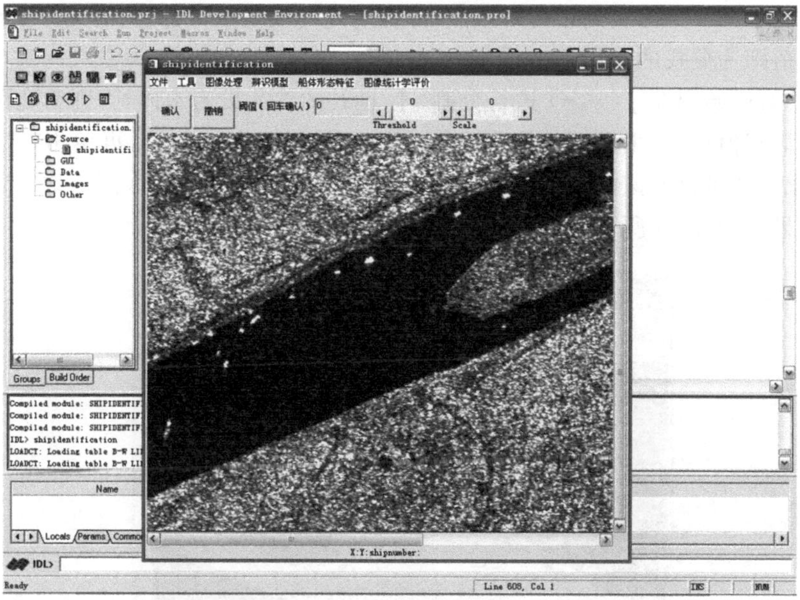

图 2.23　主界面示意

在水体分割方面，首先选取“工具”菜单下的直方图选项，得到该区域直方图（图 2.24），可见该图呈明显的双峰分布，中间的波谷极小值点即为理论上的划分水体与疑似船舶区域的阈值。

直方图阈值计算算法的基本思想是：若将直方图 $h(z)$ 的包络看作一条曲线，则可选取直方图的波谷作为分割阈值。波谷的确定可借助求曲线极小值的方法，即极小值点应同时满足其一阶差分等于 0、二阶差分大于 0。具体方法如下。

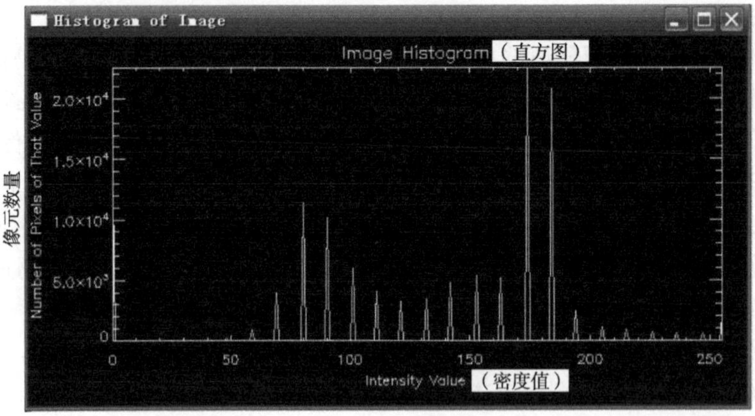

图 2.24 实验区域直方图

(1)对原始图像数据进行直方图统计，分为 N 级灰度。

(2)对平滑后的直方图作一阶差分 $h'(z)=h(z+1)-h(z)$，从左至右检测一阶直方图中第一个由负到正的阶跃点，即为对应的波谷点，检测到的极小值点对应的灰度值即为要找的阈值 T。

(3)对原始图像 $f(x,y)$ 进行分割，小于 T 的像元设为水体，否则为孔洞。

选取阈值后，在主界面阈值文本框中输入并按回车键确认，再单击“工具”→“二值化”，即可得到该阈值条件下分割出的水体和陆地。实验区阈值取 127 时的划分结果如图 2.25 所示。

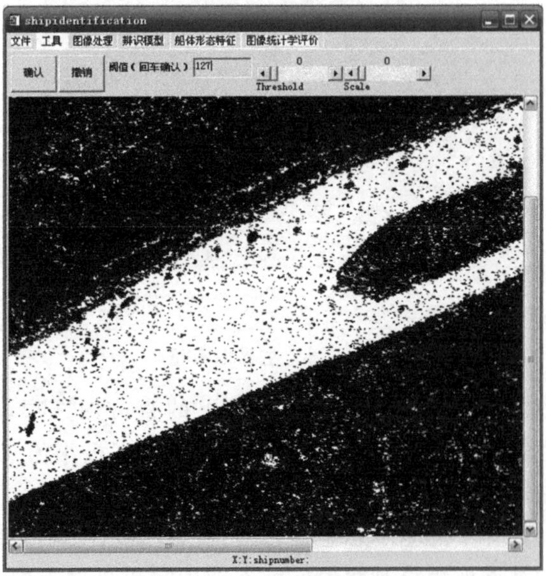

图 2.25 水体提取成果图

由水体提取效果可以看出，强弱反射地物总体上得以区分。由于雷达影像存在噪声斑点的问题，水体中出现了许多小面积的噪声斑点。这些斑点的存在影响了水中强反射地物的判读，必须加以抑制和清除。

2）噪声抑制

较之其他类型的遥感图像而言，雷达影像存在一个很突出的问题——噪声干扰。噪声是随机出现的误差斑点，其数值并不代表该点实际地物的反射值，往往以极大值和极小值的形式出现，体现到图像上就是常见的“耀斑”和“盲点”，破坏了图像的连续性，削弱了图像提供的有用信息。为了能充分利用雷达图像信息，有必要选取一定的策略将噪声干扰加以抑制。

本书选定了滤波策略对噪声斑点加以抑制。图像滤波也称为空域滤波，是一种模板（mask）对比度增强算法，即使用指定模板，以图像的一组相邻像素作为处理对象，利用卷积直接对该组像素进行计算，并把计算结果赋值给予模板中心相应的像素，从而得到增强后各个像素的值。具体步骤如下：

（1）将模板在图像中漫游，并将模板中心与图像的一组相邻像素的中心重合；

（2）将模板的各个权值与图像的相对应像素值相乘，对所有乘积求和（即做卷积）；

（3）求和所得值赋给模板中心像素，作为其新的灰度值。

现以 3×3 模板的滤波窗口，均值滤波为例，卷积核中具体权值见图 2.26。由图像滤波的数学模型不难理解：如果模板中心像素是孤立的噪声点，它将被周围相邻的像素所“抚平”。滤波不仅可以去除噪声，而且还能保留图像空间频率的低频成分，保持图像细节，同时还能起到平滑作用。

1	2	3
4	5	6
7	8	9

$$\begin{bmatrix} 1/8 & 1/8 & 1/8 \\ 1/8 & 0 & 1/8 \\ 1/8 & 1/8 & 1/8 \end{bmatrix}$$

图 2.26　滤波模板窗口和卷积核

选取“图像处理”→“消除噪声”，然后在设置对话框中选择窗口尺寸并填写卷积核，再单击“工具”→“二值化”，即可得到改进后的水体分割。改进后的分割效果对比见图 2.27。

降噪是雷达影像处理不可或缺的环节，但是较为矛盾的是平滑图像的同时又不可避免地会损失掉一部分有用信息，特别是在提取地物轮廓方面，将出现地物轮廓不分明、特征被掩盖的现象，特别是对应到采砂船舶具体问题时，降噪带来的信息损失不可忽视。通过观察真实的采砂船只可知，采砂船由于真空泵以及水沙分离等原理与工作机制，需要架设高大的塔架，这个是采砂船只区别于其他运输船只最为显著的外形特征。这个关键的细部结构容易在平滑过程中弱化甚至被削减。

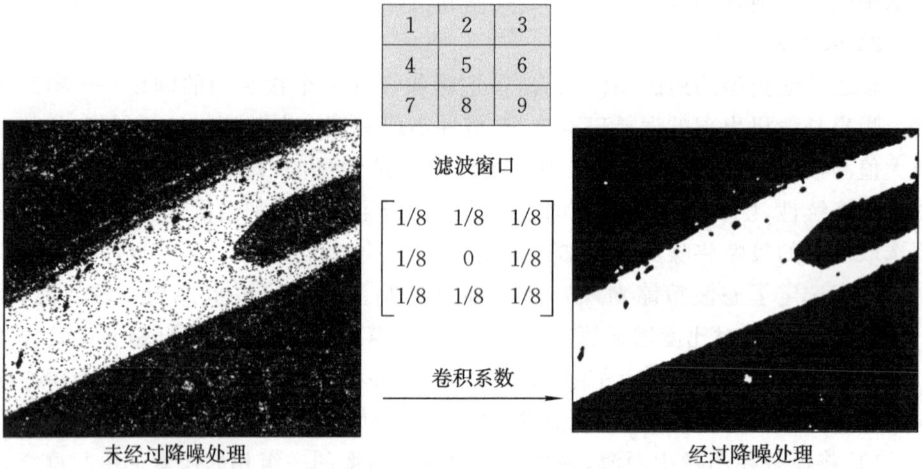

图 2.27 分割效果对比

为此，要根据实际需求灵活选用能够保存、挖掘、强化采砂船只特有细部结构的形态学原理，强化图像轮廓，为准确提取地物形态特征创造条件。经实验对比，膨胀和腐蚀原理能够较好地满足强化采砂船只特有细部结构的需求。

3）*形态学处理*

数学形态学是以形态为基础对图像进行分析的数学工具，即非线性滤波方法，是一种针对集合的处理过程（贺辉 等，2006；徐刚峰 等，2006）。膨胀和腐蚀是数学形态学的基础，它用来解决二值图像的特征提取、边缘检测和图像分割等图像处理问题。在形态学中，结构元素是最重要、最基本的概念，相当于信号处理中的“滤波窗口”，如用 A、B 表示两个集合，腐蚀的定义为

$$A\Theta B = \{x : B + x \subset A\}$$

膨胀的定义为

$$A \oplus B = [A^c - (-B)]^c$$

式中：B 为结构元素；A 为输入图像；$A\Theta B$ 是由将 B 平移 x 但仍包含在 A 内的所有点 x 组成；$A \oplus B$ 是将 B 平移 x 后使 B 和 A 的交集非空的点 x 构成的集合。结构元素作为图像处理的依据，其大小、形状选择是否合适，直接影响图像的形态运算结果。因此需要根据不同的应用场合选择合适的结构元素。

对应到图像处理的实际效果，腐蚀通常会减小对象尺寸，并且可以消除毛刺和去除噪声。膨胀通常增大对象的尺寸，并且可以填充空洞和断开区域。

开运算（OPEN）：开运算是指对图像先腐蚀再膨胀的运算，在消除噪声的同时维持前景中对象的总体尺寸，主要用于平滑轮廓、清除狭窄的延长部分以及断开薄

弱的连接。

闭运算(CLOSE):闭运算是指对图像先膨胀再腐蚀的运算,在消除噪声的同时维持前景中对象的总体尺寸,主要用于连接狭窄区域、填充小的缝隙或孔隙。

如何选择开或闭运算策略取决于预期达到的目标,根据实际需求灵活选用。下面结合实际例子,演示形态学处理对图像信息的挖掘和优化。如图 2.28 所示。

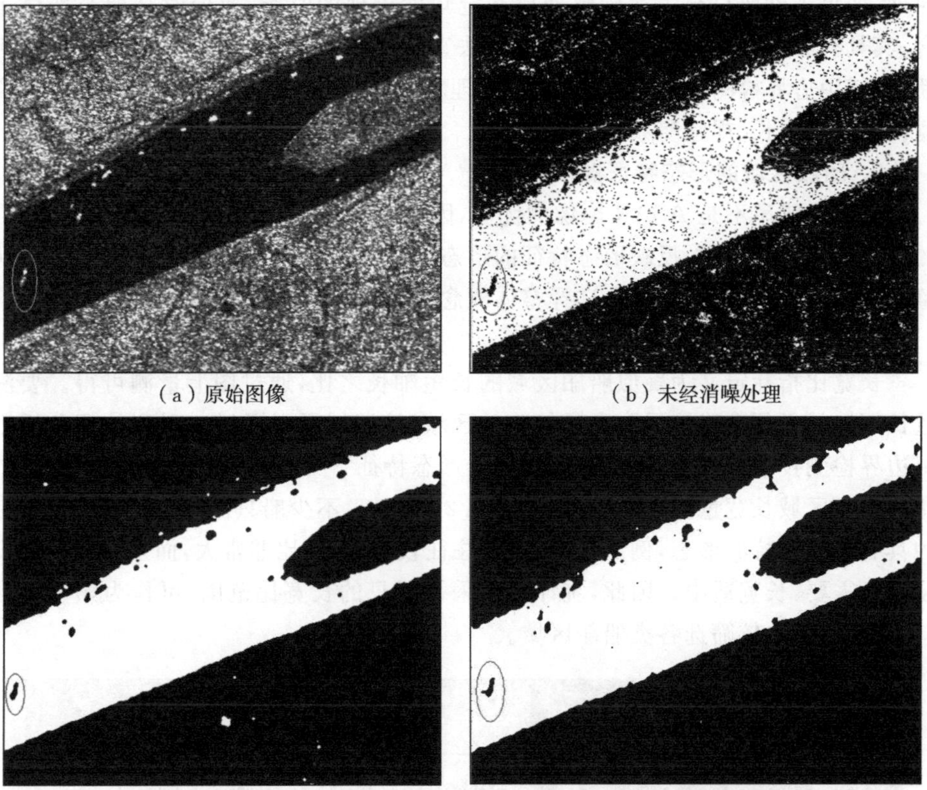

(a)原始图像　(b)未经消噪处理

(c)消除噪声处理　(d)闭运算处理

图 2.28　处理效果对比

由图中圈示采砂船舶区域可知,图 2.28(a)显示出河道中该区域呈规则长条形,明显是船舶地物,排除了是自然沙洲的可能,但是目前得到的信息还十分有限,需要进一步处理、挖掘。

经过直方图选取阈值分割后,圈内研究区域发生了变化,见图 2.28(b),该船只一端有高大的建筑。由于雷达空间分辨率的限制,船上建筑结构纤细,加之人眼对灰度变化并不敏感,导致原始图像上肉眼难以分辨细节,但通过二值化处理后可以清晰展现出来。

对图 2.28(b)经过滤波消噪处理后,可以从图 2.28(c)看到噪声干扰得到了极大的抑制,但是在平滑图像的同时也损害了部分有用的边界信息,船只的上层建筑被削弱。因此,应该引入形态学处理,在消除噪声的同时,保证船只的特征形态不受损失,需要优化处理。图 2.28(d)即为经过闭运算处理后的图像,达到了既消除噪声又保留边界信息的目的。但是该方法同时也使得某些靠近岸边的船只和岸线连接成一体,从靠岸船只辨识这个角度来看,闭运算强化了一些错误特征。同时需要明确的是并不是所有采砂船只都能被清晰地提取 L 形特征,根据雷达成像侧视原理,如果采砂船只与雷达传感器呈一定角度出现的时候,成像时高架与船体重合,其具有的高架特征可能在图像上无法直接展现。因此,需要更多条件加以判断,应使用边界检测、种子生长等计算处理功能统计船舶区域的形态特征,包括长宽比、面积、周长、规整参数。

2. 船舶区域的形态特征提取

空间分辨率不是 ASAR 影像的优势,因此对于显著的 L 形特征未能清晰提取的采砂船只辨识问题,反映形态特征的形态因子的选取不应拘泥于细部构造,应从整体形状、尺寸等具体特征上选择整体概念的形态因子,例如长宽比和规整参数。

1) 长宽比

长宽比指标定义为疑似船舶区域的长短轴长之比,通过图上量测可得。要测量长短轴就必须准确地提取出疑似船舶区域,该区域可以通过一系列处理分析后由边界检测技术得到。主界面选取"船体形态特征"→"ROI(region of interest)",然后进行区域长宽量测,测量界面如图 2.29 所示。不少船只由于其特殊的使用目的具有自身独特的形态,例如:载货船只往往较长,长宽比非常大,而采砂船只因安装设备需要,长宽适中。因此,统计实际采砂船只的长宽比范围,可作为第一个形态特征,用以比较筛选各类船舶区域。

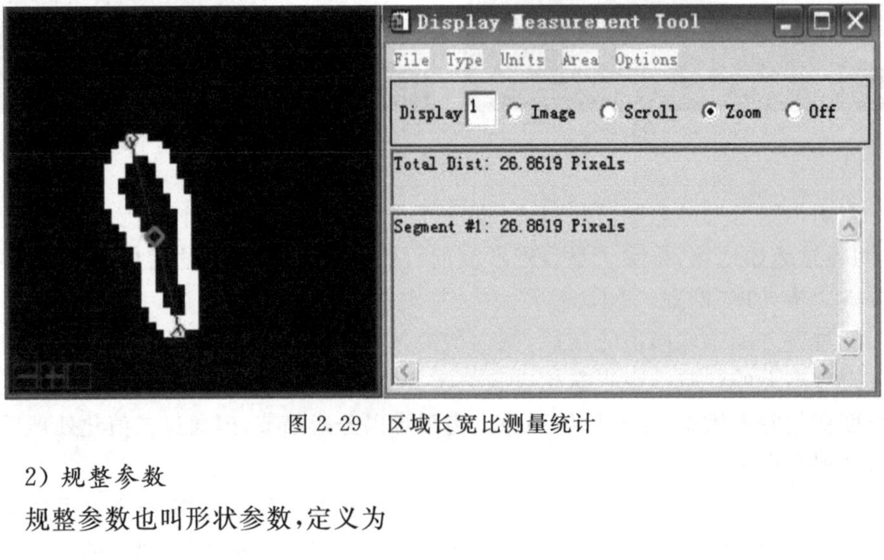

图 2.29　区域长宽比测量统计

2) 规整参数

规整参数也叫形状参数,定义为

$$F = \|B\|^2 / 4\pi A \tag{2.33}$$

式中：B 是区域周长；A 是区域面积。形状参数在一定程度上反映了区域的紧凑性，它没有量纲，对尺度、旋转变化不敏感。它没有一个固定的取值范围，数值越大，形状一般越不紧凑规整。合理选择该参数，能够去除不符合船舶形态条件的疑似船舶区域。圆是相同周长情况下面积最大的几何体，换句话说，圆形最规则，规整参数 F 值最小，将 $B = 2\pi R$ 和 $A = \pi R^2$ 代入式(2.33)可得 $F = 1$。

规整参数反映了区域的紧凑性，正方形 $F = 1.273$，而正三角形 $F = 1.654$，可见形状越紧凑参数值越小。相较于其他船只，船面上安装设备多的船只边界更不规则与平滑，只要根据实际统计经验选取合适的 F 值范围，即可作为第二个形态指标约束来筛选疑似区域。

目标的边长、面积难以通过上述长宽比量取工具直接图上测量，而精确获得以上两个参数将是统计出规整参数 F 的关键。为了解决精确获得区域边界和面积的问题，引入了区域生长原理。

灰度图像划分地物的实质是拥有相同灰度特征而且在空间上连续的像元聚类的划分。区域生长的基本思想是将具有相似性质的像元集合起来构成区域。首先对每个需要分割的区域找一个种子像元作为生长的起点，然后将种子像元周围邻域中与种子像元性质相同或相似的像元(事先确定生长或相似准则来判定)合并到种子像元所在的区域中。再将这些像元当作新的种子像元继续进行上述过程，直到再没有满足条件的像元包括进来，区域就生长完成。

实际应用中要首先确定三个问题：

(1)选择一组能正确代表区域的种子像元；

(2)确定在生长过程中将相邻像元包括进来的规则；

(3)制定让生长停止的条件或准则。

以河段中水体区域生长为例，见图 2.30，在具体的程序编写中制定如下标准确认以上三个问题。

种子的选择采用了鼠标单击选点为种子的点源增长策略，水体区域生长结果见图 2.30(b)，或选择一定范围的区域为种子的面源增长策略，见图 2.30(c)；像元生长规则可以选择四邻域或者八邻域；点源增长策略中制定的停止生长条件是当相邻像元灰度值超过鼠标点选点灰度值正负范围阈值(阈值可以在程序中根据实际情况修改)以外的条件下，就认为该相邻像元不是和种子同一类的像元，不满足生长条件，停止生长，而面源增长策略则以种子区域标准偏差或者灰度值变化范围作为生长约束条件，可以根据实际需求灵活选用。

当区域生长完成后即可通过生长形成的新区域所涉及的像元数目、分布准确地统计出区域面积、周长、最大灰度值、最小灰度值、均值和标准偏差等重要系数，该实验区重要参数见图 2.30(d)。

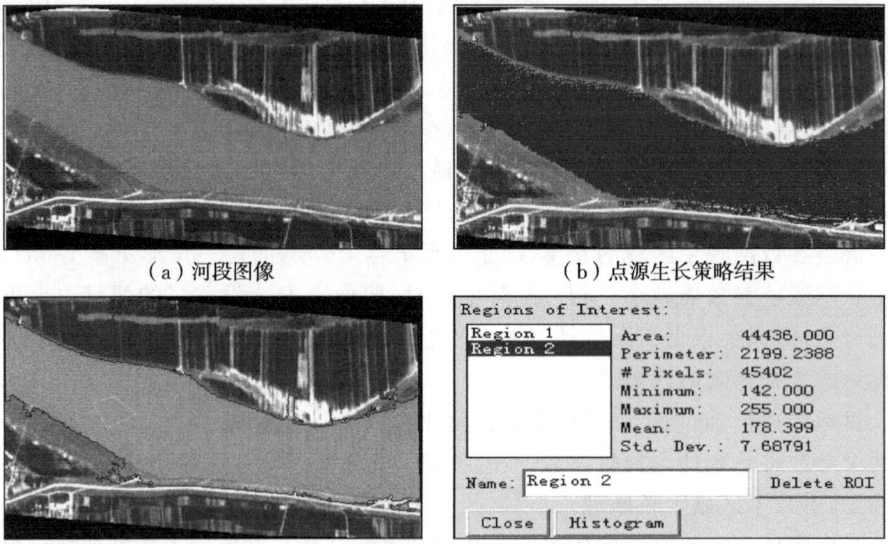

（a）河段图像　（b）点源生长策略结果

（c）面源生长策略中种子区域和生长结果　（d）统计水体生长区域面积、周长等参数

图 2.30　河段中水体生长实例

同理，可对船舶区域采取两种生长方式，均可得到区域面积与周长，然后计算出规整参数。

3. 辅助识别

对于采砂船只可先用 L 形态特征提取，对于提取不到 L 形特征的采砂船只可通过统计长宽比和规整参数进行筛选，然后辅助极化方式、禁采区间、专家经验等辅助识别。

1）统计长宽比和规整参数

江面上的船只主要有货轮、客轮、渔船、航标信号船等，根据使用目的具有自身独特的形态。货轮只依据易于通行和提高运载效率的原则往往建造得特别长，长宽比非常大；客轮因平稳和载客量的需求，建造楼层较高，反映在影像上相比实际宽度显得更宽，长宽比小；而采砂船只因安装设备和装载砂石的需要，长宽适中，介于两者之间；其他船只由于没有大型的用途，船只面积较小，通过面积阈值即可排除。

图 2.31 以城陵矶河段为例，利用区域生长法生长出船只区域，统计出计算规整参数 F 所必需的面积和周长参数。船只表面面积太小的不太可能是采砂船只，特别是大江大河中吸砂水深大的区域。

通过设定面积阈值，排除小型船只后，以图 2.31 中标定的 5 只船只为例，统计计算长宽比和规整参数。计算结果详见表 2.13。

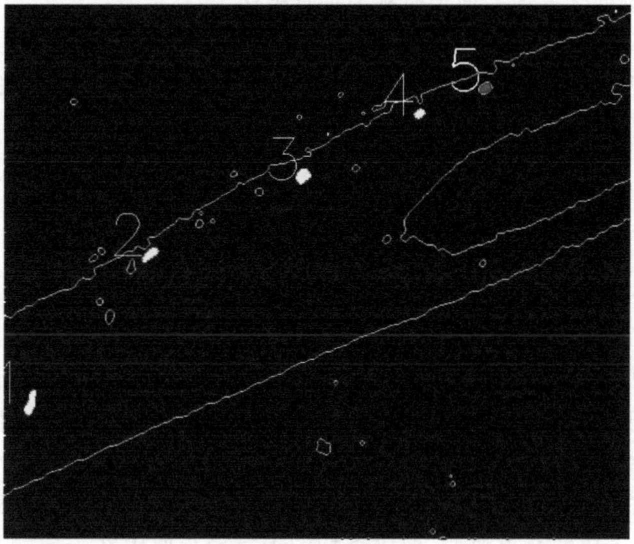

图 2.31　实验船只

表 2.13　船只形态特征因子

船号	1	2	3	4	5
长宽比	3.055	2.366	1.442	1.695	1.415
规整参数 F	2.322	1.721	1.188	1.341	1.220

从统计结果来看，3、4、5 号船长宽比小，比较符合“船舶高，成像宽”的客轮特征；1、2 号船长宽比大，符合货轮的特征，同时 1 号船规整参数更大，外形轮廓更不规则，比起外形规则的 2 号船只，较大的规整参数意味着 1 号船只装载了更多的船面设备和拥有更特殊的船面结构。因此，在实验河段中 1 号船从长宽比和规整参数上显示最有可能是采砂船只。另外，如图 2.30(d)显示，1 号船通过形态学处理能够清晰地提取采砂船只的高架特征。

依据长江采砂管理执法部门获取的、与 ASAR 影像成像同时相的实验河段现场巡检录像和照片，最终确定 1 号船只为获得采砂许可、正常作业的采砂船只，2 号船只为小型货船，3、4、5 号船只为客轮。从结果上看，长宽比能够有效地区分出客运船只，规整参数能够有效地区分出货运船只与拥有复杂结构的采砂船只。需要说明的是雷达影像成像时，并没有常规的大型货船经过，该类船只长宽比能达到 5、6 甚至更高，也能很容易地通过长宽比与客船和采砂船只区分开来。

2) ASAR 图像极化方式

电磁波是由耦合的电场和磁场组成。在自由空间传播时，电场和磁场及波的传播方向之间两两垂直。如果电场矢量始终处在一个沿传播方向固定的平面上，那么这种电磁波被称为线性极化电磁波。当电场垂直于辐射入射平面时称为水平极化，而当电场处于入射平面上时称为垂直极化。

雷达波一般均为极化电磁波。由于自然表面的后向散射依赖于入射波的极化(偏振)情况，因此，极化效应与雷达波的后向散射强度有着密切的关系，可由以下四种特性描述：

(1)HH——入射波为水平偏振时的水平偏振后向散射；

(2)HV——入射波为水平偏振时的垂直偏振后向散射；

(3)VH——入射波为垂直偏振时的水平偏振后向散射；

(4)VV——入射波为垂直偏振时的垂直偏振后向散射。

不同几何结构的地物其雷达后向散射特性不一。一般而言，地物具有突出的垂直取向结构或水平取向结构，其散射体具有较强的水平偏振或垂直偏振散射强度，可能会出现同一幅 ASAR 数据采用不同的极化方式，某些具有特殊几何结构的船只成像后的表现区别很大。

采取极化方式不一样时(图 2.32)，因采砂船只具有独特的高架结构，船只在 HH 极化方式下成像严重畸变，形成奇特的十字形。原因在于地物具有突出的取向结构对雷达波后向散射强烈。需要说明的是并不是所有具有突出的垂直取向结构或水平取向结构的地物采取某种极化方式成像时一定会产生严重畸变，例如上游实验河段的 1 号船就没有观测到这种成像畸变现象，这是一个必要不充分条件。但是仍然可以通过对 ASAR 图像极化方式的研究为采砂船只的确认增加辅助判别途径，在众多船只中筛选具有特殊结构的疑似采砂船只。

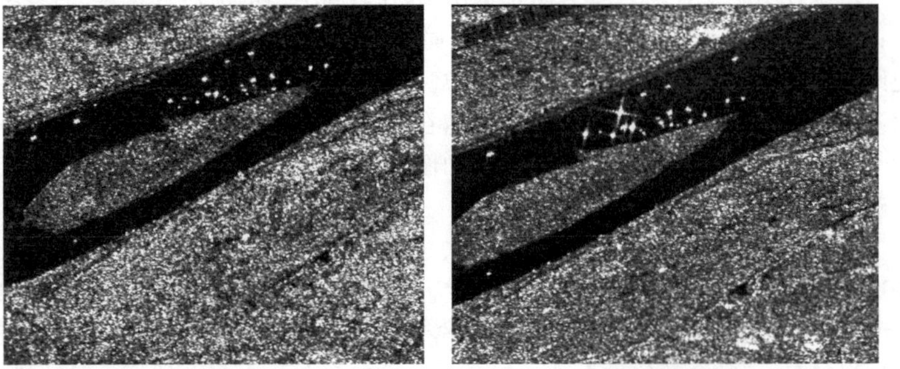

(a) HV极化方式　　　　(b) HH极化方式

图 2.32　成像差异对比

3) 禁采区间

采砂船只活动规律和水下地形是最好的辅助识别“晴雨表”。哪些河段拥有具有商业价值的优质砂石，从获批采砂许可的采砂船只以及盗采船只的活动规律，以及遭到破坏的水下地形即可划分出采砂重点区域。再根据生态脆弱程度、水利堤防设施保护规划、水下破坏现状等因素综合划定禁采区间。禁采区间内停留的船只，如具备合适的长宽比与形态参数，即使未观测到显著的 L 形结构和极化畸变，也能极大地增加其为采砂船只的可能性。因采砂需要，正在进行采砂作业的采砂船只会固定停留在河中一段时间，直至本次采砂任务完成，这是有别于其他船只的特殊活动规律，也能作为辅助识别标志。

禁采区间的确定方法可依据获批的规划文件，合法的采砂区域需要经过严格的审批论证，包括活动区域、活动时间和采砂数量都是有严格限定的；另外还可以通过长期在一线巡检的执法人员的专家经验确定；最后一种方式是水下地形测量的方式。

水下地形测量可用无人船载水深测量系统。该系统和雷达系统类似，都是主动式的感知测量方式，系统通过主动发射多股超声波依据回波时间标定距离远近，然后使用惯性导航系统和卫星定位系统即定位测姿系统（position and orientation system，POS）的解算，即可生产出带坐标值的水下地形。

实验段的水下地形测量成果见图 2.33，颜色表代表高程值。该区域执法人员反馈非法采砂现象严重。从水下地形图可以看到，因过度开采，水下地形严重坑洼不平，局部地区形成水下深坑，对附近的桥墩和堤防构成安全隐患，目前该区域已被列入采砂监控重点巡查地段。对于执法力量还未掌握的高风险地段，同样可通过水下地形测量方式调查找出盗采泛滥区段，设置禁采区间，指导后续在遥感影像上有针对性地开展辨识与定位工作。

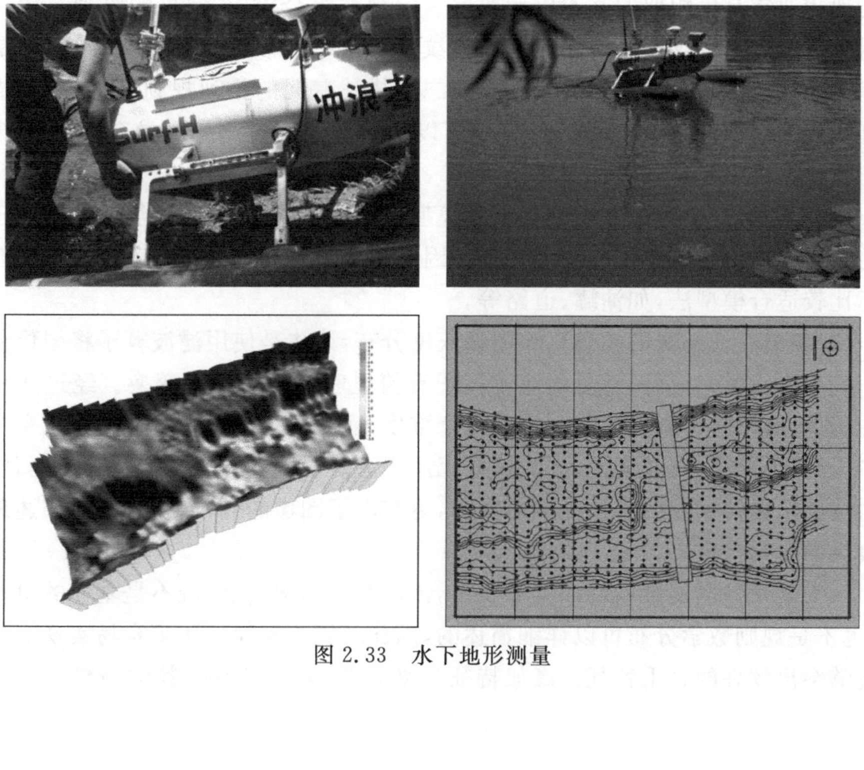

图 2.33　水下地形测量

2.4.4　基于高分辨率遥感影像的采砂船只纹理辨识

与雷达影像不同，高分辨率遥感影像不仅可以从外部轮廓上获得几何结构和尺寸，还能进一步提取内部纹理信息，通过目标内部更为细致的特征结构、空间关联、位置分布等为解译与辨识提供依据。纹理也称结构(texture)，实质上是具有不同色调和形状的细微影像的集合。这种细微影像可称为纹理基元。卫星遥感技术可以将区域内各景观要素及周边地物要素之间如何排列组合、如何转变过渡等种种特征都一览无遗，能够体现出各种特色的纹理结构。船只是人造地物，有着鲜明的纹理特征，并且由于不同用途的船只其上层建筑也有很大的不同，其纹理特征也大相径庭。因此需要将目标地物具体特征量化，用以对目标内部纹理进行定量描述。

主要的纹理描述方法有统计法、结构法、模型法以及频谱法四大类(Webb，2000;汪闽 等，2005)。

(1)统计法。主要是利用统计数学公式以像素级为单位计算纹理图像的特征信息，常见的统计公式包括熵、均值、标准差、梯度、对比度、相关系数等，通常对比一项统计参数不能达到纹理辨识目的，需要根据实际应用选定最具代表性的多组统计参数完成辨识目标的提取。

(2)结构法。适用于由简单纹理基元以一定规律排列组合而成的地物目标。这类地物通常是由相似的基本单元按照一定规律组合构成，常见的纹理有大片同属树林、草地、毛衣纹理等。因此结构法纹理提取一般涉及两种策略描述：一是描述基元统计特征，如面积、形状、尺寸等；二是描述基元的排列规则，因此一些描述计算机数据结构的方法，如树、图等均可以很好地引用过来描述纹理基元的排列规则。

(3)模型法。模型法使用某种数学模型模拟逼近原始纹理，该法的关键在于选用的数学模型应很好地描述纹理特征。因此辨识易于用数学模型表述分布规律的目标比较适合模型法，如油罐、道路等。

(4)频谱法。图像的频谱反映图像灰度分布，该法是使用滤波算子将图像分解成不同频率和方向成分，常见的滤波算子有傅里叶变换和小波变换。经过滤波转换的图像，有用的信息大多集中在前几个维度，而后几个维度基本上是无意义的噪声和人眼不敏感的高频能量，去除这些无用信息后，将前几个维度的信息重新转换后生成的图像能够有效抑制噪声的同时，更突出了图像的骨干结构，利于描述最具代表性的纹理特征。

从大型采砂船的结构特征可以看出，该类船只结构复杂，既不是基元的重复组合，也不是规则数学分布可以详细描述的，因此结构法和模型法不容易实现。频谱法能够突出纹理的骨干特征。高架特征是采砂船的共性特征，其他舰楼等设施整体分布上呈现相似性，具体到细节上则呈现出个性化，并没有固定的模板。因此频谱法也不容易实现对采砂船只骨干纹理特征的量化表述。有鉴于此，以像素为计算单元统计信息熵、梯度、对比度、相关系数等纹理指标的统计法，类似于“黑箱”模糊性，着重的是辨识目标与模板之间图像纹理特征整体相似性，而并非基于有具体使用用途的局部细部构造。所以相较于其他方法，统计法的可操作性以及实际提取效果要更优。

在高分影像上除了可依据采砂船纹理特征进行直接识别外，还能依据尾迹检测手段辅助辨识。工作中采砂船只处于静止吸砂状态，而其他大型船只在江面上行进时会留下尾迹，通过对高分影像的优化与处理，可以挖掘出有用的尾迹信息。

以下分别具体介绍采砂船只纹理辨识与尾迹检测的方法。

1. 统计法纹理因子

本书选择了如下纹理因子。

1）熵

图像的熵能反映图像的信息含量，图像的熵值越大说明信息量越丰富，希望图像的熵值越大越理想。对于一幅单独的图像，可以认为其各像素的灰度值是相互独立的样本，设它的灰度分布为 p_i。p_i 为灰度值等于 i 的像素个数与图像总像素个数之比；L 为图像的总的灰度级。计算熵可以客观地评价图像信息量。由香农信息论的原理可知，一幅图像 X 的信息熵为

$$H(X) = -\sum_{i=0}^{L-1} p_i \log_2(p_i) \tag{2.34}$$

2）均值

均值是指像素的灰度平均值，它反映了图像的平均亮度。图像的光谱相似性可以通过比较待定船只图像亮度均值与采砂船只模板图像之间的偏离来衡量，即

$$\bar{z} = \frac{1}{M \times N}\sum_{m=1}^{M}\sum_{n=1}^{N} X(m,n) \tag{2.35}$$

式中：$\bar{z}$ 为均值；$X(m,n)$ 为融合图像像元 (m,n) 处的灰度值；M、N 分别为图像的行数和列数。

3）标准差

标准差作为衡量图像信息量的重要指标，反映了灰度偏离灰度均值的程度。标准差越大，则灰度级分布越分散，图像的反差越大，可以得出更多信息；相反，标准差越小，图像反差越小，色调单一均匀，得不到太多信息。公式为

$$std = \sqrt{\frac{1}{M \times N}\sum_{m=1}^{M}\sum_{n=1}^{N} (X(m,n) - \bar{z})^2} \tag{2.36}$$

4）相关系数

图像的相关系数反映了两幅图像的相关程度，通过比较图像相关系数可以看

出图像的光谱信息相似程度。公式为

$$\rho=\frac{\sum_{m=1}^{M}\sum_{n=1}^{N}(X(m,n)-\bar{x})(Y(m,n)-\bar{y})}{\sqrt{\sum_{m=1}^{M}\sum_{n=1}^{N}(X(m,n)-\bar{x})^2\sum_{m=1}^{M}\sum_{n=1}^{N}(Y(m,n)-\bar{y})^2}} \tag{2.37}$$

式中：$\bar{x}$ 和 $\bar{y}$ 分别为实验图像与模板图像的均值。

5）平均梯度

平均梯度可以反映图像对微小细节反差的表达能力，可被用于评价图像的清晰度。一般说来，图像的平均梯度越大，图像的层次越多，表示图像越清晰，因此可用它来评价图像在微小细节表达能力上的差异。一幅图像 X 的平均梯度为

$$\bar{G}(X)=\frac{1}{(M-1)(N-1)}\sum_{m=1}^{M-1}\sum_{n=1}^{N-1}\sqrt{((\Delta x_n)^2+(\Delta y_m)^2)/2} \tag{2.38}$$

式中：Δx_n、Δy_m 分别为 x、y 方向上的差分。

6）偏差与相对偏差

偏差，也被称为光谱扭曲度，是指实验图像像素灰度平均值与模板图像像素灰度平均值之差，或者说是实验图像与模板图像的差值图像的灰度平均值。它反映实验图像与模板图像在光谱信息上的差异大小和光谱特性变化的平均程度。偏差值越小，表明差异越小。理想的情况下偏差为 0 。图像 X、Y 的偏差为

$$D(X,Y)=\frac{1}{M\times N}\sum_{m=1}^{M}\sum_{n=1}^{N}|Y(m,n)-X(m,n)| \tag{2.39}$$

相对偏差，也称为偏差指数，是实验图像各个灰度值与模板图像相应灰度值之差的绝对值同模板图像相应灰度值之比的平均值。相对偏差值的大小表示灰度值的相对差异，用来反映图像在光谱信息上的匹配程度以及细节匹配的能力。图像 X、Y 的相对偏差为

$$D_r(X,Y)=\frac{1}{M\times N}\sum_{m=1}^{M}\sum_{n=1}^{N}\frac{|Y(m,n)-X(m,n)|}{X(m,n)} \tag{2.40}$$

2. 程序设计

设计界面如图 2.34 所示，程序算法依据前述数学公式为基础进行设计。遥感影像采用 IKONOS 全色波段，空间分辨率为 1 m。

经过反复调试、修改，大多计算问题可以在较短时间内完成，只有最为关键的相关系数计算，由于公式复杂，又是涉及两幅图像相互关联运算，运算量较大，循环次数较多。相关性比较算法的设计采用了旋转矩阵和线性插值。旋转是为了保证进行对比的船只（水面中的孔洞区域）能够在长短轴方向重合；线性插值是为了将水面中的孔洞区域（船舶区域）缩放到与船只模板同一尺寸下进行相关性计算（原因是相关性算法是基于像元逐一比对的计算方法，若两幅船只模板大小数量级不

同，则比对的相关性没有实际意义）。在兼顾程序效率与优化问题后，具体做软件测试时，任意选择一只船只为测试目标，搜索计算该样本与来源图像自身的相关系数。调试结果为 66 Mb 的图像计算 3 分钟后，找到自身两个完全一样的图像纹理，输出结果如图 2.35 所示，相同图像的相似度是 0.999 587，接近理论值 1.0，验证了检测算法设计的合理性。

图 2.34　IDL 程序功能界面

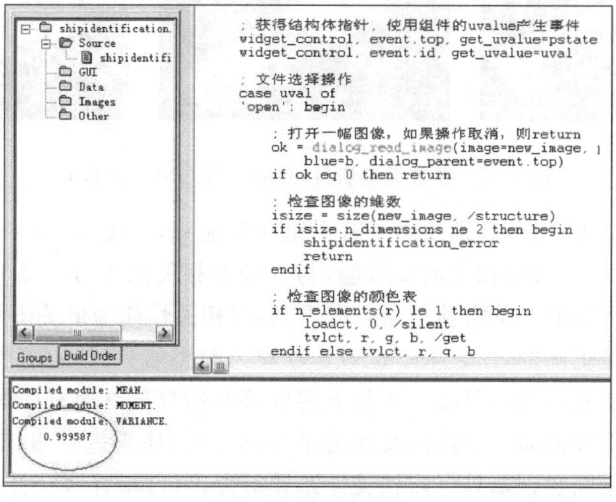

图 2.35　调试结果

3. 实验结果

如前面雷达影像辨识研究中所述方式一样，水体与船体的区别很大，十分容易区分，先将水体进行采样、训练、聚类，中间的孔洞部分则为船舶区域。

1）相关性统计

选择实验区图像上出现最多的三类基本船只做样本模板，分别是货运船、采砂船与无舰楼的货运拖船，详见图 2.36 中 1、3、6 号船。然后以该样本图像纹理为基础，分别计算与另几幅对比影像中孔洞区域中纹理的相关性。在 IDL 语言中，图像按照数组矩阵的形式表达，数组行列号代表位置坐标，数组值代表每个像素的值，统计出的船舶区域长短轴方向，均能乘以一个旋转矩阵保证检测目标与样本模板长短轴方向一致。大小不同的问题，则可通过数组插值功能将检测数组增补或缩减到与目标样本相同的数组行列大小。在方向与大小一致的条件下，即可按照式(2.37)逐像元统计两幅纹理之间的相关性。

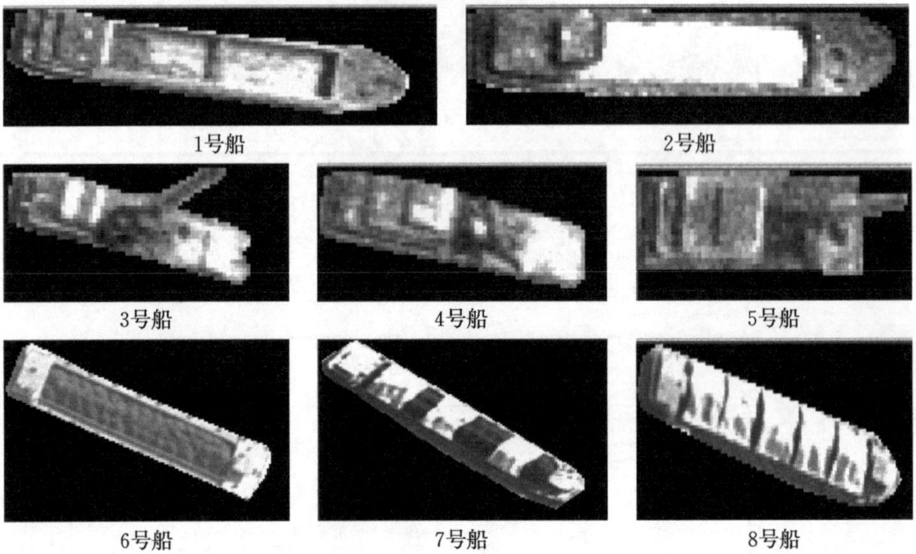

图 2.36　各种类型船只(来源于 IKONOS 图像)

以相关性高为依据，分别找出了若干组相似船只，以图 2.36 中 8 只典型的船只为例，分别是与 1 号船相关的 2 号船，与 3 号船相关的 4 号与 5 号船，与 6 号船相关的 7 号与 8 号船。从实验结果可以看到，以相关性作为最关键辨识因子，辨识准确性基本上是正确的，1、2 号和 6、7、8 号均为同类船只，但也有错误，例如 3 号和 5 号是采砂船只，4 号并不是。4 号上层舰楼与布局同 3 号样本相似，只是没有高架结构。因此仅依靠一个辨识纹理因子是不够的，还需进一步综合考虑其他纹理因子。但是不同类别船只之间相关性差异很大，可以很好区分开来。例如，3 号船只与其他各船只相关性数值如表 2.14 所示，其相关系数如图 2.37 所示。

表 2.14　相关性对比分析

船只号	No.1	No.2	No.3	No.4	No.5	No.6	No.7	No.8
No.3	0.571	0.578	0.999	0.702	0.775	0.251	0.202	0.097

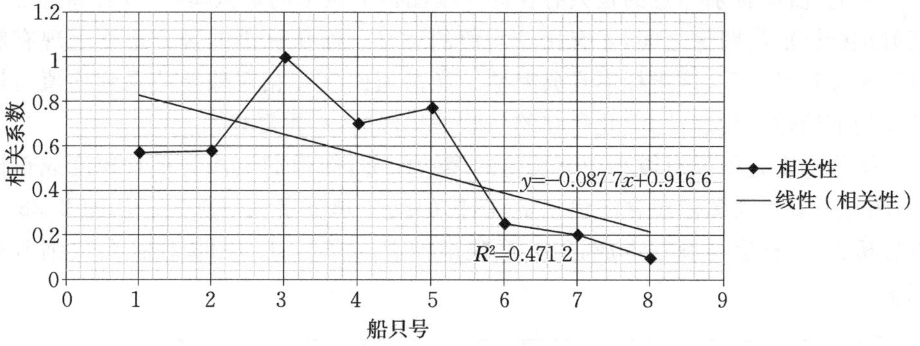

图 2.37　相关系数

从表 2.39 可以看出，3 号样本与 5 号最为接近，与 1 号 2 号拥有相似的尾部结构，也有一定相关性，但是与 3、4、5 号之间还是存在着明显的层次差异，6、7、8 号船与其他两类船只结构差异大、相关性低，尤其是 8 号船拥有大量高频白色篷顶纹理信息，与样本相关性最低。基于相关性纹理因子能够很好地区分船只类别层次，因此选择其为最为首要的纹理因子是合理的，然后再辅助其他有效的纹理因子共同判别。

2）其他纹理因子统计

表 2.15 记录了实验船只的均值、标准差、梯度、熵等纹理因子统计结果。

表 2.15　纹理因子统计结果

船只号	均值	标准差	梯度	熵
No.1	111.010 0	98.681 6	4.556 99	4.271 89
No.2	183.770 0	81.513 6	4.078 83	3.945 06
No.3	94.229 7	96.372 3	4.945 09	4.449 28
No.4	103.987 0	96.316 4	4.261 41	4.088 92
No.5	124.983 0	76.938 3	6.121 49	5.039 61
No.6	58.778 6	86.895 0	1.934 46	2.663 60
No.7	61.401 1	91.261 6	2.380 96	2.975 78
No.8	98.005 1	110.335 0	2.504 30	3.259 89

从统计结果可以看出，反映船只光谱特性的均值和标准差规律性较差。均值代表平均灰度，标准差代表灰度分布的偏离程度。从实际结果分析造成规律性不强的原因主要有：①图像的辐射校正不统一、拍摄时日照条件不一致等诸多原因导致图像的亮度情况不同，即使是同类船只，亮度差异也很大，特别是来自不同影像

时,比较均值是不具代表意义的;②从结果上看,标准差不是判别船只内部纹理结构的典型因子,尽管内部结构可能相差很大,即使不同类型船也有可能因为纹理直方图分布相似,在标准差上显示出相近的特性。

因此,需要特别注意的是只有在同一幅图像上截下的船只模块,或者拥有统一辐射定标标准的图像之间,才有比较均值的意义。而从标准差区分水面上现有船只的实际效果上看,该指标不具典型性。光谱扭曲度和相对偏差关系到均值与标准差的准确性与代表性,因此存在的问题是相似的,不再复述。

平均梯度是图像对微小细节反差的表达能力,图像的层次与平均梯度成正比例;图像的熵代表图像蕴含的信息量,图像的细节越丰富熵值越大。从图 2.38 可以分析得出,梯度与熵基本成正比,反映出拥有丰富信息的图像往往层次细节也越多。

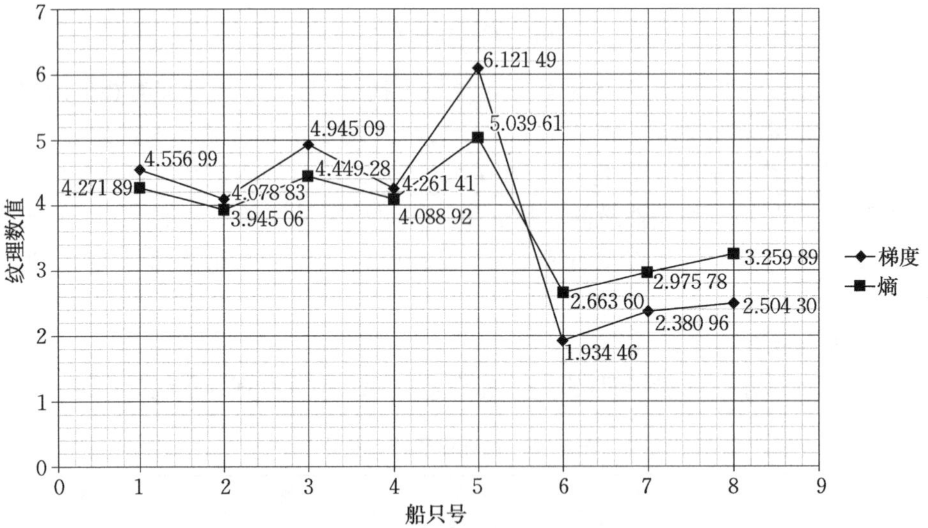

图 2.38　实验船只的梯度与熵

通过目视解译进行验证(图 2.38)。3 号和 5 号采砂船工作平台多,存在着高架,纹理复杂,梯度和熵均明显高于其他船只;6 号船主要是货物纹理,图像信息最简单,数值也是最小的;1 号船略高于 2 号船的原因是尾部建筑更为复杂,层次较多。同类型船只 6、7、8 号的依次递增,很好地说明了梯度和熵在反映图像纹理复杂程度上,存在着较为直观的线性关系。而相关系数无法将 4 号船与 3 号、5 号船区分开来,因为图像细节层次、蕴含的信息量相比较而言更少,但 4 号的梯度和熵较之 3 号、5 号则差异明显。

3)实验结果

所有纹理因子中,熵、梯度和相关性最能够反映采砂船只纹理特征。先通过相关性初步选定与样本拥有相似舰面布局的船只,再依据熵、梯度即可很好地区分那些与采砂船只舰面布局相似但无高架特征的船舶。需要指出的是，纹理统计法着重的是辨识目标与模板之间图像纹理特征整体相似性，某些船只可能在舰面布局和特殊工作物上与采砂船只相似，但用于其他用途，故还应辅助船只尾迹检测等特定方法，有针对性地提高辨识准确性。

2.4.5 船只尾迹检测

1. 船只尾迹检测原理

采砂船只工作吸砂时会在固定水域停留很长一段时间，直至挖砂结束，这是一个异于其他船只的典型运动规律。尾迹可以检测到的原理在于扰动的水面和周围平静水面在光谱特性上存在着差异，最直接的体现是图像上亮度有差异。难点在于这个差异并不十分明显，没有不同类地物之间差异那样巨大，加之人眼对色彩变化敏感，而对灰度变化并不敏感，使得直接对图像进行目视解译效果不佳。

在能量守恒、传感器接收能量一定的条件下，光谱分辨率和空间分辨率是一对矛盾。例如在 QuickBird、IKONOS、SPOT 等多波段遥感图像中，都是全色波段拥有更高的空间分辨率。而全色波段光谱分辨率差，人眼对灰度变化不敏感，导致容易遗漏和损失一些有价值的信息，需要对图像进行锐化尾迹信息，增大扰动水面与平静水面之间的差异，从而达到尾迹检测的目的。

2. 船只尾迹检测算法

为增强图像中尾迹信息，需要对图像进行滤波，滤波按照功能分为高通滤波和低通滤波(戴昌达 等，2004)。

(1)图像的低通滤波：保留图像空间频率的低频部分，减少图像高频部分。从而可以降低图像中的视觉噪声，同时去除图像高频部分后，图像中那些本不明显的低频成分就更容易识别了。

(2)图像的高通滤波：是模板中心卷积较大的滤波器。高通滤波增强图像空间频率的高频成分，降低图像的低频成分。由于模板中心的卷积系数较大，因此图像中像素值的突变突出，即图像中像素值的差得到增强，同时图像中像素值变化较小的区域(低频成分区域)受到的影响却很小，所以高通滤波使图像锐化、更加醒目，视觉上更清晰。

目标水痕相较于水中的岛屿、船只、浑浊水域属于低频信息，但高于一般的背景水体，因此不能简单地将图像整体进行高通滤波，还需要将低频成分中信息层次区分开。

因此采用如下算法公式，即

$$B_{\text{process}} = B_{\text{original}} + B_{\text{HPF}} - B_{\text{LPF}} \tag{2.41}$$

式中：B_{process} 是处理过后的图像；B_{original} 指原始图像；B_{HPF} 指高通滤波后的图像(high pass filtered image)；B_{LPF} 指低通滤波后的图像(low pass filtered image)。

高通滤波与低通滤波的卷积核如图 2.39 所示。

$$\begin{bmatrix} 1/9 & 1/9 & 1/9 \\ 1/9 & 1/9 & 1/9 \\ 1/9 & 1/9 & 1/9 \end{bmatrix} \quad \begin{bmatrix} -1/9 & -1/9 & -1/9 \\ -1/9 & 8/9 & -1/9 \\ -1/9 & -1/9 & -1/9 \end{bmatrix}$$

(a) 低通滤波的卷积核　　(b) 高通滤波的卷积核

图 2.39　卷积核的选择

选择以上卷积核的数学意义在于：低通滤波的卷积核表示中心像元的像素值由模板窗口九个像元等权值共同影响，这样就削弱了中心像元的高频信息，而低频信息基本保持下来；高通滤波的卷积核表示中心像元的像素值权值较大，经过该模板处理后中心像元的低频信息被极大地削弱，使得其变暗，而高频信息由于较大的中心卷积系数就被突出出来。$B_{\text{original}}+B_{\text{HPF}}$ 的意义在于原图的低频信息基本保持不变，而高频部分得以加强，突出了高低频对比，减去 B_{LPF} 后，图像中不明显的低频成分层次更多，使得图像高低差异进一步加大，图像中的像元突变更为突出，界限更清晰。

3. 船只尾迹检测结果

单击菜栏中“图像处理”→“图像锐化”，选择一幅 IKONOS 全色影像，得到式(2.41)处理后的船只尾迹信息，效果见图 2.40。

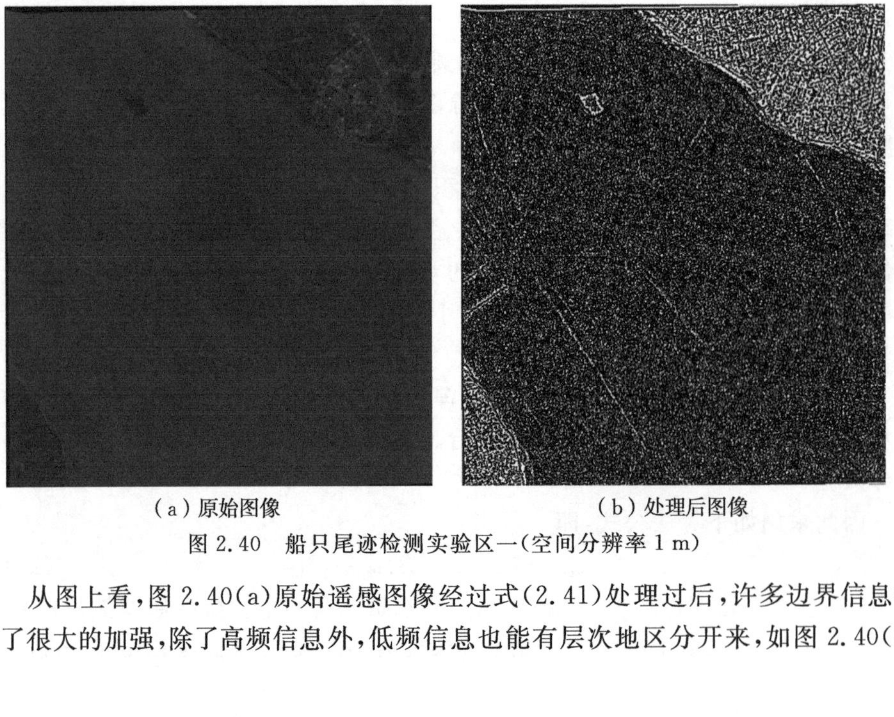

(a) 原始图像　　(b) 处理后图像

图 2.40　船只尾迹检测实验区一(空间分辨率 1 m)

从图上看，图 2.40(a)原始遥感图像经过式(2.41)处理过后，许多边界信息得到了很大的加强，除了高频信息外，低频信息也能有层次地区分开来，如图 2.40(b)

所示。利用经验判断，就可分辨出船只尾迹、河岸的人工码头建筑、自然的波浪、小岛边界等。

利用多波段合成的彩图（图 2.41）对比检验尾迹检测算法实际效果，可以看出该方法适宜区分低频信息中的层次差异，能够把人眼敏感或不敏感的尾迹都很好地增强显示。

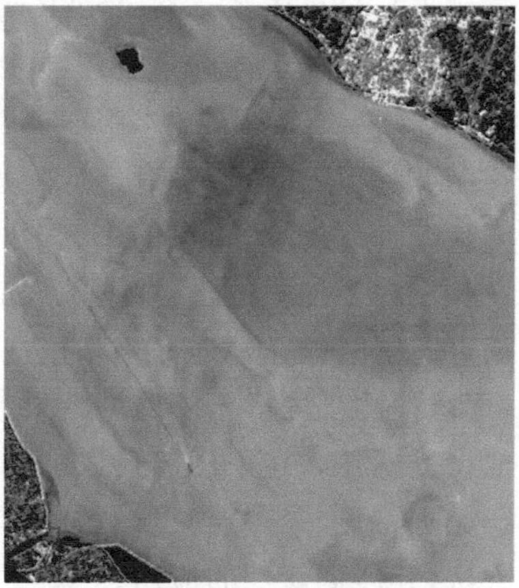

图 2.41　RGB 波段彩色合成图（空间分辨率 4 m）

彩色合成图的优势是便于目视识别，但也损失了较多空间分辨率，容易遗漏有价值的信息。在只有单波段影像条件下或只有更高空间分辨率全色波段才能满足应用要求的条件下，该算法较之图像融合等技术，对影像要求更低，适用性更广泛。

从实验区二的船只检测结果（图 2.42）可以看到，对高空间分辨率图像进行尾迹检测计算，不仅可以突出尾迹，还能保留水迹波痕的形态细节。实际检测到的尾迹均来自单独或两只并联的船舶，从常识上看这些是河段中普遍的行船模式，而多船并排停泊的船只均未检测到尾迹，实际效果满足辅助识别采砂船只的需要。

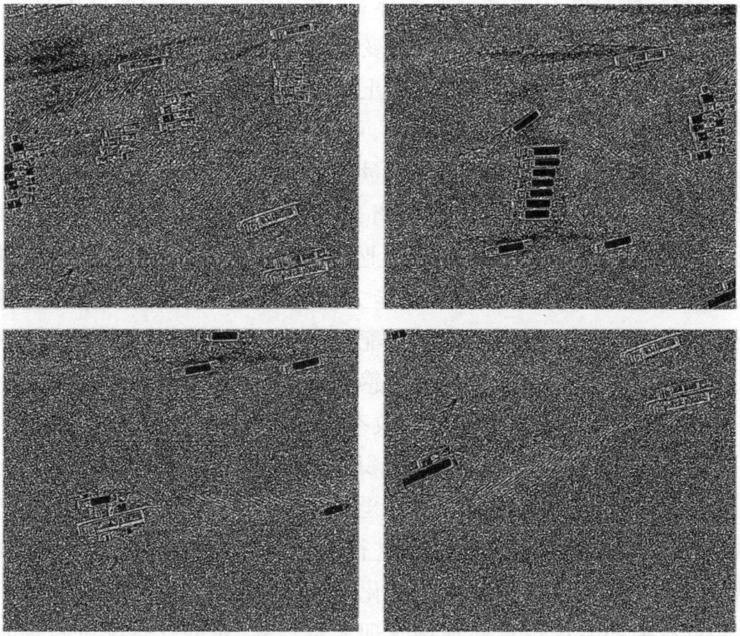

图 2.42　船只尾迹检测实验区二

综上所述，依据遥感数据特点，在云雨天气以及夜间采用雷达数据，在日间晴好天气采用光学高分辨率遥感影像，共同构建一个 24 小时全天候覆盖的采砂船只遥感辨识与分析体系。在 ASAR 遥感数据研究方面，本书制定了从直方图入手进行阈值分割提取水体的策略，其间涉及噪声处理、图像形态学腐蚀膨胀处理、边界检测、区域生长原理等技术手段。从实验结果上看，准确地划分出了水体和水体中的孔洞(疑似船舶区域)，有力地抑止了雷达图像最显著的噪声问题，通过区域生长精确地统计了疑似船只的形态因子(规整参数和长宽比)，并且较好地保存了 ASAR 图像上船只的形体特征。如实验结果所示，采砂船只的高架特征能够在抑止噪声的同时被完好地保存和挖掘出来。在高分辨率遥感数据方面，纹理因子提取、尾迹检测都取得了不错的效果，解决了关键技术，但仍需提高自动化程度与准确性。遥感技术在采砂船只识别上的应用研究处于起步发展阶段，还需更多考虑遥感数据特点、采砂船只形态结构特征、运动规律等现实情况，运用契合实际的理论方法，开展创新性的应用。

§2.5　基于遥感技术的湖库变化动态监测系统

鉴于生态环境系统具有很强的时空性的特点，仅依靠遥感反演技术获取生态环境有关指标的当前现状是不能满足调查与评价需要的。观测应是个持续性过程，应利用变化检测技术构建动态监测体系，基于多期遥感影像分析与统计各类要素变化数量与趋势。湖泊水库水域形态变化监控、水环境变化监测(包括叶绿素 a 和水温等水环境参数)、采砂监控和周边土地开发利用变化监测是湖泊水库管理的核心任务。目标是建设一个大范围同时、可重复观测、累积滚动、兼顾经济性的动态监测体系。该体系监测水域面积与水量变化，确保湖区库区水域保护线内(湖泊蓝线)不被填埋、污染和违法开发建设，调查与评估滨水建设控制线内(湖泊灰线)的社会人口规模、交通网密度、工农业产业规模、污染排放等生态环境指标的总体状况及变化趋势，为评估湖库生态承载能力与生态安全现状提供数据支撑，为后续的社会经济调控、土地资源调控、水资源配置、水污染防治、湖库生态修复等一系列优化调配方案的制定提供决策支持。遥感技术以其独有的优势能够很好契合湖泊水库动态监控的要求，可显著提高监察效率，降低外业调查强度。前面章节利用遥感测量与辨识技术，实现对湖库边界、面积、水环境指标、采砂监测、涉湖土地利用等湖库管理中核心指标的监测。然后以当前遥感影像提取的现状指标为本底数据，与未来新一期滚动定制的遥感影像进行对比，就可构建基于遥感技术的动态监测体系，发现湖库的异常变化，以湖泊变化专题图的形式提交到湖库管理部门。管理部门将汇总有关的专家信息和现场管理人员经验，对变化情况进行评判与分析，对高度疑似侵占和破坏湖库生态安全的异常现象将指派监察人员实施现场调查取证、监督执法和专项治理。同理，与历史遥感影像进行对比，可掌握湖库的演变规律和历史变迁，为有针对性的优化管理方案提供宝贵的历史资料。具体的体系构建框架如图 2.43 所示。

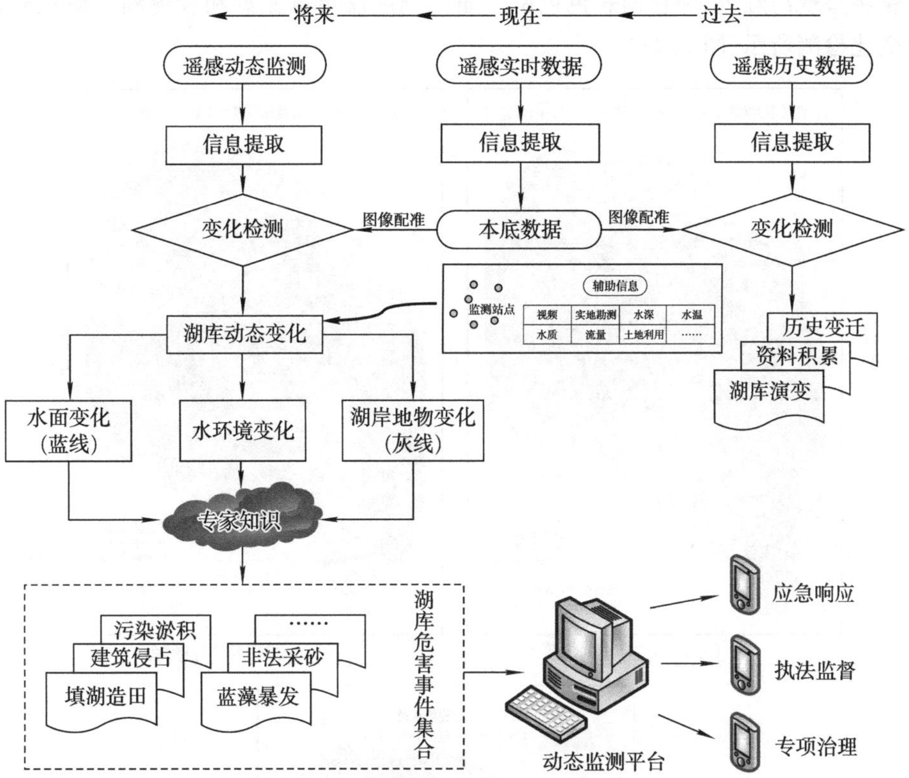

图 2.43　动态变化监测系统技术框架

2.5.1　遥感影像变化检测

依据图 2.43 可以看到，水环境指标(水温、叶绿素 a)、采砂船辨识都可以通过前述研究提供的理论和算法比较直观地获取。然而，湖库动态监测体系中重要的一环土地利用分类变化提取，如仅依靠人工对分类结果目视解译并勾绘变化图斑获取将是一项十分繁重与困难的任务，不利于湖库流域大范围内开展持续滚动的动态变化统计。因此需要使用遥感影像变化信息检测技术，完成影像变化的自动化识别。传统的变化检测方法有图像差值、比值法，假彩色合成法等(孙显，2011；梅安新 等，2001；戴昌达 等，2004)。

图像差值、比值法顾名思义就是将两时相影像直接相减或相除。如果两时相地物没有变化时，光谱值将基本保持不变，差值法计算结果为 0，比值法为 1；如果地物发生变化，差值或比值将有显著的不同，此处的变化信息将从背景中显现出来。

假彩色合成法，则使用三原色合成原理，将一个时相影像赋予一个颜色通道，另一时相影像赋予另外两个颜色通道，按照 RGB 三原色原理合成，如地表类别未发生变化，则合成后的色调为灰色，灰度值与原始地表灰度值接近，而发生变化的地物将呈现出红色、绿色的彩色色调。如下例武汉市黄家湖和青菱湖资源三号影像变化检测所示(图 2.44)。

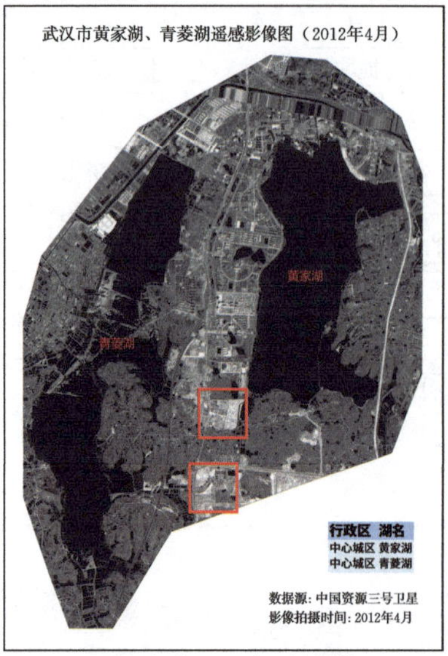

(a) 2012年4月影像

(b) 2013年2月影像

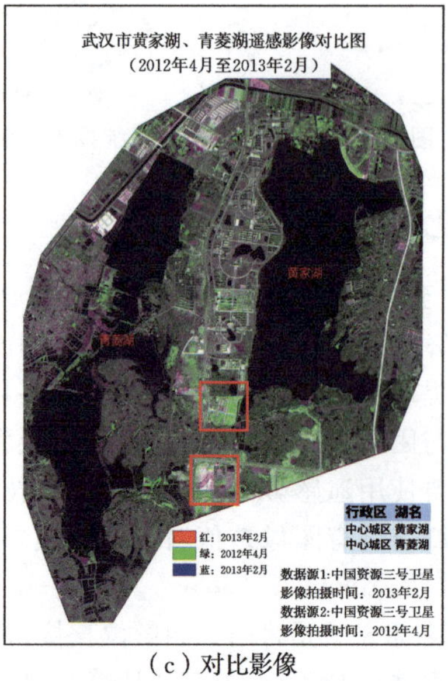

(c) 对比影像

图 2.44　武汉市湖泊变化专题图

图 2.44(a)和图 2.44(b)所示分别是 2012 年 4 月和 2013 年 2 月黄家湖、青菱湖的资源三号遥感影像，将 2012 年 4 月的影像设置为绿色通道，2013 年 2 月的影像设置为红色、蓝色通道，然后使用红绿蓝三原色合成，得到图 2.44(c)所示假彩色合成图。从结果上看，如果地类没有发生明显变化，合成图中将保持原有灰色调，且灰度值接近原有值，即黑白程度不变。而土地类型发生变化的则在对比图中呈现红色、绿色。如图中方框所示区域，红色、绿色色彩鲜明，代表地类发生了明显变化，通过对图 2.44(a)和图 2.44(b)目视解译不难验证该区域建筑确实发生了明显变化。按照本例影像时序解释，红色调代表原有地物变成光谱值升高的地物类别，绿色调代表光谱值减小，色彩亮度则代表变化的剧烈程度。原则上，对比图中弱色调的红色绿色区域一般应予以忽视，因为即使是同一地物不同时期、不同日照条件下，反射光谱都会有细微差别，但不会有地类改变造成的光谱差异那么明显，故重点关注地类改变造成的强色调区域。

以上示例表明，基于光谱变化的常用图像变化检测方法虽能获取地物光谱变化程度的强弱信息，但同传统基于光谱的分类方法一样，缺乏综合利用纹理几何信息的能力，对仅靠光谱信息无法分辨的类别无法开展变化检测，极易错报漏报地类异常变化。同时，还因很多地物类别在不同时期有着一定的光谱改变，例如不同叶绿素浓度的水体、不同季节的植被等，都会被检测成地物的改变，诸如此类的局限性加大了分析判断的难度。因此本书不采用常见的图像直接比较法，而是采用基于面向对象分类结果的分类后比较法。

2.5.2　基于面向对象分类结果的二值化比较法

以武汉市汤逊湖为实验区，具体介绍基于面向对象分类结果的二值化比较法。以湖泊管理最为关切的水域面积变化为例。

(1)首先进行两时相遥感影像预处理，包括校正、融合、配准、裁剪。图 2.45 为汤逊湖周边区域两时相遥感数据。

(2)基于面向对象分类方法获取两时相地物类别信息。

如前所述，水体可利用光谱信息指标水体指数 NDWI 提取水体分类。

水体指数公式为

$$NDWI = (Green - NIR)/(Green + NIR)$$

对应具体资源三号卫星影像就是第 2 波段和第 4 波段参与运算，即 $NDWI = (B2 - B4)/(B2 + B4)$ 分别得到两时相的水体边界，如图 2.46 所示。

(3)图像二值化与规则制定。

对分类结果使用二值化取值，设定水体区域数值为 1，非水体为 0。同时设定规则如下表 2.16 所示。

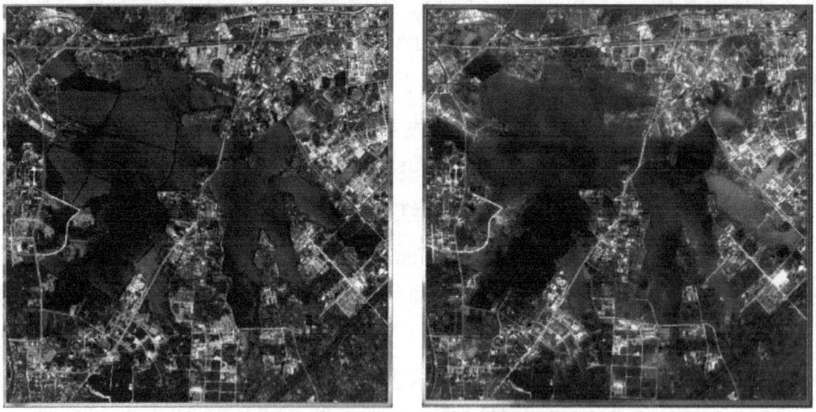

(a) 2012年4月　　(b) 2013年2月

图 2.45　两时相汤逊湖资源三号卫星融合影像

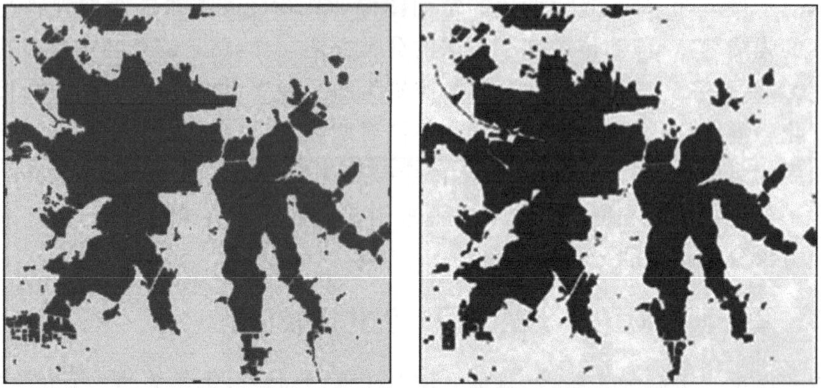

(a) 2012年4月　　(b) 2013年2月

图 2.46　两时相水体分类结果对比

表 2.16　湖泊水域变化监测的规则

结论	减法结果	规则
水体减少（红色）	1	图斑在第 1 时相分类结果＝水体(数值 1) 图斑在第 2 时相分类结果＝非水体(数值 0)
水体增加（黄色）	−1	图斑在第 1 时相分类结果＝非水体(数值 0) 图斑在第 2 时相分类结果＝水体(数值 1)
水体未变化（蓝色）	0	图斑在第 1 时相分类结果＝水体(数值 1) 图斑在第 2 时相分类结果＝水体(数值 1)

由表 2.16 可见，由于图像经过高精度配准，因此使用减法运算的结果将代表同一位置水体与陆地的属性是否发生变化。按照减法逻辑运算规则，得到水体减少 1、水体增加−1、水体未变化 0 三种情况，再将三种情况分别赋红黄蓝色得到两时相影像拍摄期间水体面积、边界变化情况的分类效果图，如图 2.47 所示。

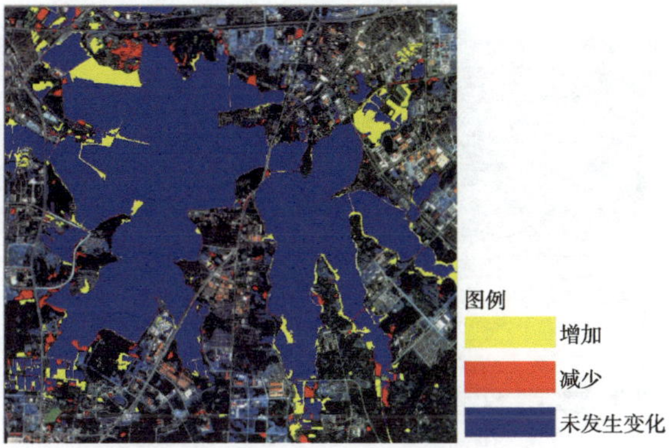

图 2.47 2012 年 4 月至 2013 年 2 月间汤逊湖水域面积变化专题图

水体面积变化的成因比较复杂，缩小的水面面积不完全等同于湖泊萎缩，受降雨、季节、地下水位、人为抽排、填埋等因素共同影响。因此专题图只是提供变化热点区域，具体的变化原因还需有关管理部门根据遥感影像、工作经验与实地调查结果来进行评判，从众多红色告警区域中最后遴选出危害湖泊事件，进行专项整治。

其他地物分类变化结果均可以采用水体变化检测同一方式，形成各类地物二值化减法专题图。

2.5.3 基于遥感技术的湖库变化动态监测系统平台

基于遥感技术的湖库变化动态监测系统平台建设包括三大部分，分别为海量遥感数据管理与展示功能、遥感动态监测功能、移动执法监察功能。

1. 海量遥感数据管理与展示功能

支持海量多源遥感数据的预处理，支持坐标转换、投影变换，数据格式变换等功能(图 2.48)。

图 2.48 影像数据集管理功能

支持属性查询、空间查询和组合条件查询等数据快速查询方式(图 2.49)。

图 2.49　数据查询检索功能

在综合展示功能下，基于地理信息系统二维地图综合展示湖库有关的基础数据和业务数据(图 2.50 和图 2.51)。

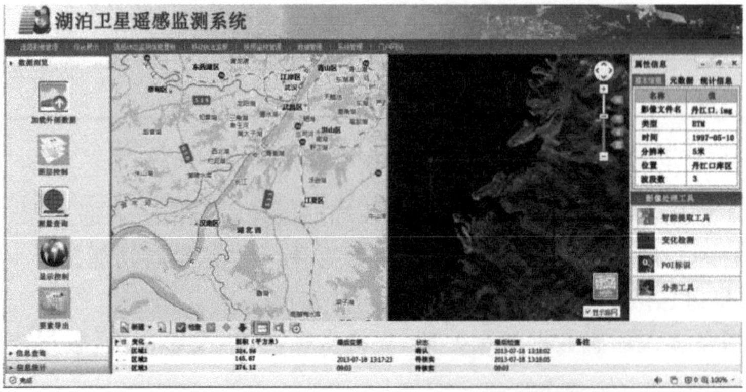

图 2.50　二维地图与影像关联双屏联动展示

图 2.51　基础数据和业务数据查询浏览功能

2. 遥感动态监测功能

遥感动态监测信息提取是该平台最为核心的功能，该部分子系统集成了前述的遥感分类与监测方法，实现湖库异常动态变化的提取和统计。以湖库违法占用管理为例，通过叠加分析功能可叠加湖库特征水位线、水面线、库容值、湖泊审批用地信息等辅助信息（图 2.52）。

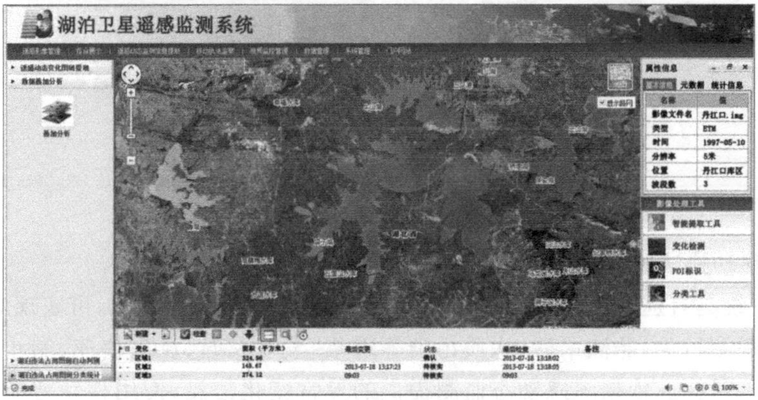

图 2.52　数据叠加

通过多期影像水体图斑变化检测，以及辅助叠加的基础信息，智能提取在特征水位线以内的、无用地审批的、侵占库容的疑似违法占用图斑（图 2.53）。

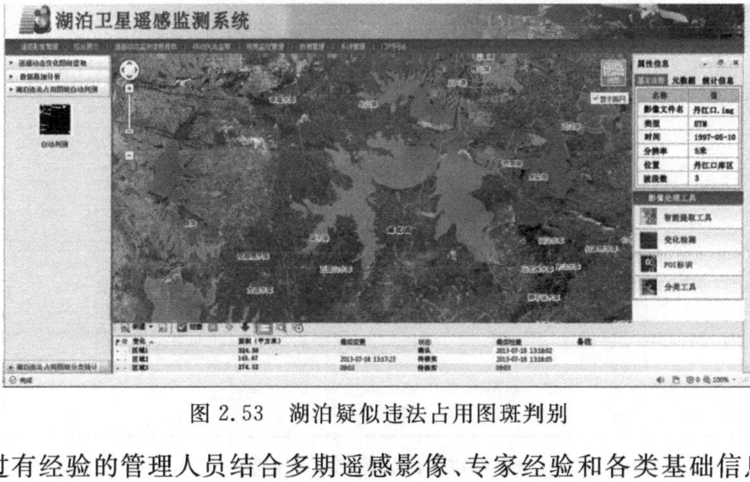

图 2.53　湖泊疑似违法占用图斑判别

通过有经验的管理人员结合多期遥感影像、专家经验和各类基础信息对疑似违法占用图斑进行人工判读，对图斑违法类型、危害程度进行初步判断与标识，并生成相关的统计报表，交由外业巡查执法人员有针对性地开展现场调查执法（图 2.54）。

通过各类柱状图、饼状图、折线图、数据报表等统计图、表，获得各类要素具体变化数量与趋势。

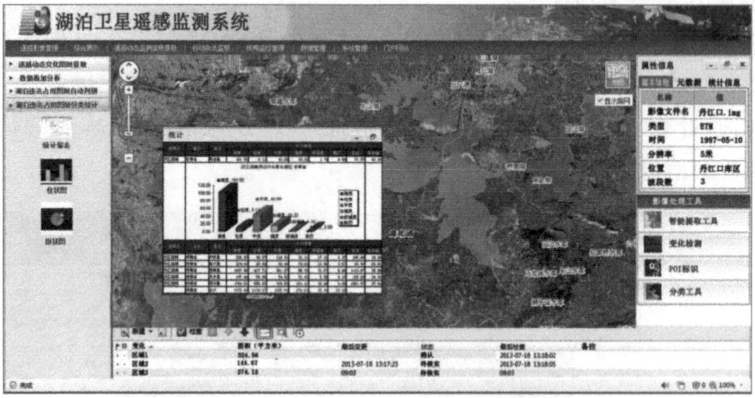

图 2.54　湖泊违法占用图斑分类统计

3. 移动执法监察功能

该系统具有巡查上报、核查处置、调度预警、统计分析等功能，可实现对违法用地、非法填湖行为、非法采砂、水质污染等现象“发现及时、反应快速、制止有效、查询到位”的目标。依据遥感动态监测提供的异常变化信息，使用移动智能终端、智能手机、笔记本电脑、便携打印机、便携扫描仪、录音录像机等设备实现现场执法，并将监察执法结果上传至后台管理子系统，形成一体化覆盖的监察执法体系。实现现场取证、任务管理、案件管理、综合查询、统计分析等功能（图 2.55 和图 2.56）。

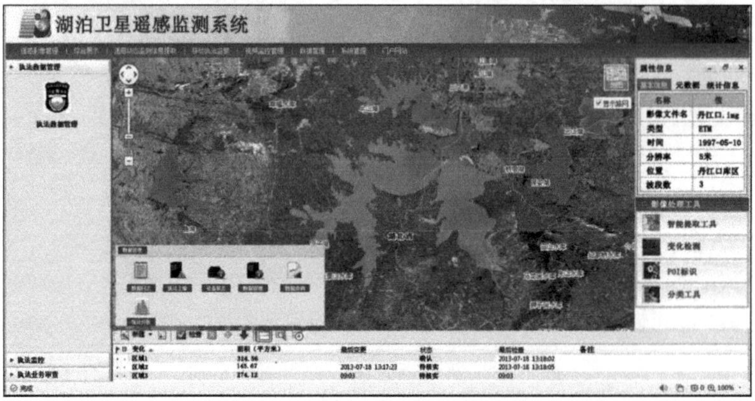

图 2.55　执法数据管理模块

最后由高权限管理人员根据执法数据、现场调查情况以及形成的处理意见对整个巡查执法业务进行审核与评价，决定业务流程是否办结或者发回重新调查与处理。

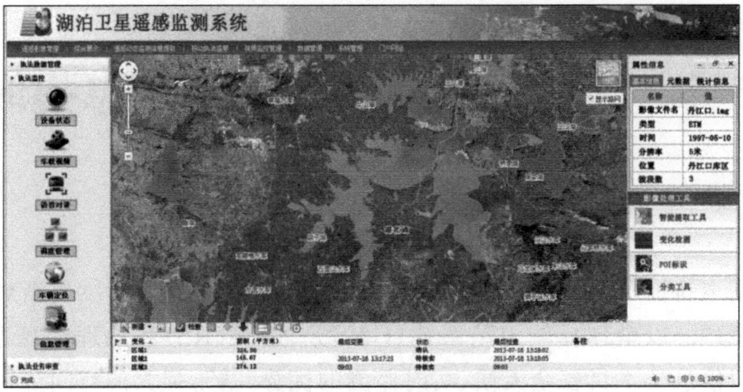

图 2.56　现场执法监控模块

第3章 基于GIS的湖库特征信息提取及淹没损失评估方法

流域基本特征信息通过传统的陆面测量手段获取存在着持续更新难、费用高、效率低等瓶颈。以全球导航卫星系统(GNSS)、遥感(RS)和地理信息系统(GIS)为主的空间信息技术具备全天候、实时监测的优势,基于强大的空间分析功能为快速获取和分析湖泊水库的基本特征信息提供了先进的技术手段。GIS能够很好地结合数字高程模型(DEM)、遥感影像和现场卫星定位采集数据提取大量的湖泊水库的空间信息,包括集水区面积、水域面积、水深空间分布、蓄水量、填库土石方量等指标。在此提取信息基础上,充分运用GIS的信息处理、空间分析等核心功能,结合水文、水动力学模型可实现洪水灾害的预测、分析、模拟,并进行相应规模的洪水淹没损失评估。洪水灾害具有突发性、不确定性,相应的淹没范围评估、救灾应急处置、灾民撤退转移等应急决策需求对预测模拟的快速性、准确性和时效性要求很高。目前,随着空间信息技术持续快速发展,其强大的数据采集、分析计算、模拟评估功能已成为研究洪水灾害的一个重要手段。特别是对于前期少资料地区、通信交通不发达地区开展湖库空间特征信息快速提取、淹没损失快速评估时,该技术也是唯一有效可行的技术手段(陈靖 等,2008;翟宜峰,2003)。

本章研究内容包括基于GIS的湖泊水库空间特征信息提取技术和基于GIS的湖泊水库淹没损失评估两部分。

§3.1 基于GIS的湖库流域空间特征信息提取

基于GIS能够从DEM中快速提取大量的湖泊水库空间特征信息,主要包括集水区、汇流路径、水域面积、水量、挖填土石方量等水文水量、几何尺寸信息,从中加工得到水位—库容曲线、溃口形状、洪水演进路径等大量的专题信息,为后续的洪水演进计算提供初始输入条件。

3.1.1 研究区域与基础数据概况

本书以汶川地震诱发山体滑坡形成的最大堰塞湖—唐家山堰塞湖为例,该湖在基于GIS的湖库特征信息提取与淹没损失评估研究中具有十分典型的示范作用。

地震过后，山体滑坡形成的堰塞体隔绝了河道正常的输水功能，形成了一个几乎没有任何前期设计资料的新“水库”、新湖泊。同时灾区道路断绝，通信交通极为不便，难以在短时间内通过实地勘测获得堰塞湖的重要特征信息。而随着灾后普降大雨，堰塞湖上游的来水持续增加，水位急剧上升，导致上游城镇、村庄时刻面临被水淹没的危险；同时松散的堰塞体伴随水压力的增长，溃决的危险性越来越大。下游地震灾区中受灾严重的北川县和江油市河道沿途城镇时刻处于天上悬湖的威胁之中，受到二次灾害打击的可能性与时俱增。因此，形势的紧迫性使得在少数据资料条件下开展淹没范围评估、救灾处置等应急措施对相关技术的实时性、快速性的要求显著地凸现出来。

本书以唐家山堰塞湖为例，在仅有震后遥感影像与震前的地形资料（1∶5万DEM）的数据条件下，充分利用GIS技术自动快速提取堰塞湖的特征信息，包括集水区面积、堰塞湖面积、水深空间分布、蓄水量等水文指标，结合遥感影像估算堰塞湖坝体的长宽高、堆积体土石方量。在天气恶劣、道路断绝等诸多不利因素下，根据提取的特征信息可初步掌握湖库的规模，提供水位—库容曲线、坝体断面信息、河网水系等大量的专题信息，为后续的堰塞湖溃决下泄流量过程计算、淹没范围评估等计算提供特征参数。

2008年“5·12”地震属于浅表型地震，震中距地面仅10～20 km，破坏性强。同期由地震诱发的堰塞湖多达33个，其中规模和危害最大的就是距离北川县城上游仅6 km的唐家山堰塞湖（潘世兵 等，2009；范建容 等，2008；童立强，2008；史旭 等，2009）。收集到的遥感影像与DEM信息如图3.1与表3.1所示。其中最核心和关键的数据资料是流域DEM。

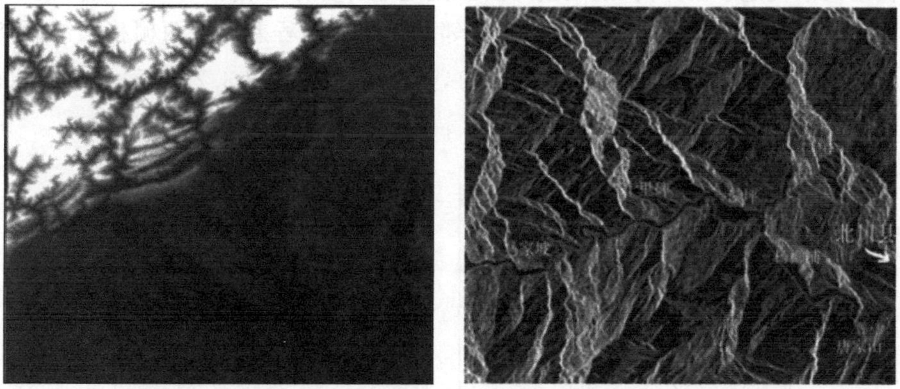

（a）DEM　　（b）EnviSat雷达影像

图3.1　实验区地理位置与数据类别

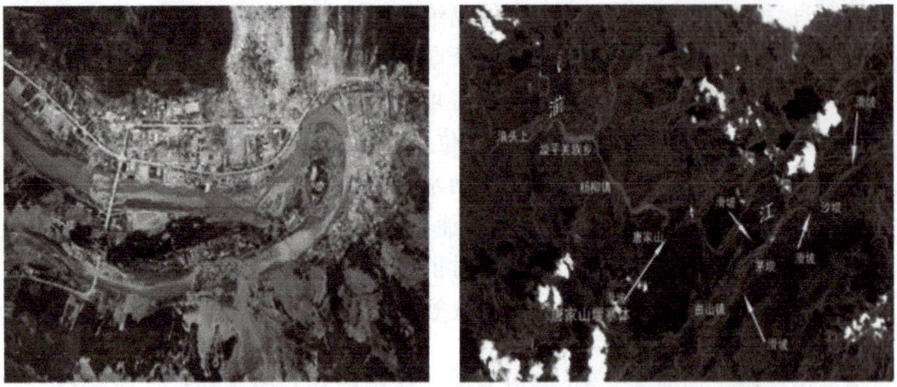

（c）航摄影像　　　　　　　　（d）Formosat-2影像

图 3.1(续)　实验区地理位置与数据类别

表 3.1　实验区遥感影像与 DEM 数据信息

数据类型	获取时间	分辨率	格式	区域
DEM	2003 年	1∶50 000	TIFF	涧河流域
EnviSat 雷达影像	2008-05-20	30 m	TIFF	唐家山
航摄影像	2008-05-18	0.15 m	TIFF	北川县城
Formosat-2 影像	2008-05-20	2 m	TIFF	唐家山

3.1.2　水文特征信息提取

河网是洪水演进的行进路径，是开展洪水演进、淹没评估的重要信息。在没有水系资料的条件下，可通过 GIS 技术进行提取。河网提取是按照 DEM 网格之间的梯度大小决定水流方向(最大坡降法)，是通过计算中心栅格与八邻域栅格间的最大坡度来确定。坡度等于中心栅格与邻域栅格的高程差除以两栅格间的距离。栅格间的距离与方向有关，正轴方向为 1，斜向为 $\sqrt{2}$，如图 3.2 所示，提取的水流方向用八种不同颜色标示。

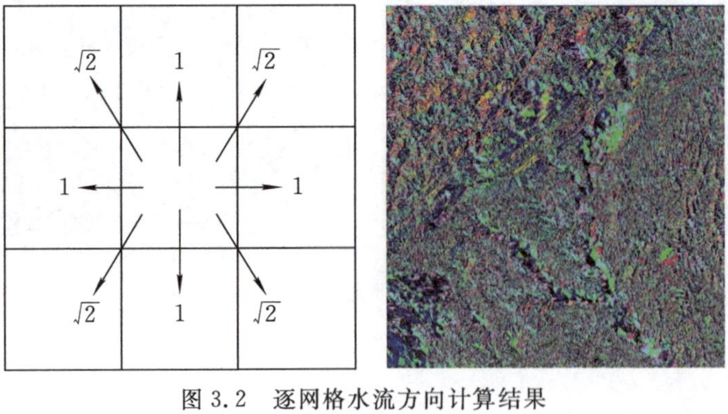

图 3.2　逐网格水流方向计算结果

网格的水流方向确定后，接下来再计算汇流累积量。汇流累积量的大小代表着上游有多少个栅格的水最终汇流经过该栅格，从程序角度出发是一个变量值传递与累积的过程。选定适当汇流累积数作为阈值提取河网：超过阈值的表示汇到该网格的水量足以形成地表径流，属于河网范畴；反之未达到阈值要求的栅格，属于坡面产流过程，不在河网范围之内。阈值决定了河网提取结果的河流级数和河网密度，提取结果如图 3.3 所示。

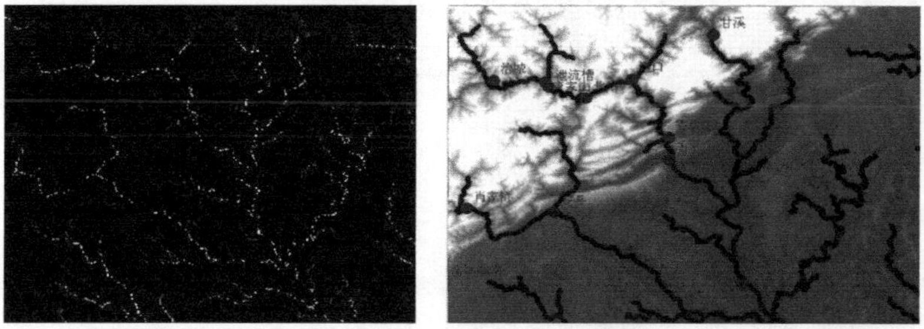

图 3.3　河网水系与水文站点

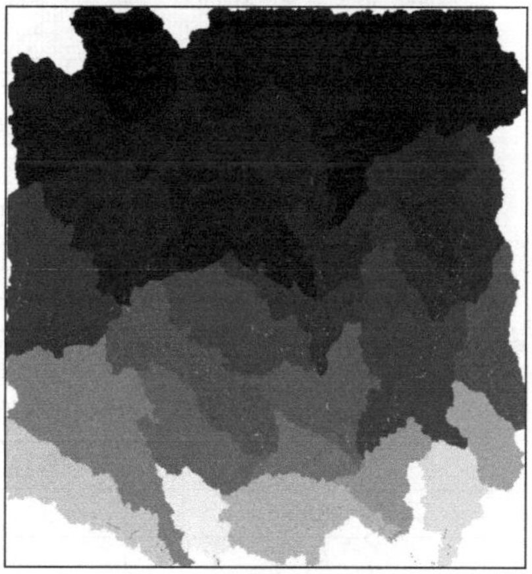

图 3.4　子流域提取结果

通过叠加水文站发现，基于 DEM 提取地形起伏的山区河流水系实际效果较好，站点均落在河网范围之内。但同时看到有些独立的分支存在，这些分支属于其他流域，应该给予分离。流域的边界、分水岭的作用是明确集水区边界，落到这个封闭边界内的水，会沿汇流路径汇集到该集水区的唯一出口——最低点。结合水流方向数据，在河网水系提取结果中分析搜索出符合上游所有栅格均汇流至此条件的节点，上游所有栅格的集合即为子流域，相应的范围边界即为流域的边界、分水岭的位置(图 3.4)。

通过去除独立的子流域即可得到研究区流域精确范围。水位库容曲线的提取方法采用 DEM 种子生长法(丁志雄 等，2008；张东华 等，2009；张煜 等，2008)，如图 3.5 所示。

该方法通过 GIS 二次开发，使用震后遥感影像找到堰塞坝址，用一条简化的横线代替，线上赋以极大值，如 99 999，使得种子生长到此无法翻越到下游区域。在上游湖区选择种子生长源点，以八邻域方向蔓延生长，每次均判断新栅格与预设水位 H_0 的关系，小于该值则是在淹没范围之内，加入种子堆栈，直至没有新的符合条件的栅格加入。堆栈中所有栅格弹出的过程中，计算各栅格柱状容积，使用式(3.1)计算，即

$$V = [H_0 - H_{grid}] \times S_{grid} \tag{3.1}$$

式中：V 为容积；H_0 为预设水位；H_{grid} 为网格单元的高程值；S_{grid} 为网格单元的面积。

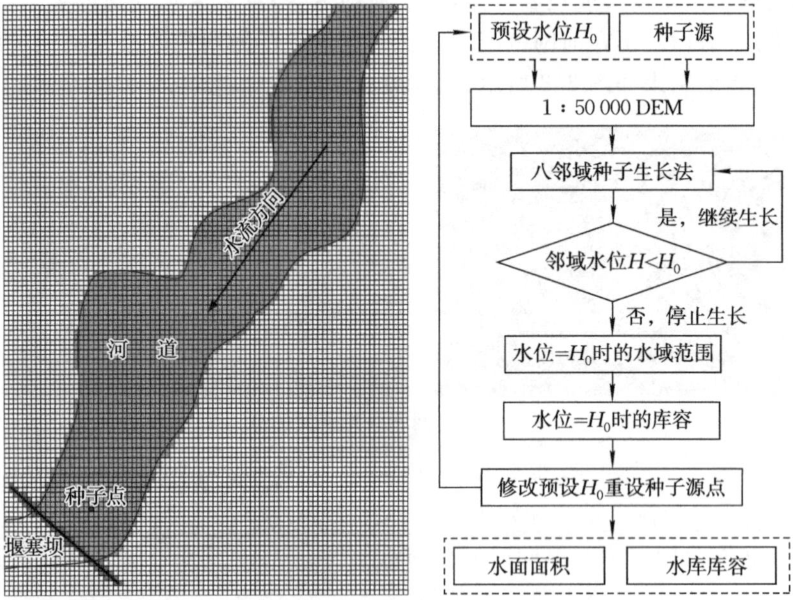

图 3.5　DEM 种子生长法示意

最后累计叠加的栅格柱状容积即为该水位库容值，栅格面积乘以堆栈中种子个数即为水域面积。使用该方法得到唐家山堰塞湖水位库容数据如表 3.2 所示。

表 3.2　唐家山水位—库容—面积数据统计结果

水位/m	库容 H_0 /(10^8 m^3)	面积/km^2
690	0.248	1.591
695	0.338	1.958
700	0.445	2.430
705	0.572	2.680
710	0.714	2.975
715	0.872	3.380
720	1.076	4.538
725	1.318	5.077
730	1.587	5.671
735	1.888	6.276
740	2.229	7.223
745	2.607	7.883
750	3.018	8.564

以上水文信息为不同规模洪水演进提供的初始输入条件。

3.1.3　特征断面几何特征信息提取

特征断面的几何形状特征是开展溃坝洪水计算的必要条件，溃坝洪水流量过程的计算需要溃口形状、尺寸等具体的几何特征信息。在无现场勘测信息的条件下，可利用 DEM 叠加震后形成堰塞湖后的遥感影像，通过遥感影像获取堰塞坝体的平面位置信息，如坝体位置、长宽、坝体顶面面积等平面信息。再通过配准叠加的 DEM 补充高程信息。具体做法是先利用 DEM 得到断面剖面，如图 3.6 所示。

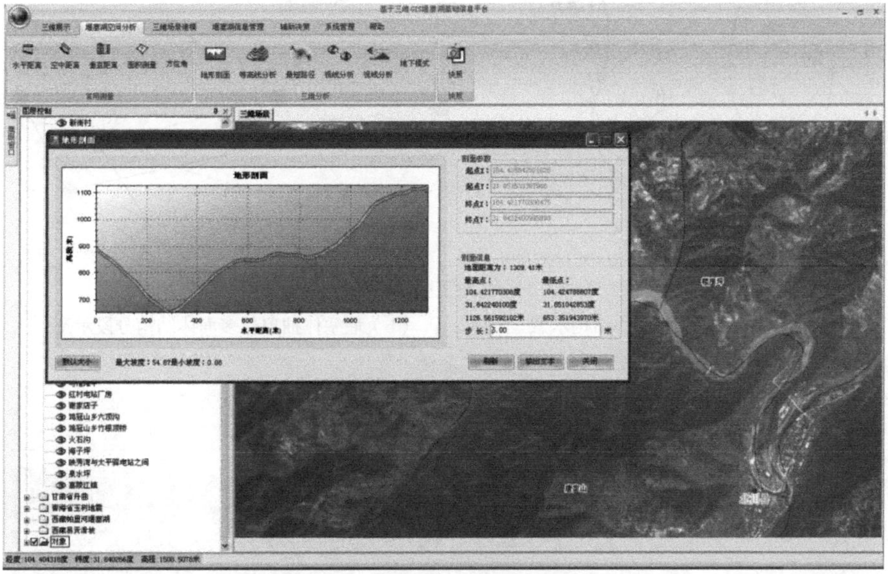

图 3.6　坝体断面信息

沿水流行进方向堰塞坝是倒置梯形，上底为坝顶，下底为 DEM 原有河道。需要说明的是，很多 DEM 测绘资料并不包括河底地形，而是只有低水位以上的地形数据，低水位以下的则用平底代替，因此一般获取的断面信息是梯形而非抛物线形。则每个断面包含坝顶左上侧点（L_U）、坝顶右上侧点（R_U）、坝底左下侧点（L_D）、坝底右下侧点（R_D）四个特征点，如图 3.7(a)所示。由于堰塞坝体是上部山体滑坡坠入河道，下部河道基础近似不变，根据遥感影像沿水流方向依次点选多个断面的坝顶左右侧点，坝底左右侧点则是对应断面 DEM 的底坎左右侧点，如图 3.7(b)所示。假设断面数为 $n+1$，则坝体沿水流方向剖分成 n 段，通过连接每个剖面体的中心线形成坝体中心轴线，则坝体总长度 L 为($L_0+L_1+\cdots+L_n$)。坝高方面，一般坝体左上侧点(L_U)、坝顶右上侧点(R_U)对应的高程不会相同，选小值为断面坝高 H，并将 n 个剖面体中最大高程值 H_{max} 作为最终的坝体高。

最大坝高所在的断面为溃决断面，其梯形长宽高等尺寸信息是溃坝洪水计算的重要参数，后面章节将具体介绍这些特征参数的用法。

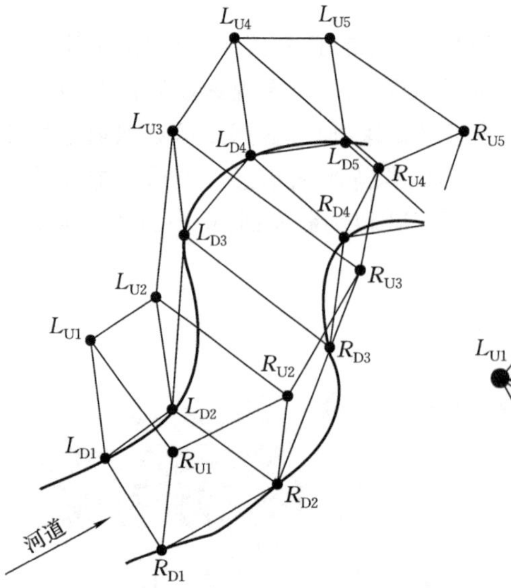

(a) 堰塞体抽象化多面体结构示意

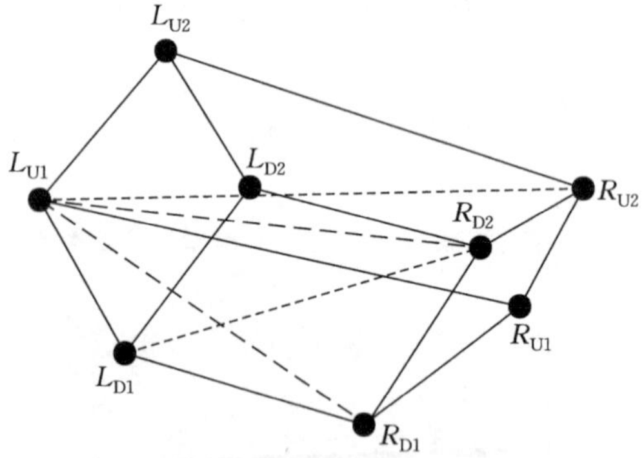

(b) 堰塞体抽象化多面体结构分段示意

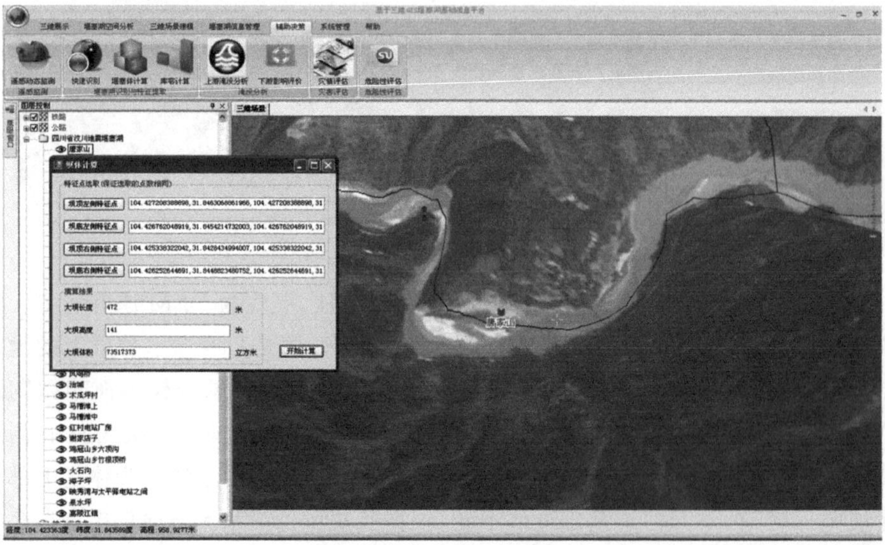

(c) 堰塞体体积计算界面

图 3.7　坝体空间剖面体特征信息提取示意

前后 2 个断面 8 个点组成了一个不规则的六面体，但角点的 (X, Y, Z) 坐标值均已知，可将六面体划分成 4 个椎体，如图 3.7(c)所示。根据椎体体积求解公式坐标形式如下

$$V=\frac{1}{6}\left|a_1b_2c_3+b_1c_2a_3+c_1a_2b_3-a_1c_2b_3-b_1a_2c_3-c_1b_2a_3\right| \quad (3.2)$$

以椎体4个点中d点为原点，a、b、c分别为3个角点到d点的相对坐标值，依据式(3.2)可得三角锥体体积，累加4个椎体得到不规则六面体体积。坝体体积即为堰塞体土石方量。据量测与计算，坝体沿河长约800 m，宽610 m，左岸最高约780 m，右岸最高770 m，底宽20～40 m不等，面积约3×10^5 m^2，土石方量约2.01×10^7 m^2。

该法是利用震后第一时间获取的遥感图像确定坝体平面信息，使用震前未滑坡的DEM基于空间位置关联补充坝体边界点的高程信息，特征参数提取有一定的近似性。考虑到初步抢险决策和治灾方案制定对时间效益的要求，此种方法在无精细现场测绘资料的情况下提供第一手资料，评估抢险治理需投入的工程规模，并为下一节开展洪水淹没评估提供计算参数，具有显著的时间效益和经济效益。

§3.2　基于GIS的湖库淹没损失评估

除了湖泊水库正常水位起涨会造成淹没损失外，还会存在一些其他方面原因导致的淹没：湖泊周边的各大分蓄洪区、垸子的开闸泄洪以及沿岸溃堤；水库的溃堤与溃坝。本书在DEM的基础上，依据上游来水量预测各种不同规模洪水条件下水库湖泊周边的淹没范围和淹没水深分布情况，再结合人口、工农业生产、社会经济等基础地理信息使用GIS叠加分析功能，以设计的损失评估算法计算不同规模洪水条件下造成的淹没损失。常见的淹没范围计算方法有完全基于地形资料的静态淹没法，以及基于二维水动力学的洪水演进法。两种方法均有一定的代表性和应用的广泛性，但同时这两种方法也有一定的局限性，其优缺点如下所述。

1. 静态淹没法

静态淹没法的核心假定是基于水面是平面的假设以及水量平衡方程，即将新增来水量“平摊”到水域内，得到特定规模洪水与下泄出流组合条件下新的水体边界。该方法优点是结合GIS技术，计算快，人工干预少，所需的计算资料少(主要是DEM)。因此常被广泛应用于少资料地区的淹没估算。但同时缺点也十分明显，水体是水准平面的假设在一定范围内是近似成立的，但是对于河道型水库、河道型湖泊(例如枯水期的鄱阳湖)，天然水面是带有回水壅高的曲面，且容积大小不可忽视。而且一次较大的洪水过程也不是各水域的均摊，而是洪峰的推进过程，淹没影响范围图是随该洪峰推移的水面范围动态集合的外包络图。因此，对于平坦的湖泊型水库，静态淹没法能够适用也能保证较好的精度，但是对于河道型水库、湖泊，该方法有较大的局限性。

2. 基于二维水动力学的洪水演进法

基于二维水动力学的洪水演进法是基于圣维南方程(Saint-Venant equations)

的水力学计算方法。圣维南方程是法国科学家圣维南提出的描述自由表面浅水渐变非恒定水流运动规律的偏微分方程组。该方程组由连续方程和运动方程组成，遵循质量和动量守恒定律。因此，是一种有明确物理数学意义的洪水演进计算。其优点在于基于二维水动力方程的洪水演进法方法严谨、要素齐全，一经计算完毕，就能清楚地了解计算各断面上的格网点水位、流速、流向等全要素，再将全要素结果按照时序与遥感图像、DEM 数据进行三维叠加显示，可以逼真、细致地再现洪水淹没历程。其局限性在于计算任务繁重，所需的计算资料多，边界条件多。同时该方法的精度很大程度依赖于高精度的地形资料。地形资料是水力学计算的基础，是洪水演进的“水槽”，然而很多情况下缺乏精准完备的水下地形资料。对于交通闭塞、经济不发达的地区，基础资料少，数据精度低。特别是像地震滑坡诱发堰塞湖这样突发性的新造湖库问题，灾区交通隔绝，天气恶劣（震后常伴有降雨），临时采集生产高精度地形产品比较困难，而且大多只能获取现势水位以上的地形。而堰塞体隔绝河流自然流动，湖区水位暴涨，溃决风险与时俱增。无论是上游还是下游居民，均处于淹没风险之中，需要在短期内基于有限的数据资料开展潜在淹没风险分析，为灾民转移与撤退提供决策支持。一些缺乏资料的湖泊、水库分蓄洪地区也存在着相似的问题。然而，基于二维水动力学的洪水演进法计算烦琐，对数据资料要求高，时效性差，在一些需要开展快速评估与决策的淹没问题应用中，存在较大的局限性。

正是基于上述常见的两种淹没范围计算方法的优缺点和局限性，本书采用基于 GIS 技术和马斯京根一维水文演进相结合的淹没计算方法，在仅有水文站点历史观测数据和 DEM 数据的支持下，开展不同级别洪水淹没范围计算。该方法基于洪水演进方式，有效克服了静态法不能适用河道型湖库的局限性，同时保持了开展计算所需的数据资料少的优势，仅需要沿途各大水文站点历史数据和 DEM，并对 DEM 要求低，不需要水下地形资料。该法计算快，能在短期内预测多组不同规模洪水的淹没范围，具有显著的时效性，可以为开展湖库淹没损失评估与灾民转移安置等评估决策提供快速响应的技术手段。以下是以汶川地震中产生的规模最大的唐家山堰塞湖为例，分别使用三种洪水淹没计算方法，并根据实际计算结果比较三种方法的优缺点、局限性和对基础数据的依赖性，分析对数据有限的地区开展淹没研究时何种计算方式更为有效，有针对性地提升突发事件应急处置能力。

3.2.1 基于静态淹没法的湖库淹没范围计算

对于唐家山堰塞湖上游，堰塞体功能类似于在河道中筑坝，除少量通过松散堰塞体管道下渗到下游之外，绝大多数水量滞留在湖区中，湖库水位整体上涨，符合静态法假定。

利用§3.1 中 DEM 种子生长法计算上游不同水位条件下的水位—库容—面

积成果表，拟合水位库容曲线。同时依据水量平衡方程，将区间预测来水量减去出流量（堰塞体下渗出流），即为时段内该水域的库容增量。通过查表法使用水位库容曲线即可确定预测水位。当预测洪水来临时，淹没预计范围的计算方法与§3.1中提到的DEM种子生长算法的淹没范围提取计算完全相同，以预计水位进行种子生长即可得到淹没范围。根据水库水位壅高经验，唐家山堰塞湖这样规模的水库在长10 km范围内的库首段水体是水准面的假设是成立的，且符合客观事实。因此结果也是准确的。静态淹没法对于唐家山堰塞湖上游的淹没范围计算有效（曹波 等，2012）。

如图3.8所示，堰塞体（damming objects）以上区域，淹没范围随水位增长迅速，沿途多处村庄受到洪水威胁。同时松散的堰塞体随水位上涨溃决风险与时俱增，下游地区也时刻处于天上悬湖的威胁之中。应果断采取工程措施开挖导流明渠缓解上游水位压力，直至溃决水位不影响下游沿途各重要城镇时即刻实施堰塞体爆破。因此，特定水位条件下水库溃决时下游的淹没范围评估同等重要。

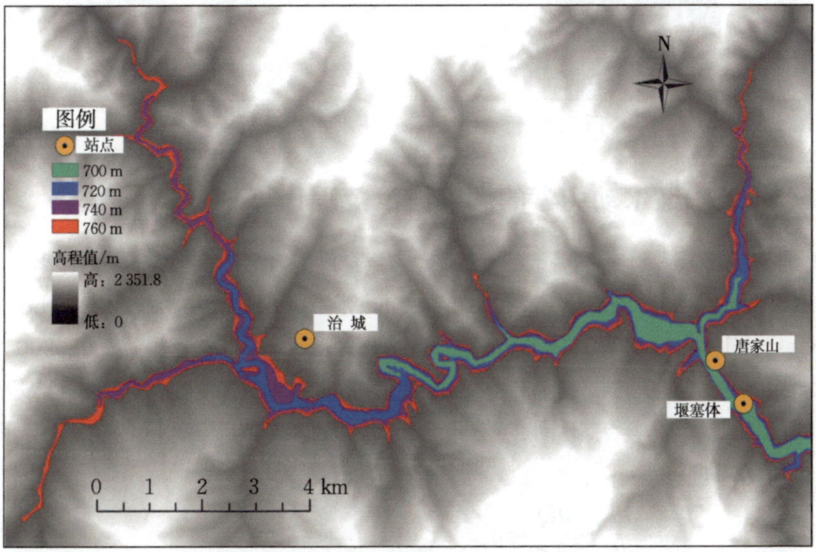

图3.8 上游地区静态法洪水淹没范围

使用静态法对下游淹没范围进行计算，结果如图3.9所示。

唐家山堰塞湖下游落差大，沿程水位下降明显，同时计算区不是一个封闭的槽蓄段，多项条件不符合静态法假设。从特征水位由610 m变化到700 m的静态淹没结果来看，下游均成为一片汪洋泽国，计算结果明显偏离上游槽蓄水量不够淹没下游大片区域的事实。唐家山堰塞湖下游的应用结果显示静态法完全不适用于下游的实际地形，计算结果没有参考价值，反映出静态法的局限性。对于这种下游落差大，下游洪泛区比库区容量大得多的实例，应选择基于洪水演进的动态淹没算法。

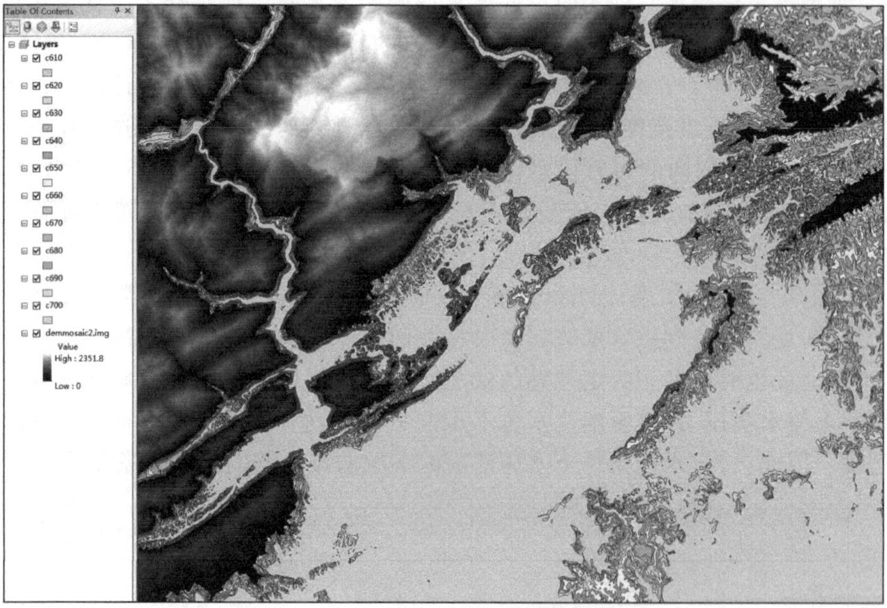

图 3.9 下游地区静态法洪水淹没范围

3.2.2 基于二维水动力学的湖库淹没范围计算

圣维南方程是目前进行二维水动力学洪水演进计算的基础理论公式(Rahman et al,1998;Xue et al,2011;隆文非 等,2008;Cun et al,2002;Chen et al,2009;Costabile et al,2015;Correia et al,1998;García,2000;张红萍 等,2005;Neal et al,2010),公式的形式有很多种。原因是变量参数之间互有联系,能够互相推导,不同的因变量就会有不同的公式形式。以 Q、h 为因变量的方程组形式如式(3.3)所示,即

$$\left.\begin{aligned}&B\frac{\partial h}{\partial t}+\frac{\partial Q}{\partial x}=q_1\\&\frac{\partial Q}{\partial t}+\frac{\partial}{\partial x}\left(\alpha\frac{Q^2}{A}\right)+gA\frac{\partial h}{\partial x}=gA(S_0-S_f)\end{aligned}\right\}\tag{3.3}$$

式中:Q、A、h 分别为过水断面流量、断面面积与水深;B 为断面宽度;t、x 分别为时间变量和空间位移(水流平行方向);g、α 分别为重力加速度和动量校正系数(一般情况下 $\alpha \approx 1.0$);S_0、S_f 分别为底坡和摩阻比降;q_1 为旁侧入流量。圣维南方程属于一阶双曲线性拟线性偏微分方程,除少数特殊情况外,无法用解析法求得方程组的解析解。一般只能通过数值计算获得近似解。常用的数值计算方法主要有有限差分法、特征法、有限单元法等。数学理论中偏导数的几何概念为该函数曲线沿

自变量轴线的切线斜率，数值上等于差分格式在该点上取极限。因此，有限差分法就是将偏微分方程改写成差分格式，将时空上连续的物理量用差分方程加以离散化。该方法原理明晰，易于实现，很多成熟软件采用的就是有限差分法模拟河道二维水流。

有限差分法需要将时间和空间离散化。时间离散化容易理解，和大多数值计算一样可选取等间隔时间步长进行计算。不同的是，时间步长并不是可以随意选取的，不适宜的时间步长将会随着误差的累计使计算出现不稳定的现象，直接导致计算发散与不收敛。因此有一个专门的稳定性分析，又称柯朗(Courant)条件，通过选择适宜的时空步长控制数值计算的扩散、不稳定现象。公式如下

$$c\,\frac{\Delta t}{\Delta x}<1 \tag{3.4}$$

式中：c 为波速；Δt 为时间步长；Δx 为空间步长。

选择适当的时空步长后，要为空间离散化选择差分格式。常用的离散化格式有很多，例如蛙跳显格式、Lax 显格式、Abbott 隐格式、Preissmann 隐格式等，其中应用最为广泛的水力学计算商业软件 MIKE 使用的是 Abbott 隐格式。基本原理都是将连续的水体网格化，用离散网格点上的物理量差分值近似代替公式中的偏微分值。如前所述，理论上当 Δx 趋近于 0 时，离散化格式所取极限值与偏微分值是同一概念。

基于二维水动力方程的方式较之静态淹没算法，虽然计算烦琐，所需的边界条件多，但是优点在于计算是基于水力全要素的，能够获得各时段对应的河段各网格点的水位、流速、流向等要素信息。水力全要素信息能够逼真地还原与再现洪水演进历程，包括淹没范围变化。同时将计算结果与 DEM 数据、遥感图像数据进行三维叠加显示，可以直观地模拟预测堰塞湖溃坝后的淹没情况。而且基于二维水动力学的洪水演进方法计算准确、软件成熟、应用广泛。

为便于比较基于 GIS 和马斯京根的一维水文演进淹没计算方法，二维水动力学计算实例采用与 3.2.3 小节相同的输入条件。即以 690 m 水位条件下全溃模式时的初始流量、水位、库容曲线作为输入条件，结合水量平衡方程、地形和经验参数等边界条件，考虑水面比降、水流内部及边界的摩阻损失，运用二维水动力学模型对堰塞湖溃决进行模拟。输入的初始条件详见 3.2.3 小节，本小节不重复表述。计算结果表现形式主要为 TXT 文本，文本中包括按照时段记录的网格点 X、Y 坐标，相应的水深及流速，流向向量信息。再将计算结果文本导入地理信息系统，并与 DEM、遥感影像进行叠加。通过 GIS 二次开发可将计算结果表现为流场动态显示，可查询网格点各时段对应的水深、流量和流速信息，从而分析重要区域在相应溃决洪水作用下的淹没演进过程。同时还能将动态流场叠加到三维场景之中，可更加直观地感受洪水的演进过程。用箭头代表流向，颜色等级代表流速快慢，计

算结果与显示效果如图 3.10(a)、图 3.10(b)所示。需要说明的是水力学计算结果是洪水演变过程，水体边界是随着时段不断变化的瞬时边界，而淹没风险应该是沿程各处洪水淹没所能影响的最大波及范围，它们出现的时间不一致。所以应将代表不同时段淹没范围的图形文件叠加合并，以最终合并结果为准，即为下游淹没影响范围。下游淹没影响范围以及此种规模洪水条件下下游北川县城的受灾情况如图 3.10(c)、图 3.10(d)所示。

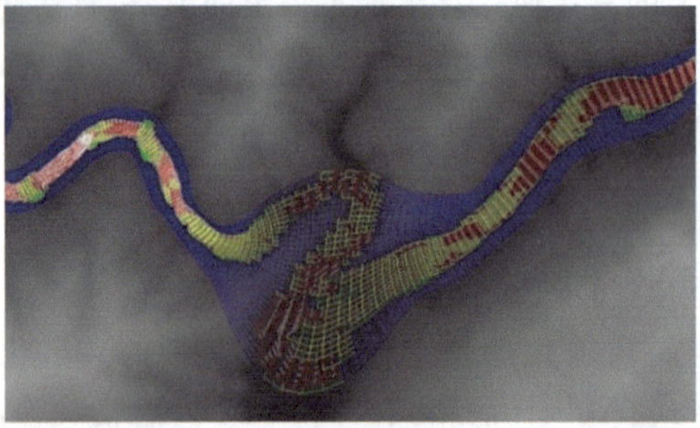

(a) 流场动态显示

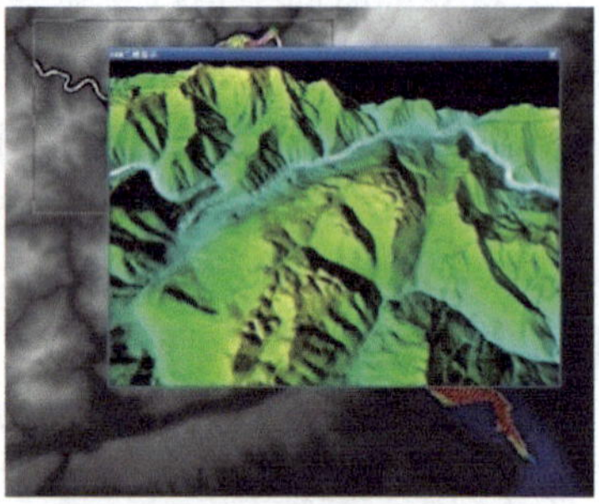

(b) 三维场景动态显示

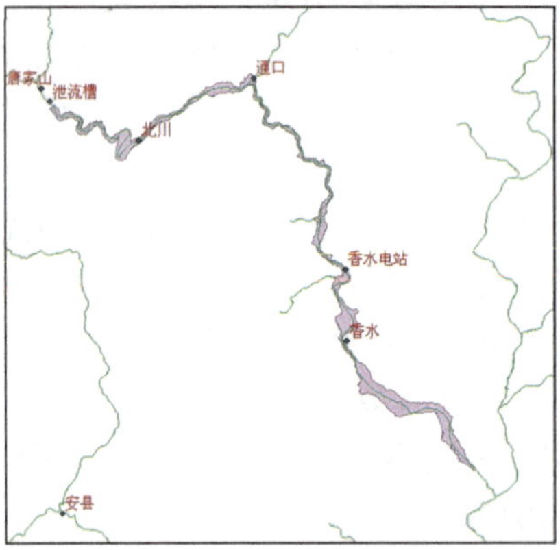

(c) 下游淹没影响范围

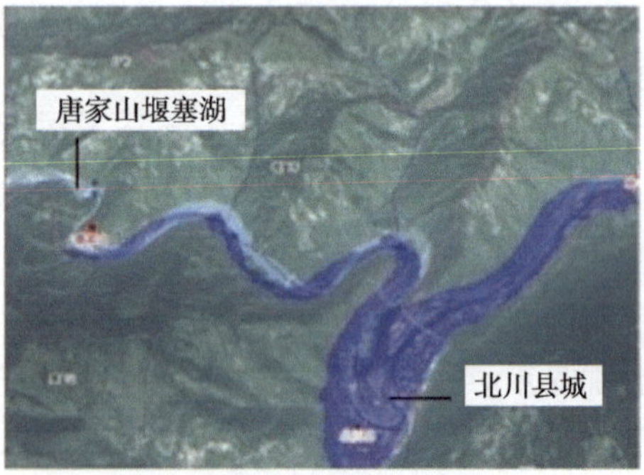

(d) 下游北川县城淹没范围

图 3.10 堰塞湖 690 m 溃决条件下二维水动力模型计算结果

该方法的优劣分析如下：

(1)该方法的优势在于，在计算精度和成果内容表现力方面，当 DEM 精度有保证时，二维水力学计算物理意义严谨、水力要素齐全，成果能更准确直观地描述洪水演进时空历程。

(2)该方法的局限性在于，计算烦琐，后续人工干预多，多组洪水计算效率低，而且对地形数据的依赖性高。由圣维南公式可以看到，每个断面上均需要大量的边界条件，如断面宽度、过水断面面积、水深等。显而易见，计算的精度很大一部分程度取决于 DEM 所能提供的这些边界条件的准确性。已有 DEM 数据的实际情况是部分河段缺少河道水下地形。例如通口河段只有 590 m 以上的地形信息，应为河道的DEM区域形成一个590 m平底区域，比真实的河段高出近60 m不等。造成二维水力学计算的基础被改变，演进“水槽”被抬高、变宽，构筑于边界条件之上的二维水力学计算精度自然难以保障，预计相应的演算淹没范围会比真实情况偏大。因此需要探索一种对地形数据的依赖性低，能够快速计算多组洪水的高效演进方法。本书基于GIS和马斯京根的一维水文演进方程，提出在DEM数据不完备条件下快速开展洪水淹没计算的方法。

3.2.3　基于GIS与马斯京根一维洪水演进的湖库淹没范围计算

1. 马斯京根法

马斯京根法是水文学中基于一维流动发展而来的流量演算法(詹道江 等，2000)。在圣维南方程组中，连续方程和动量方程分别遵循物质的质量守恒与动量守恒定律。在马斯京根法中则是以形式相对简单的水量平衡方程和槽蓄方程代替连续方程和动量方程，同样具有一定的物理意义，极大地简化了计算过程，稳定性高，并具备很高的演算精度，因此在工程中得到了广泛的推广和应用。公式如下

$$\left(\frac{I_1+I_2}{2}\right)\Delta t-\left(\frac{O_1+O_2}{2}\right)\Delta t=\Delta W \tag{3.5}$$

$$W=k[xI+(1-x)O]=kQ' \tag{3.6}$$

通过联立方程组可得马斯京根流量演算基本方程形式为

$$O_2=C_0I_2+C_1I_1+C_2O_1 \tag{3.7}$$

其中

$$\left.\begin{aligned}C_0&=\frac{\frac{1}{2}\Delta t-kx}{\frac{1}{2}\Delta t+k-kx}\\C_1&=\frac{\frac{1}{2}\Delta t+kx}{\frac{1}{2}\Delta t+k-kx}\\C_2&=\frac{-\frac{1}{2}\Delta t+k-kx}{\frac{1}{2}\Delta t+k-kx}\end{aligned}\right\} \tag{3.8}$$

式中：I和O分别为河段的上游断面入流和下游断面出流；W为河段蓄水量；k值是槽蓄曲线的坡度；x为流量比重因子。常见的水量平衡方程的物理意义严谨，无须解释。槽蓄方程的意义在于河段蓄水量是由入流和出流情况共同决定的，需要使用大量的实测数据率定k和x值。基于上述物理意义，通过联立公式得到马斯

京根法洪水演算公式的基本形式，即式(3.7)，该公式显示下游断面时段 2 的出流量是由该断面时段 1 的出流量和上游断面时段 1 和 2 的入流量共同决定，C_0、C_1、C_2 是权重比值。传统求解 C_0、C_1、C_2 参数的方法是试算法，而且是间接调试 x 参数，试算终止条件也比较烦琐。试算时参加试算的一组洪水过程已知，则一组河段槽蓄水量值 W 能够通过水量平衡方程计算出。同样，在 x 已经假定的情况下，同样可以计算出一组 Q'。如试算的 W 值和 Q' 近似呈直线关系，则 x 试算成功。原理上，试算法虽然简单，但是在计算机代替试算纸的趋势下，要将试算终止条件设计成为机器可以理解和执行的准则，还有较大的难度。因此本书采用智能算法模拟退火法(simulated annealing，SA)直接对马斯京根参数 C_0、C_1、C_2 进行优化，不必间接试算 x 值，极大地提高了计算速度和精度。

2. 基于模拟退火法的马斯京根法参数求解

模拟退火法外层循环伪码如下：

```
    while( T > T_min )
{
    dE = J( Y(i+1) ) - J( Y(i) );

    if ( dE <= 0 )  //表达移动后得到更优解,则总是接受移动
        Y(i) = Y(i+1);  //接受从 Y(i)到 Y(i+1)的移动
    else
    {
    // 函数 exp( - dE/T )的取值范围是(0,1) ,dE/T 越小,则 exp( - dE/T )越大
    if ( exp( -dE/T ) > random( 0,1 ))
           Y(i) = Y(i+1) ;  //接受从 Y(i)到 Y(i+1)的移动
    }
    T = r * T ;  //降温退火 ,0<r<1 。r 越大,降温越慢;r 越小,降温越快
    /* 若 r 过大,则搜索到全局最优解的可能会较高,但搜索的过程也就较长。若 r 过小,
则搜索的过程会很快,但最终可能会达到一个局部最优值
    */
    i++;
}
```

该计算迭代优化过程模拟热力学降温退火过程。设置一个较高的初始温度 T，然后每次循环过后乘以小于 1 的热量衰减系数 r，使得温度 T 递减。如果 r 过小，模拟退火的进程很快，搜索最优解的过程就短，得到解可能局部最优，得不到全局最优解。如果 r 过大，搜索计算时间会相应地增长。因此需要根据计算数据量调试一个合适的热量衰减系数。

图 3.11 为模拟退火算法求解马斯京根参数的实现流程。

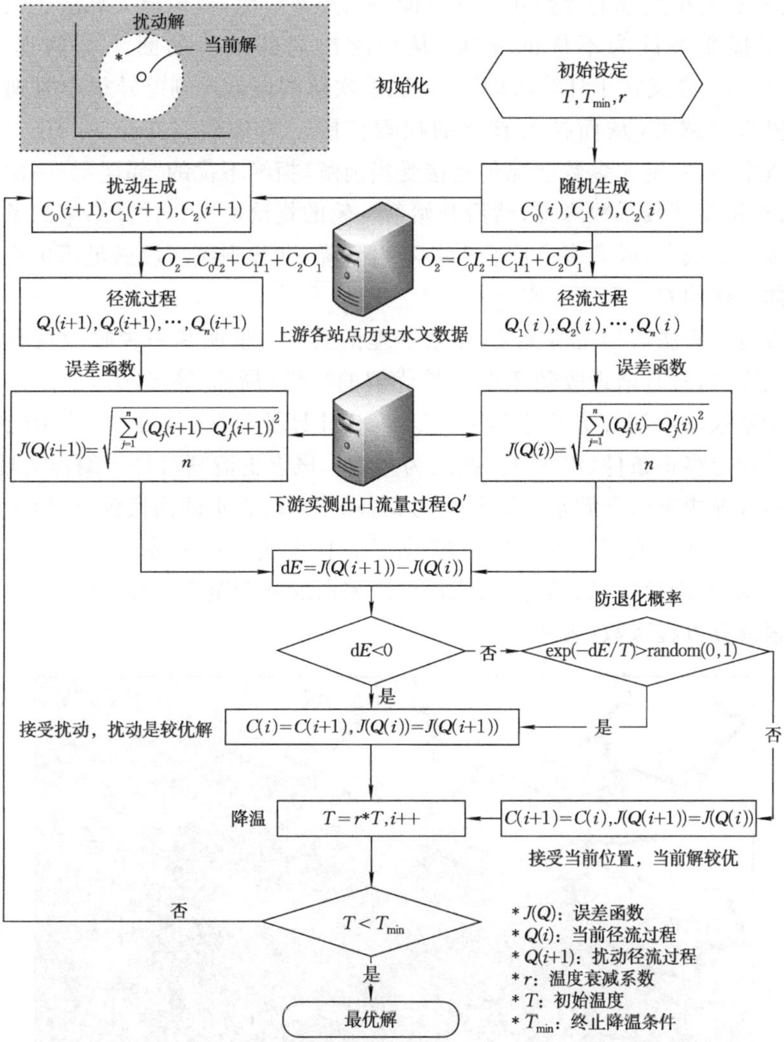

图 3.11　马斯京根参数模拟退火计算流程

首先程序随机生成在 $(-1,1)$ 区间之内的 C_0、C_1，C_2 可用 $1.0-C_0-C_1$ 代替。根据演算主体方程式(3.7)代入上下游水文站历史观测数据进行训练，C_0、C_1、C_2 已知时，下游各时段末出流计算值 O_2 则可以相应地计算出。然后再统计计算值 O_2 与真实观测值之间的误差，使用误差均方差作为误差函数 $J(Q(i))$。以当前 C_0、C_1、C_2 的位置 $C(i)$ 为中心，以一定半径为约束随机生成一个扰动，生成邻居 $C(i+1)$，同理计算误差函数 $J(Q(i+1))$。如果 $dE=J(Q(i+1))-J(Q(i))<=0$，则邻居“扰动解”更接近最优，令解空间 $C(i)=C(i+1)$，接受 $C(i+1)$ 为向最优解移动路径上的 $i+1$ 步的当前解。反之，则当前解更接近最优

解，但为避免随机生成的参数在一开始即陷入局部最优，模拟退火算法还引入了防退化概率接受被认为不优的邻居，从而跳出局部最值的圈子。防退化概率 $\exp(-dE/T)$ 含义在于计算时间还不长、两次解的误差评判差异很小时则接受不优解的概率就越大，从而扩大有益的探索范围。总体而言，$\exp(-dE/T)$ 仍是一个小概率事件，绝大多数情况仍是接受当前解，拒绝不优的“邻居”。一次对比完成后，通过温度衰减系数降温，然后开始新一轮的扰动对比。计算结束的条件是温度降至预设最低点，或者多个回合误差不再下降，即找到该河段满足历史观测洪水过程总体最优的 C_0、C_1、C_2 值。

模拟退火算法与初始值无关，在数学理论上已被证明是一种收敛概率为 1 的全局优化算法，具有渐近收敛于全局最优解的特性(周品 等，2007)。该方式直接调试马斯京根洪水演算方程系数 C_0、C_1、C_2，计算更直接、精确，相较传统的试算法避开了判定终止条件($W \sim Q'$ 曲线为直线)，概念更清晰且易于编程实现。

本书选择唐家山下游水文资料较为完备的通口、香水两河段为例，唐家山河流水系和水文站站点地理分布如图 3.12 所示。依据通口站和香水站已有的大量历史水文数据，利用模拟退火算法训练得到唐家山堰塞湖至通口段、通口至香水段的马斯京根演算方程系数(表 3.3)。

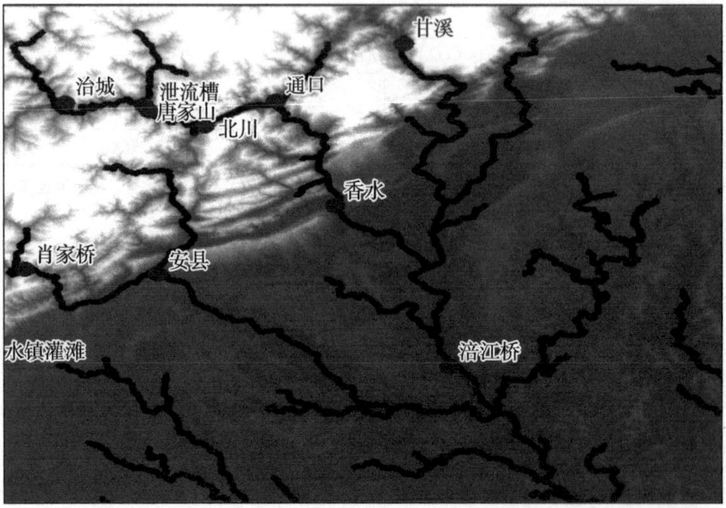

图 3.12　唐家山河流水系和水文站站点地理分布

表 3.3　演算方程系数与评价函数收敛误差

河段	C_0	C_1	C_2	评价函数收敛误差
唐家山至通口	0.172 2	0.161 5	0.666 3	$J_{\min}=4.5832\times10^6$
通口至香水	0.519 7	0.281 9	0.198 4	$J_{\min}=5.0000\times10^6$

模拟退火过程中评价函数误差递减过程如图 3.13 所示。

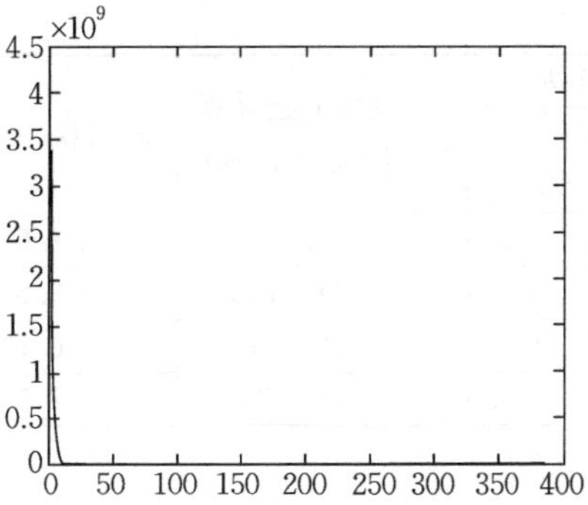

(a)唐家山至通口

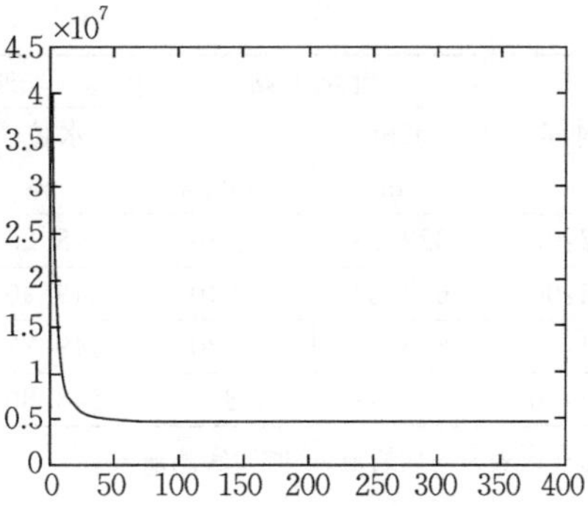

(b)通口至香水

图3.13 评价函数误差递减过程

由图3.13可知,起初随机生成的初始位置会使误差平方和这种形式的误差评价函数初始值很大,但能够在很短的迭代次数内通过解向量转移路径迅速逼近最优 C_0、C_1、C_2,使得水文历史实测数据与演算预测数据的整体误差平方和最小。由此可见,模拟退火算法对线性演算方程优化速度明显,且必然收敛,因此是一种十分适合马斯京根洪水流量演算的优化算法。

以下使用发生在汶川地震后并被观测到的两场洪水(时间为2008-06-10、2008-06-12)检验马斯京根演算方程系数精度。

唐家山至通口河段马斯京根演算方程如下

$$O_2 = 0.1722I_2 + 0.1615I_1 + 0.6663O_1 \tag{3.9}$$

洪水演算结果和精度误差情况详见表3.4和图3.14。

表3.4 唐家山至通口段演算系数精度校验结果

时间	唐家山站		通口站		洪水演进计算结果/(m³/s)	相对误差/%
	水位/m	径流/(m³/s)	水位/m	径流/(m³/s)		
0:00	620.90	33.1	535.31	23	—	—
1:00	621.05	64.3	535.36	28	31.743	+13.37
2:00	622.75	858	535.52	44	179.282	+307.46
3:00	622.25	576	537.19	240	357.210	+48.84
4:00	621.93	415	537.1	210*	402.496	+91.66
5:00	622.03	465	538.27	594	415.279	−30.09
6:00	622.62	780	537.33	333	486.114	+45.98
7:00	625.90	3 240	538.57	690	1 007.800	+46.06
8:00	629.54	6 870	545.05	3 300	2 377.770	−27.95
9:00	629.54	6 870	545.65	3 590	3 876.827	+7.99
10:00	629.54	6 870	545.65	3 590	3 876.827	+7.99
11:00	629.59	6 930	547.16	4 400	4 885.981	+11.04

续表

时间	唐家山站		通口站		洪水演进计算结果/(m^3/s)	相对误差/%
	水位/m	径流/(m^3/s)	水位/m	径流/(m^3/s)		
12:00	629.23	6 530	548.25	5 060	5 499.190	+8.68
13:00	627.34	4 640	549.20	5 720	5 517.713	−3.54
14:00	626.94	4 320	549.73	6 210	5 169.716	−16.75
15:00	626.47	3 800	548.80	5 420	4 796.622	−11.5

注:标 * 代表为内插插值,该时段实测缺失。

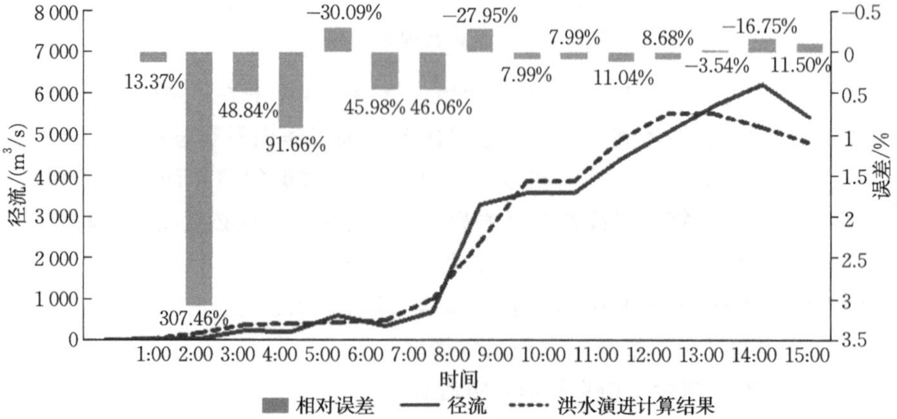

图 3.14 唐家山至通口段演算方程系数精度检验结果(时间:2008-06-10)

与之相类似的,用发生在 2008 年 6 月 12 日的一场洪水校核通口至香水段的马斯京根演算方程系数。该段马斯京根演算方程如下

$$O_2 = 0.519\,7I_2 + 0.281\,9I_1 + 0.198\,4O_1 \tag{3.10}$$

演算结果和精度校验情况如图 3.15 所示。

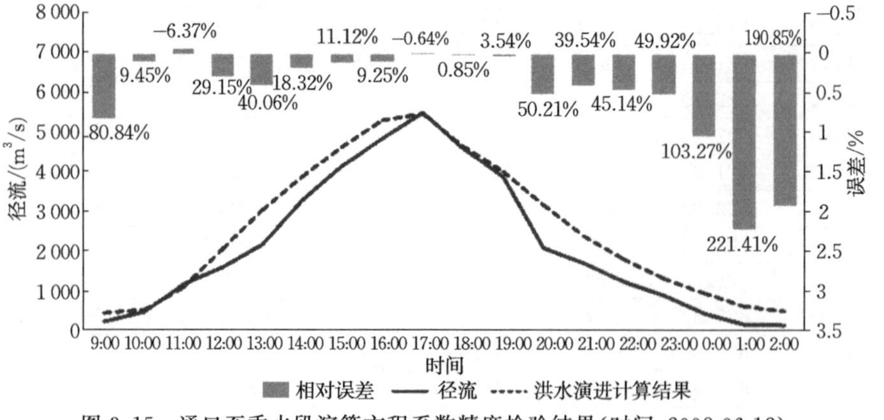

图 3.15 通口至香水段演算方程系数精度检验结果(时间:2008-06-12)

从图3.14和图3.15的系数校验结果来看，总体上，通过模拟退火优化算法得到的马斯京根演算方程系数精度良好，能够反映河道真实的行洪能力，可以在相应的河段用来预测洪水流量的演进过程。从误差分布情况分析，可以发现该系数对大流量的峰值演算精度比小流量要高出很多。例如，洪峰峰值是5 520 m^3/s，演算值是5 484.85 m^3/s，相对误差为－0.64%，取得很高的预测精度。分析发现其原因在于模拟退火算法中构筑的误差评价函数是以各时段预测与实测误差的平方和为评价依据，因此在对大量水文历史数据进行训练过程中对大流量的误差十分敏感，优化得到的演算方程系数更能保证大流量的精度。相应的，小流量级别误差即使相差几倍，因绝对数量较小，不会过多影响此种评价函数形式下的寻优解收敛路径。但是如果评价函数以误差百分比而不是绝对数量为评判时，得到的演算方程系数将是保证不同数量级别流量精度的整体最优解，缺点在于不能实现大流量预测值的局部精度最大化。不同的评价函数构筑策略互有针对性与适用范围，需要面向应用目标，采用最能保证需求目标精度的评价函数构筑策略。因为本书的目标是评估潜在淹没范围，即最大流量洪峰过境时的淹没范围，应选择更能保证洪峰流量的评价函数形式，故本书的误差评价函数的选择与需求是相适应的。

3. 基于堰流公式与水量平衡方程的溃决洪水流量过程求解

溃决流量计算采用堰流经验公式(施国庆 等，1998；Salmon et al，1995)，即

$$Q=\varepsilon mb\sqrt{2g}\,H_0^{\frac{3}{2}} \tag{3.11}$$

式中：Q为下泄流量；g为重力加速度；b为溢流水面宽度；m为径流系数；ε为侧向收紧系数；H_0为潜在水头，包括压力水头和速度水头。水量平衡方程另一种表达形式为

$$\sum_{i=1}^{n}(I_i-Q_i)\Delta t=\Delta W \tag{3.12}$$

式中：Δt为时间步长；ΔW为库容水量变化；I_i为时段i上游来水量；Q_i为时段i下泄流量，与堰流公式中Q意义相同；时段数$n=t/\Delta t$，即溃决时间总长t除以时间步长Δt。

溃决溃口有三种经典形式——三角形、梯形、矩形。溃决模式一般也有1/3溃、半溃、全溃，模式决定溃决终止时底坎水位高程。溃决时长一般选择1小时、2小时、3小时、4小时、5小时、6小时6种预案。本例中溃口可选择最为常见的梯形。需要说明的是潜在淹没风险是考虑最大洪水所能造成的危害，因此选择1小时全溃模式预案进行计算。计算时段数由1小时除以时间步长获得，和溃口形状尺寸有关的侧向收紧系数和径流系数由梯形溃口经验值获得。全溃模式本书实例以690 m水位完全溃至600 m，两水位条件下的ΔW库容水量变化由前述水位库容曲线获得。水头H_0为水位高程H和速度水头$v^2/2g$之和，流速又可通过下泄

流量 Q 除以断面面积获得,断面面积取决于水位所在位置。溢流水面宽度 b 在梯形溃口条件下取决于水位所在位置。如式(3.11)、式(3.12)所示,在来水量已知的条件下,除 H_0 和 b 可通过水位高程 H 推求外,所有参数均已知,则下泄流量 Q 是 H 的函数。因此可采用试算 H 的试算法,或者其他优化算法推求此种组合条件下水位流量过程。计算结果如图 3.16 所示。

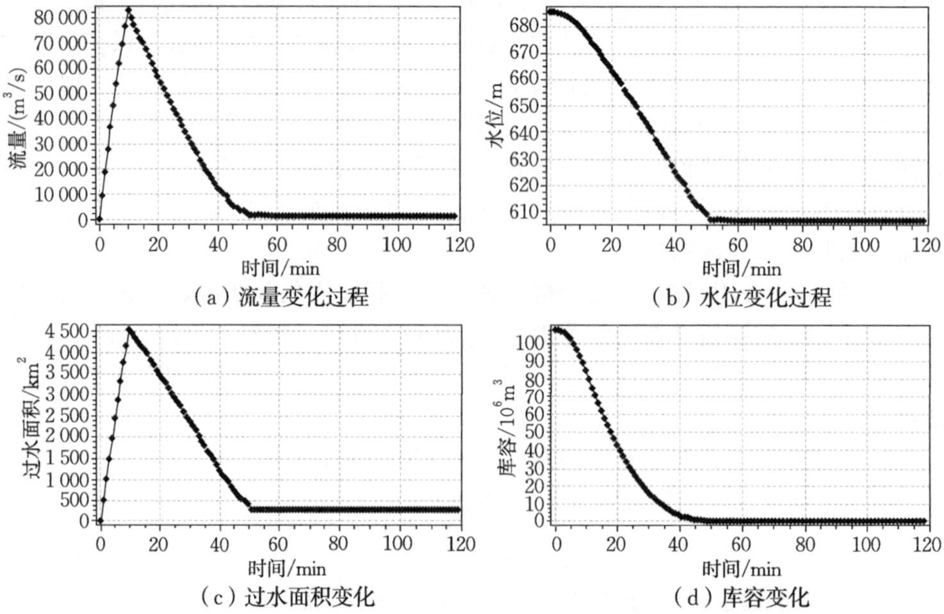

图 3.16　690 m 溃至 600 m 梯形溃口 1 小时内全溃模式计算结果

4. 马斯京根法流量演算(H=690 m)

堰塞湖形成后,河流正常流动被阻断,下游河流水量仅考虑地下水汇流和沿程旁侧入流形成的基本径流,该值是一个较小的稳定常数。根据堰塞湖形成后沿途水文站点观测数据可知,堰塞湖坝下基流平均为 3.2 m^3/s,通口基流约为 4 m^3/s,香水基流为 2 m^3/s。以上基流值可作为溃决前各河段的初始状态。

由图 3.17 可知,溃决在很短的时间完成,考虑到河段演算均是以小时为时间步长,此处为了保持时间量纲上的一致,第一时段选择基流值,第二时段则选择与最大淹没范围对应的特征值(最大溃决下泄流量 Q_0=82 000 m^3/s)。第三时段相对洪水传播距离与时间间隔的因素,忽略溃口处短时流量变化过程中的细部环节,直接选择溃决后下泄流量迅速递减为唐家山上游天然来水量,取观测期间平均值 76 m^3/s。使用以上水文流量数据和经过校验的马斯京根系数,演算唐家山堰塞湖至通口段的流量演变过程,演算结果如表 3.5 所示。

表 3.5　唐家山至通口段流量演算结果　单位：m^3/s

演算方程系数	I_2	I_1	O_1	O_2
唐家山至通口段	82 000	3.2	4	14 123.6
$C_0=0.1722$ $C_1=0.1615$ $C_2=0.6663$	76	82 000	14 123.6	22 666.7
	76	76	22 666.7	15 128.2
	76	76	15 128.2	10 105.3
	76	76	10 105.3	6 758.5
	76	76	6 758.5	4 528.5
	76	76	4 528.5	3 042.7
	76	76	3 042.7	2 052.7
	76	76	2 052.7	1 393.1

同理，依据表 3.5 出流过程作为下一河段入流过程，结合基流初始状态演算通口至香水段的流量演变过程（表 3.6）。

表 3.6　通口至香水段流量演算结果　单位：m^3/s

演算方程系数	I_2	I_1	O_1	O_2
通口至香水段	14 123.6	4	2	7 341.5
$C_0=0.5197$ $C_1=0.2819$ $C_2=0.1984$	22 666.7	14 123.6	7 341.5	17 217.9
	15 128.2	22 666.7	17 217.9	17 667.8
	10 105.3	15 128.2	17 667.8	13 021.6
	6 758.5	10 105.3	13 021.6	8 944.6
	4 528.5	6 758.5	8 944.6	6 033.3
	3 042.7	4 528.5	6 033.3	4 054.9
	2 052.7	3 042.7	4 054.9	2 729.0
	1 393.1	2 052.7	2 729.0	1 844.1

依据计算成果表可得到唐家山断面、通口断面、香水断面的流量变化过程线，如图 3.17 所示。

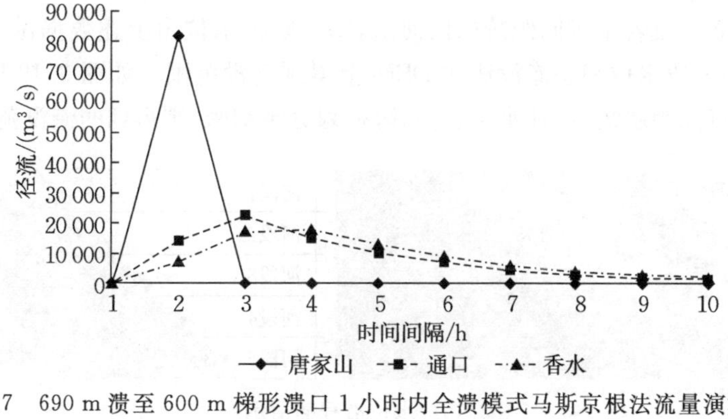

图 3.17　690 m 溃至 600 m 梯形溃口 1 小时内全溃模式马斯京根法流量演算结果

5. 基于 GIS 的淹没范围提取(H=690 m)

马斯京根洪水演进法预测的是下游断面的流量过程，需要利用断面的水位—流量关系曲线将洪峰过境时的峰值流量折算成断面上的最高水位值，从而确定断面控制区域的淹没范围。在水文理论上，对于没有复杂源汇关系的河道，因不存在下游顶托或水量倒灌等现象，水位与流量有确定性关联，即水位—流量关系曲线比较稳定，常常呈现出一一对应的稳定关联。即使出现一对二的绳套型曲线，也能通过所处的涨、落水状态区分绳套型上下半区，也能得到唯一对应关联。实测数据证明通口、香水站所在断面均是水位与流量有稳定关联的固定断面(图 3.18)。

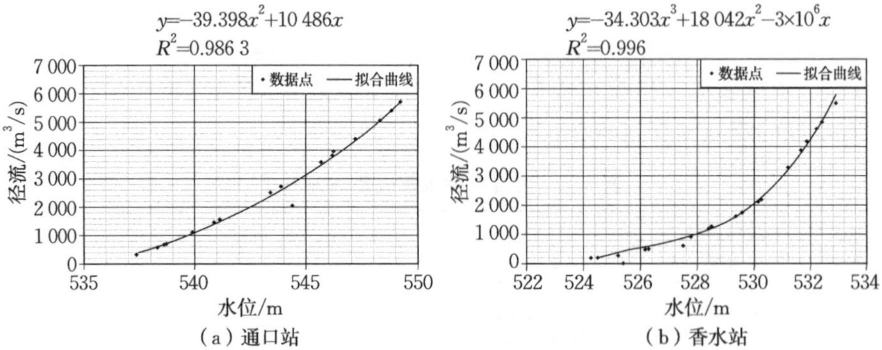

(a) 通口站　　(b) 香水站

图 3.18　通口站与香水站的水位流量关系曲线

通过水文历史观测数据的回归分析，发现山区河流通口和香水河段有着较为稳定水位流量关系，水位的涨落和流量的增减成正比例关系。因此可依据图 3.18 中通口、香水站点的水位—流量关系曲线折算洪峰过境时通口、香水站的最高水位值。依据马斯京根洪水演算结果，通口和香水的洪峰流量为 22 666.7 m³/s 和 17 667.8 m³/s，对应的最高水位由拟合的多项式回归方程求解得到，结果显示通口地区最高淹没水位为 595.28 m，香水为 541.37 m。

最后基于 GIS 技术针对三个最高特征水位 690 m、595.28 m、541.37 m，将 DEM 沿河流主线划分成若干等间距阶梯段河道，每个阶梯水位由上述数据做等间距插值而来，再使用分段水位静态淹没法在 DEM 上得到淹没范围。如图 3.19 所示。下游水文观测站点间距越短，特征水位越多，阶梯划分越细密，则得到的淹没范围越精确。

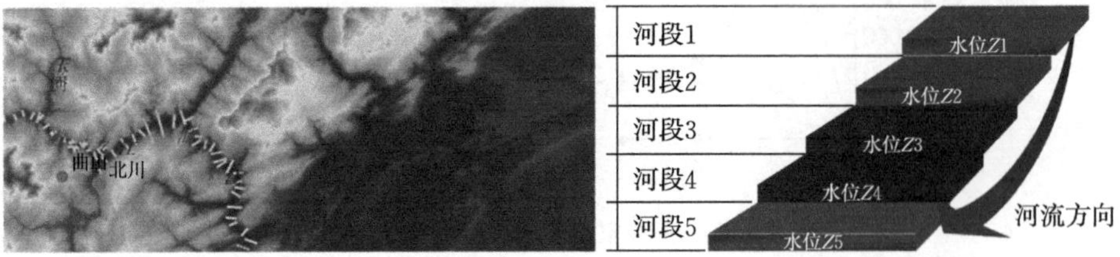

图 3.19　水位沿程插值示意

当水位 $H=690$ m，最大溃决下泄流量 $Q_0=82\ 000$ m^3/s 全溃方式时，此种组合条件下的基于 GIS 和马斯京根流量演算的淹没影响范围计算结果如图 3.20 所示。

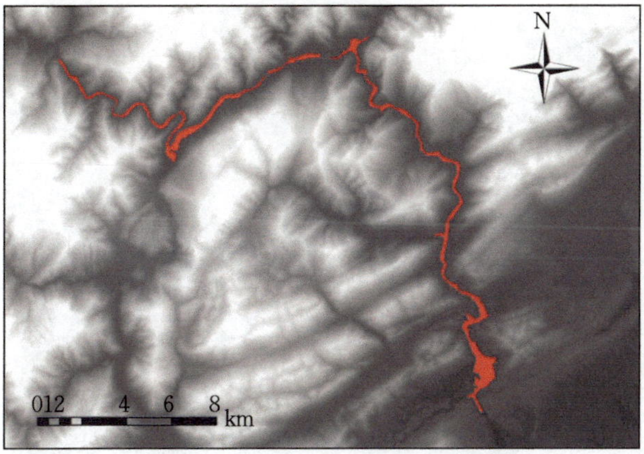

图 3.20 基于 GIS 和马斯京根流量演算的淹没范围计算结果（$H=690$ m）

3.2.4 洪水演进的两种动态预测方法计算结果分析

从图 3.21 来看，马斯京根计算结果局部区域出现了断流。原因如前所述，由于局部区域 DEM 缺少水下与河道附近地形，实际演算水位在 DEM 之下，从而出现断流。而二维水力学计算则会依据不完整的地形信息，将偏宽、偏高的边界视为真实河槽，持续使误差传递下去。正是由于二维水力学计算对地形数据的严重依赖性，使得计算结果如预想一样，比马斯京根计算结果偏大很多。本书提出的基于 GIS 和马斯京根流量演算的淹没评估方法，明显改进了对地形数据的依赖性，无论是洪水流量演算，还是通过水位流量关系曲线获得最高淹没水位，均是独立于地形资料的，仅取决于水文观测数据。后期将 DEM 分割成若干阶梯段河道，每个分段输入插值得到水位值，使用静态淹没法获取分段淹没范围。分段淹没的过程也是互相独立的，即使出现某一段地形资料造成的中断或错误现象，也不会将误差传递或干扰到后面的分段。该方法所需的数据资料少，仅依靠常见的水文监测站数据和 DEM 数据。在对 DEM 依赖性方面，二维水力学计算的精度取决于 DEM 模拟实际地形的逼真性，而本方法对 DEM 要求低，即使没有水域常态范围内的地形资料也能开展沿岸洪水淹没评估。同时该方法的时效性高，各个重点关注城镇只需在所处的河道阶梯分段输入水位插值即可由静态法快速获取淹没影响范围。各阶梯段水位由水文站所处断面的最高特征水位等间距线性插值而来。各水文站断面最高特征水位获取也是十分容易，只需根据训练好的河段马斯京根线性方程重复输入不同规模溃决洪水即可演算得到。因此该法与每次计算要修改大量初始边界条件的二维水动力学计算法相比，可快速重复计算多组组合条件下淹没影响范围，能有效响应淹没损失评估、灾民转移撤退、分洪蓄洪决策等一系列注重时效性的决策需求（曹波 等，2015）。

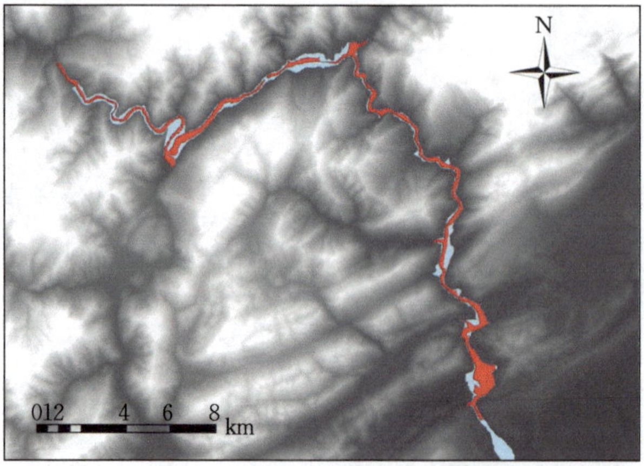

图 3.21 唐家山至香水段 690 m 两种预测方法淹没范围对比
（蓝色、红色分别为二维水力学计算方法和马斯京根计算方法的淹没结果）

依据该法高效重复计算了距离唐家山堰塞湖下游最近同时也是规模最大的城镇北川县城的不同溃决水位条件下的淹没范围，如图 3.22 所示。

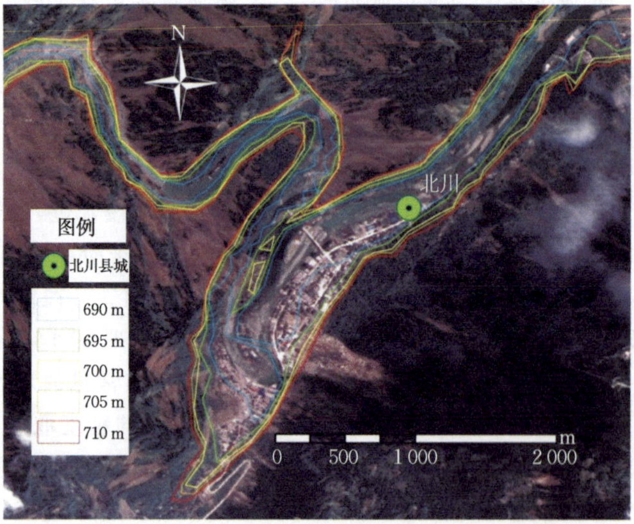

图 3.22 北川县城不同规模洪水条件下的淹没范围

结合遥感图像可以发现，当上游出现 700 m 洪水 1 小时全溃组合条件时，下游的北川县城将全部淹没，城区中心仅剩两块高地可供转移。该方法的精度取决于历史洪水资料的完整性，历史大洪水资料越多，训练出的马斯京根系数将更能准确反映河道大流量的演进情况。

综上所述，本书基于空间信息技术结合一维水文洪水演算，在少数据地区开展高效的淹没范围快速评估。全部数据仅依靠水文观测数据和 DEM 推求得到。一般突发灾害事件发生时，只有前期水文历史数据和不完备的 DEM 数据等缺少数据的状况是常态，基于有限的数据资源，充分利用 GIS、遥感等空间信息技术与水文、水力学相结合开展快速评估决策是有广泛的应用前景的。

该方法应用于河道型水库提取淹没范围的具体方法是，将不同规模的设计洪水过程作为上游输入，使用河道马斯京根参数演算各水文站点洪水演进过程，获得与设计洪水相对应的淹没影响范围。坝址库首区域，水库设计有相应的调度规程，根据洪水预报，水库会降到不同的水位迎接不同规模的洪水。因此，河道型水库淹没范围由两部分组成，坝址库首区淹没范围按照设计洪水对应的调度水位使用静态法获得，后面的河道部分淹没范围则由洪水演进获得。

3.2.5　基于 GIS 的洪水淹没损失评估

湖泊水库的淹没一部分是人为造成的，如水库大坝加高增容、湖库闸门启闭分洪蓄洪等，另一部分是自然因素导致的，如暴雨洪灾、溃决泛滥等。以上情况均是湖库管理需要评估的重要内容。因此需要对可能出现的各类洪水进行损失评估计算，为管理决策提供依据。

1. 基于 GIS 的洪水淹没损失评估方法基本原理

基于 GIS 的洪水淹没损失评估方法原理是通过 GIS 的空间叠加分析功能，将成灾因子（洪水淹没）的空间分布与承灾体（社会经济）的空间分布进行叠加计算，通过一定的损失率评估模型统计损失率（Jha et al，2007；Wang et al，2011；Diermanse et al，2012；付湘 等，2000；Xie et al，2011；刘家福 等，2008；Jiang et al，2009；谢跟踪，2004）。原理示意图见图 3.23。

GIS 将信息分为空间信息和属性信息两大类。灾害损失评估将成灾 A 和承灾 B 的空间信息相叠加，可生成新的空间分布 C，给新的空间信息赋予相应的属性信息表 D，即可得到与之对应的损失评估信息。结合具体实例，淹没损失评估中最关键的评价因子是淹没水深，因此将空间数据洪水淹没等值线图和土地利用分类图进行叠加分析，得到新的洪涝专题图，该图将根据水深的不同，将原有的地类大类分割成新的斑块，每块内具有相同的水深与地类。然后根据淹没水深 — 损失率模型，计算每种淹没水深、地物类别条件下的损失率，赋予到斑块对象对应的属性表中，从而得到各类地物在此次洪水中的损失情况。更高一级的损失率模型，不仅考虑地类和水深条件，同时考虑淹没历时，可将生成新的空间分布 C 继续和等时线相叠加，生成同地物、同水深、同历时的专题图，赋予新模型的计算结果。以此类推，可得到多参数损失率模型对应的淹没损失评估情况。斑块内某一社会经济指标量乘以损失率即为具体的淹没损失。

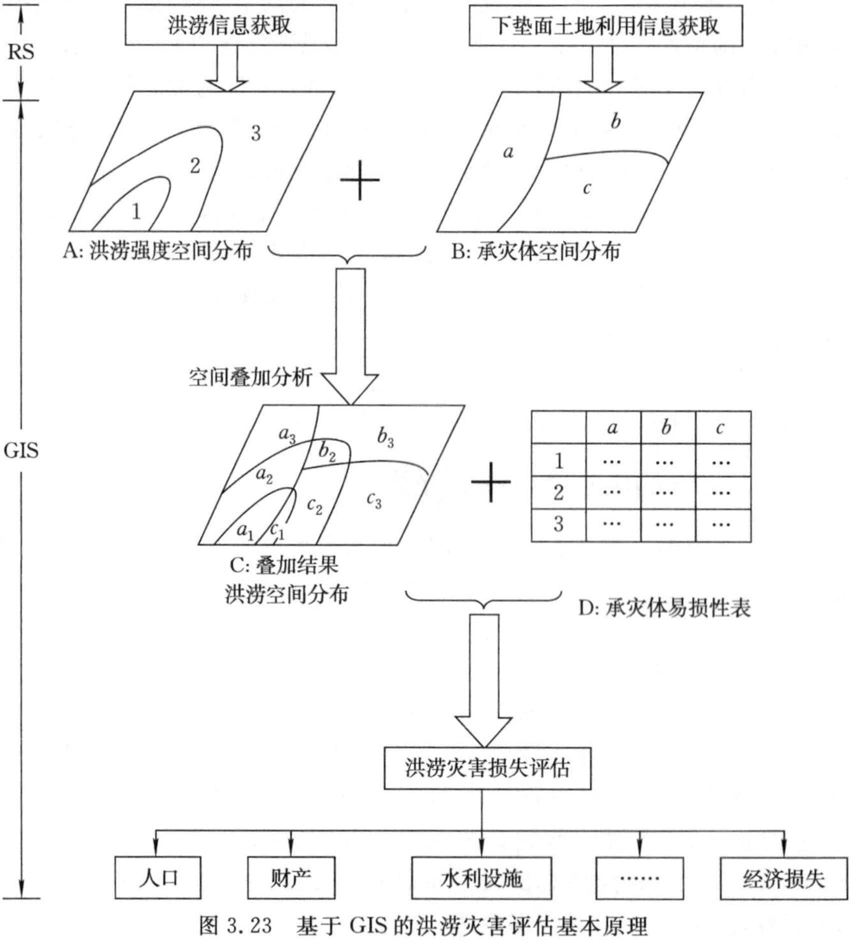

图 3.23　基于 GIS 的洪涝灾害评估基本原理

2. 指标空间分布密度函数的选取

理论上，淹没斑块内的经济社会指标总量应是一个积分的概念，如式(3.13)所示，即

$$F = \iint_{(x,y)\in A} f(x,y)\mathrm{d}x\mathrm{d}y \tag{3.13}$$

式中：F 为对象内社会经济指标值；$f(x,y)$ 为社会经济指标空间分布密度函数；A 为空间范围。乘以模型计算出的损失率后，即可得到该斑块内的某种经济社会指标的损失情况。但在现实世界中，经济社会指标很少能通过有效的分布密度函数表达，只能近似体现与逼近表达。例如大块农业用地中的经济指标量会根据经济作物空间分布的不同而不同，这样的函数难以取定，而且没有通用性，给准确统计带来困难。同时，社会经济统计调查资料均是基于一定的单元层次展开的，如依

据行政区、企业单位、村组等层次展开的社会经济量调查，这些统计数据难以展布到对应的现实地物图斑中。因此需要根据社会经济数据空间分布特性，采用合理的展布方式简化积分形式。

以人口指标为例，理想状态应是地类图斑划分得足够细致，能够体现每处建筑，与之相适应的是人口调查深入到千家万户，得到地类与人口数的精准对应。然而现实条件不具备这样优厚的条件。一般情况而言，地类一般分到二级或三级分类，人口总数详细资料能够细化到行政村落、街道居委会级别，因此很难直接建立地物分类与人口数指标的定量关联。根据人口分布特性，可采用的合理展布方式加以简化。依据城市人口和农村人口密度的不同，将人口指标大致划分成城市人口密度与农村人口密度，用这两个指标合理简化人口指标的分布密度函数。算例选择上述 690 m 溃决洪水马斯京根计算方法淹没范围作为输入条件。

在此种淹没结果下，洪水途径行政区有北川县和江油市，根据调查年鉴统计数据(表 3.7)，查询两县中受此次洪水波及影响的具体城镇、村落人口数以及相应的面积信息，分别将人口除以面积得到城镇和农村的人口密度。

表 3.7 受灾区域人口情况统计

	北川	江油
城镇人口/人	139 000	634 000
农村人口/人	21 000	245 000
城镇面积/m^2	7 685 773.22	10 178 515.5
农村面积/m^2	695 883.33	1 367 309.799 998 8
城镇人口密度/(人/m^2)	0.018 085 363	0.062 288 062
农村人口密度/(人/m^2)	0.030 005 077 85	0.179 183 971

人口损失率按照 1 来选取，即淹没即损失的原则，人口指标空间分布密度函数按照表 3.7 计算的城镇、农村人口密度选取，按照前述的洪水淹没范围与城镇农村区划进行叠加分析，得到受灾城镇农村图斑，将图斑面积乘以相应的人口密度得到人口指标量，乘以损失率 1，最终得到以下人口淹没损失评估(表 3.8)。

表 3.8 堰塞湖 690 m 全溃条件下淹没损失(马斯京根法)

淹没损失	北川	江油
城镇受淹面积/m^2	404 693.735 2	0
农村受淹面积/m^2	27 985.896 64	116 676.939 3
城镇受淹人口/人	7 319	0
农村受淹人口/人	839	20 906

同理，通过分析其他各类社会经济指标随地类分类结果展现出的不同空间分布特性，采用合理的展布方式获得契合实际评估需求的密度函数，对各类指标进行淹没损失评估，为应急转移和防汛救灾提供决策支持。

第4章　基于模糊理论的湖库调度时空敏感生态环境影响评价
——以丹江口水库为例

前面几章介绍了利用遥感及GIS技术获取湖库多类空间和属性要素，本章以丹江口水库为例，进行水库调度时空敏感生态环境影响评价。丹江口水库，是中国南水北调中线工程的水源地，国家一级水源保护区。丹江口水库水质优良，连续25年稳定在国家Ⅱ类水质以上，水库多年平均面积超过700 km^2。2012年丹江口大坝加高后，丹江口水库水域面积可达1 022.75 km^2，蓄水量达2.905×10^{10} m^3。2014年12月12日14时32分开始向南水北调中线工程沿线地区的北京、天津、河南、河北4个省市的20多座大中城市，提供生活和生产用水，沿线约6 000万人可直接喝上水质优良的汉江水，近1亿人群受益，远期年调水1.3×10^{10} m^3。南水北调工程的宏大战略构想历经60余年的酝酿和建设最终成为现实。丹江口水库是特大湖泊型水库，不仅在水资源跨流域调度方面，而且在防洪、发电、航运、灌溉、养殖、旅游等方面也都发挥着巨大的工程效益。

丹江口大坝加高前期设计了三种论证方案，正常蓄水位分别为170 m、165 m、161 m，依据规划的供水规模，后两种方案在42年长系列调度计算中分别有21旬和29旬的时段陶岔供水流量为0，供水被破坏。因此最终选择170 m的方案(表4.1)。

表4.1　丹江口水库设计正常蓄水位比较

	方案		
正常蓄水位/m	170	165	161
防洪限制水位/m	160～163.5	155～158.5	149～152.5
死水位/m	150	150	145
极限消落水位/m	145	145	139
供水破坏旬数/旬	0	21	29

丹江口大坝加高由初期规模加高完建至最终规模，水库正常蓄水位由157 m提高至170 m，防洪限制水位由149～152.5 m提高至160～163.5 m，校核洪水位为174.35 m。

§4.1　丹江口库区基于空间信息技术的特征信息提取

依据前述章节研究成果，使用遥感与 GIS 技术获取丹江口水库大量的特征信息。在此特征信息的支持下，按照水库调度四组特征水位（死水位 150 m，防洪限制水位 160 m，防洪限制水位 163.5 m，正常蓄水位 170 m）的调度模式，从特征信息中获取与该水位相对应的生态环境指标状况，选取适宜的权重，使用模糊理论开展水库调度时空敏感生态环境影响定量评估。基础数据情况是丹江口流域的 1∶5 万 DEM，2013 年 5 月（丹江口水库蓄水前）的 RapidEye 遥感影像一幅，多幅 TM 遥感影像，部分水文站和水环境监测站点数据（图 4.1）。

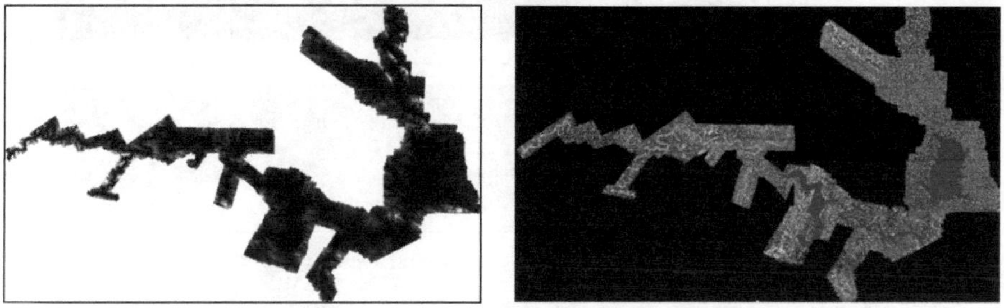

（a）1∶5万DEM　　（b）RapidEye遥感影像

图 4.1　丹江口流域基础数据

4.1.1　基于遥感技术的土地利用分类结果

如前所述，用于遥感分类的 RapidEye 影像采集自丹江口蓄水前，逐步完成蓄水后，174.35 m 以内范围将成为库区消落带，淹没范围以内的遥感影像是有极大参考意义的珍贵历史数据。选取丹江口库区 175 m 等高线，裁剪得到 175 m 等高线范围内的遥感影像，使用面向对象分类原理进行影像分类，得到淹没范围以内的土地利用分类结果。

首先根据生态环境评价的需求，以及丹江口库区消落带土地利用特点，将遥感分类细化到二级分类。将土地细分为耕地和园地，将植被细分为林地和草地，将建筑细分为工矿与住宅用地和交通运输用地。大的地类分类方法和决策树型沿用第 2 章的分类算法与流程，在基本型决策树的基础之上，在植被和土地父类下加入新的分支。二级地类分类通过研究从影像中目视解译采集到的典型样本对象，充分利用地类特有的纹理与几何信息加以区分。采集样本如表 4.2 所示。

表 4.2　典型二级地类对象样本

类型	部分影像样本集
耕地	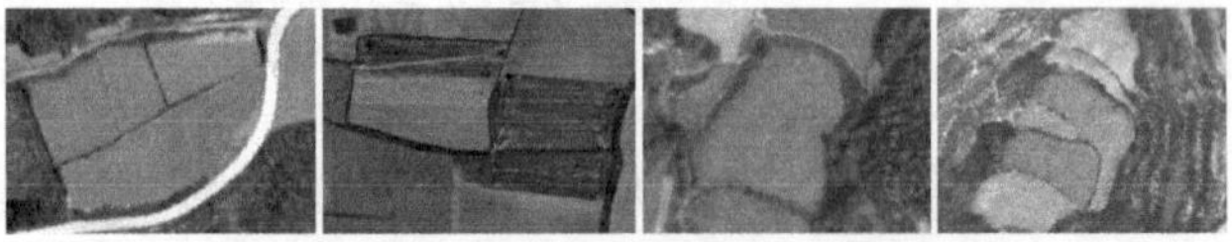
园地	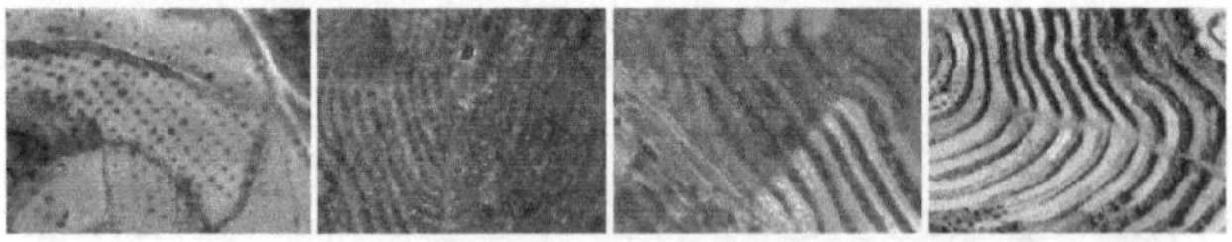
林地	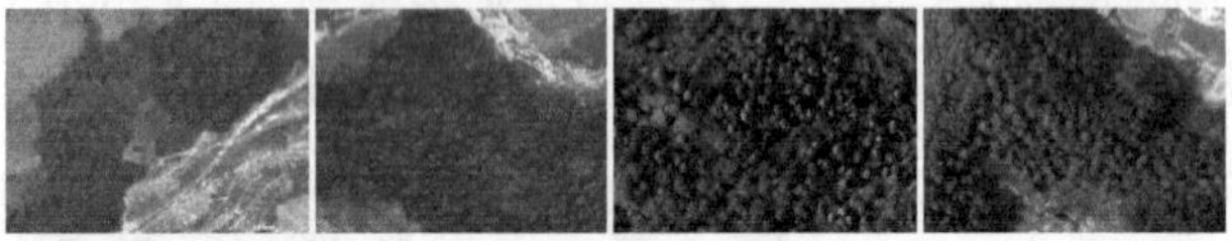
草地	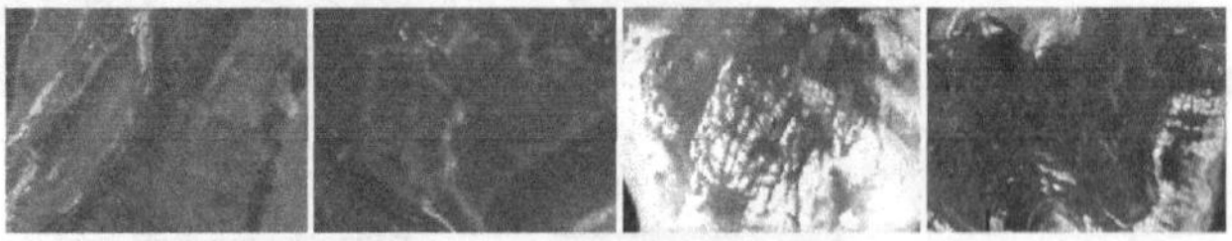
工矿与住宅用地	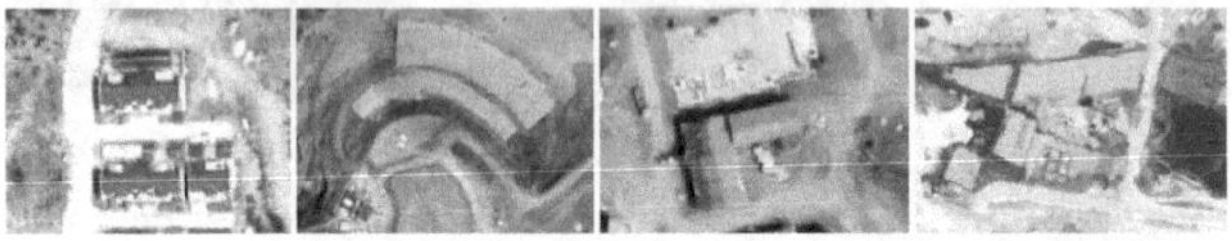
交通运输用地	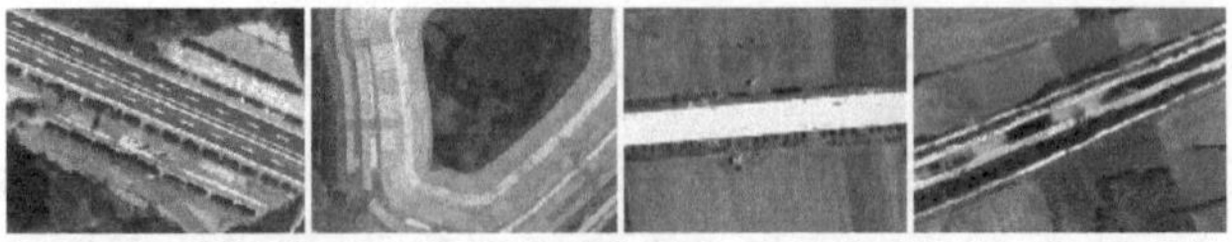
其他(主要为水域、裸地等)	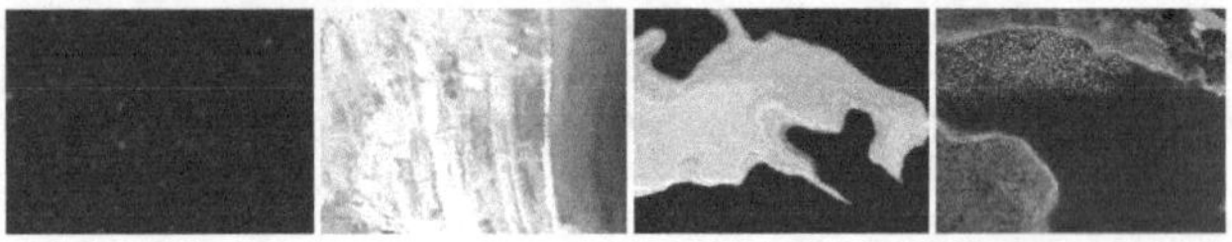

(1)从土地子类特点上看,为了利于大面积耕作的需要,开垦出的耕地地块具有斑块面积大的几何特征以及内部纹理均质的纹理特征。园地因种菜开垄的原因,地块内部有大量的条状沟壑,内部纹理梯度大,纹理指标梯度(grad)公式如下

$$\bar{G}(Z)=\frac{1}{(M-1)(N-1)}\sum_{m=1}^{M-1}\sum_{n=1}^{N-1}\sqrt{[(\Delta Z_x)^2+(\Delta Z_y)^2]/2} \qquad (4.1)$$

式中:ΔZ_x、ΔZ_y 分别为 x、y 方向上的差分。梯度可以反映图像对微小细节反差

的表达能力。因此可用形状参数几何指标和梯度纹理指标区分，均质斑块面积指数大，纹理梯度小的是耕地，反之是园地。

(2)草本植物比较低矮不存在阴影，在遥感影像上呈现出色调均匀的纹理特征，林木则表现为树木单株纹理重复且有树影。从图像学角度，草地内部信息少、信号模糊，林地内部信息多、信息清晰。使用反映相邻像元的反差，用于描述图像纹理的清晰度的指标对比度(contrast)区分林地草地。公式如下

$$f=\sum_i\sum_j(i-j)^2h(i,j) \tag{4.2}$$

式中：i,j 代表灰度共生矩阵中两种灰度值；$h(i,j)$ 代表灰度共生矩阵中灰度 i 与灰度 j 在图像中相邻的次数。由式(4.2)可见，相邻单元灰度值相差大，即 $(i-j)^2$ 数值大，相差大的像素出现越多，即 $h(i,j)$ 越大，此种条件的纹理对比度越大。草地灰度值大部分十分接近，即 $i-j$ 很大的相邻像元出现次数比林地少得多，故可以很明显区分两种地类。

按照以上新增的几何纹理分类指标，构建改进型决策树如图 4.2 所示。

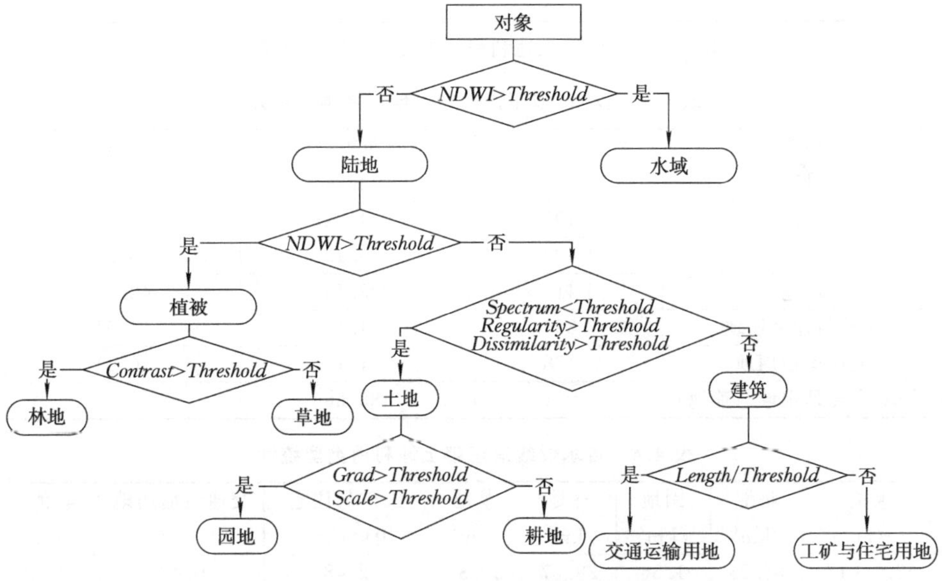

图 4.2　丹江口土地利用分类改进型决策树

使用以上决策树分类，得到丹江口土地利用二级类分类结果如图 4.3 所示。

通过目视解译评价分类精度，分类图斑基本正确。

正常高水位 170 m 以下的土地利用统计情况详见表 4.3、表 4.4。

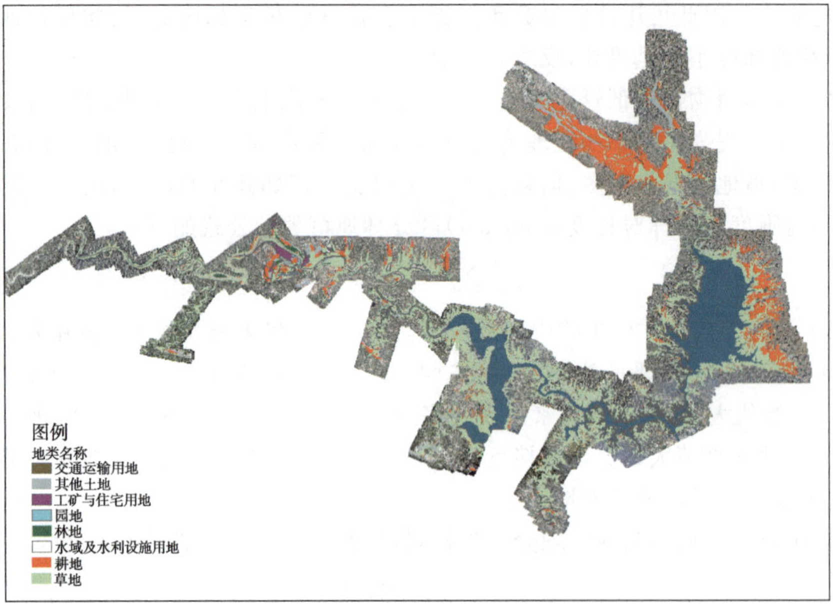

图 4.3　丹江口土地利用二级类分类结果总览图

表 4.3　170 m 以下消落带土地利用类型统计

类型	图斑数量/个	平面面积/km²	前六项地类占比/%
耕地	2 291	214.87	38.85
园地	191	4.64	0.84
林地	4 420	88.13	15.93
草地	1 411	233.16	42.16
工矿与住宅用地	300	11.13	2.01
交通运输用地	78	1.15	0.21
其他(主要是水域与荒地)	1 071	485.66	

表 4.4　各水位线消落带土地利用类型统计

水位/m	耕地/km²	园地/km²	林地/km²	草地/km²	工矿与住宅用地/km²	交通运输用地/km²	其他/km²
163.5～170	58.23	1.56	28.07	20.87	2.48	0.47	13.12
160～163.5	33.63	0.85	12.49	13.75	1.75	0.40	4.26
160～170	91.86	2.40	40.55	34.62	4.23	0.87	27.94
150～160	77.98	1.37	31.47	61.88	3.96	0.12	55.26

4.1.2　丹江口水温遥感动态监测结果

使用 2004 年至 2015 年间多幅 TM 与 ETM+遥感影像，采用第 2 章中使用的单窗法，提取丹江口水库水温动态监测结果。十余年间丹江口水库水温分布总体趋势有一定的分布规律，选择其中最典型的三组水温反演结果加以说明，如图 4.4 所示。

（a）2004-09-22 TM　（b）2011-07-08 TM　（c）2015-09-05 ETM+

图 4.4　丹江口水库水温遥感反演结果

（深浅代表水温高低状况）

水库水温总体分布趋势与水深有较大关联。一般趋势是，在一年之中绝大多数气候条件下，水深的地方水温低，水浅则水温高，即库岸周边高、中间低，北部有河流汇入的区域水温取决于河流水温。由于水体具有较高的比热容，在严寒气候条件下，水温分布与前面刚好相反。但是对于长江流域的气候条件而言，极端低温天气较少，且一年之中少量的严寒天气基本处于冬季枯水期，限汛弃水、拦洪错峰、供水高峰、水质污染等多目标博弈问题不典型。2015 年蓄水后，水库面积增大，水深也进一步加大，水库水体中低温区面积增大，在同等气候条件下，高水位运行降低了水库整体水温。反演结果验证了先验知识，即在 4 组特征水位（150 m、160 m、163.5 m、170 m）条件下，库区平均水温随水位增长调度而下降。

4.1.3　丹江口叶绿素浓度遥感动态监测结果

丹江口叶绿素浓度遥感动态监测使用 2010 年 3 幅 TM 遥感影像（时间分别为 7 月、8 月和 11 月），选择通过第 2 章中实地数据验证了有较高精度的植被指数反演水体叶绿素浓度，基于同样的计算方法和流程，得到 2010 年夏秋两季丹江口水库叶绿素 a 遥感反演结果，如图 4.5 所示。

影响水体富营养化的因素很多，机制也很复杂，包括气候温度、入库营养物质、水力学条件等多种因素。一般情况下，运行水位高时，淹没了大量消落带上的农田，给水体带来了氮、磷等农药化肥残留的营养物质，水体富营养化程度增高。如图 4.5(b)所示，8 月处于汛期，为防洪预留库容的调度指导原则使得水库处于防洪限制水位的低水位运行状况，淹没消落带少，水体富营养化程度较低。汛期过后开始蓄水，水位逐渐过渡至正常高水位，淹没范围广，水体富营养化程度有所提升，如

图 4.5(c)所示。同等水位条件下，降雨冲刷作用也能使得水体富营养化程度有所升高。有降雨的 7 月的反演结果，如图 4.5(a)所示，水体富营养化程度高于同等水位条件的 8 月的。同时水温作为重要的湖泊水库生态因子，能控制光合作用的酶促反应或呼吸作用，直接影响水生浮游植物的繁殖速度和生命活性，也能控制水体中的各类营养物的溶解度、离解度或分解率等理化过程，间接影响藻类的生长。通过采样对比 TM 遥感影像的温度反演结果和叶绿素 a 的反演结果，采样数据表明水温与水体叶绿素含量表现出显著的正相关关系，基本情况也是靠近库岸的区域叶绿素 a 浓度大、水温高。总体情况上看，反演结果表明丹江口水库富营养化程度很低，水质优。

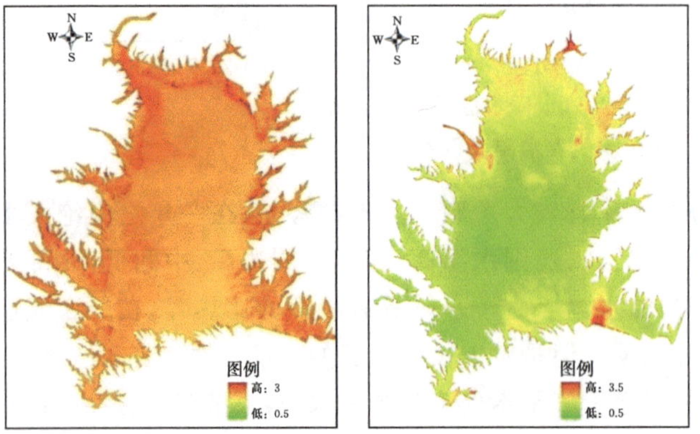

(a) 2010年7月反演结果　(b) 2010年8月反演结果　(c) 2010年11月反演结果

图 4.5　丹江口水库叶绿素 a 遥感反演结果

4.1.4　基于 GIS 的丹江口水库特征信息提取结果

丹江口水库是巨型湖泊型水库，符合静态淹没法适用范围。基于 GIS 二次开发程序，依据第 3 章中介绍的种子生长法，计算所有设计方案下特征水位对应的库容、面积，得到水位—面积—库容曲线数据如表 4.5 所示。

表 4.5　丹江口水库基于 1∶5 万 DEM 计算提取的水位—面积—库容曲线数据

高程/m	140	145	149	150	152.5	155	157	160	163.5	165	170	175
面积/km^2	423	500	566	590.7	643	701	741	820.5	896.7	930	1 025.7	1 162
容积/$10^8 m^3$	73.9	99	117.3	123.6	139.9	157.7	171.5	196.1	226.2	238.8	286.5	342.6

如前所述，最后大坝加高方案选择了正常蓄水位 170 m 的方案，对应的淹没范围如图 4.6 所示。

使用 GIS 叠加分析功能，将淹没范围和土地利用分类成果进行叠加，即可统计出淹没各项地类的面积，为淹没损失评估提供数据支持。

使用 GIS 二次开发程序的坡度坡向分析功能，得到丹江口库区坡度分布图以及消落带坡度分级统计(图 4.7、图 4.8)。

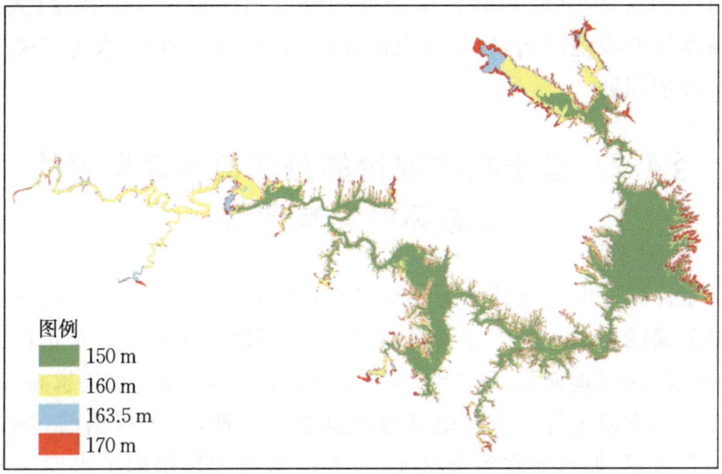

图 4.6　丹江口水库特征水位淹没范围图

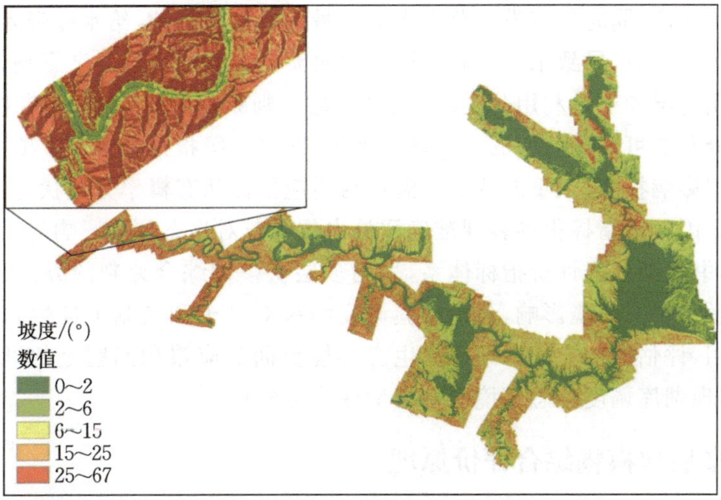

图 4.7　丹江口库区坡度分布图

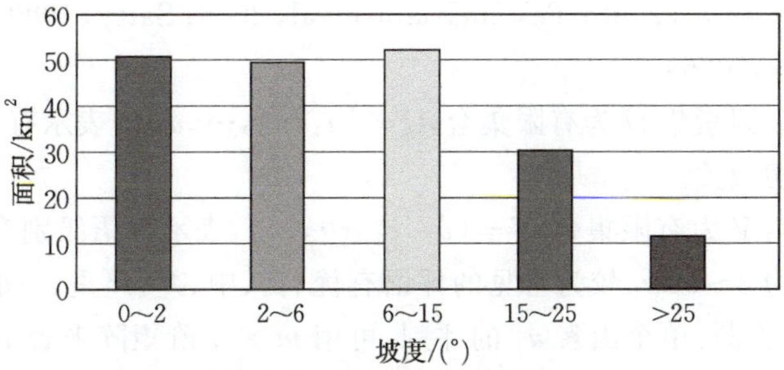

图 4.8　消落带坡度分级统计

根据统计数据，低水位淹没对应的湿周大，浅滩湿地（小坡度区域）面积大，利于水生动植物栖息，但同时加高蓄水造成的淹没损失也大。高坡度（大于 25°）主要集中在高水位淹没范围内，容易诱发潜在的山体滑坡、崩岸、水土流失、水库诱发地震等生态环境问题。

§4.2　基于模糊理论的丹江口水库调度的生态环境影响评价

丹江口水库调度时空敏感生态环境影响评估是一个复杂的模糊评价问题。与水位有敏感关联的生态环境指标很多，有的生态环境影响和水位是正相关的，水位越高，效益越高，如湿地面积、蓄水量等。有的则是负相关的，水位越高，风险越大，如防汛、崩岸、淹没损失等。有的则呈现出复杂矛盾性，需要根据前述采集的生态指标状况综合考虑，如水质水污染状况：一方面水位增长增加了水库库容，水环境容量得到相应的增长，水温也相应降低，抑制水生浮游植物的生长，有利于降低水体富营养化程度；同时因淹没消落带上的大量的耕地与园地，给水体带入大量农药化肥中的营养物质，导致水质下降。因此面对调度方案造成的复杂影响，要根据监测到的水质情况和土地利用分类统计数据，综合判断何者影响大，何者权重大，将水质指标分解成可监测获取的多项影响因子，即将一级指标分解成多项次级准则，并赋予不同影响权值，权重的选取应满足与适应指标状态概率分布状况，使之符合流域特点。因一级指标很难客观准确评价水位调节对生态环境影响的复杂作用机制，因此本书构架多级评价指标体系，采用多层次模糊综合评判的方法，评估湖库调度时空敏感生态环境影响，分析检验调度结果对减少和遏制不良生态环境影响的改善作用，评估调度方式对湖库在生态环境负面效应累积问题上的可控性和潜力，最终实现湖库调度生态环境影响定量评价与分析。

4.2.1　多层次模糊综合评价原理

依据模糊线性变换原理和最大隶属度准则，综合评判有三大必需要素（杨保安等，2008；Millet et al，2002；Tesfamariam et al，2006；Satty，1980；Zhang et al，2011；高庆华 等，2006）。

（1）因素集：因素集 U 为有限集合，$U=\{u_1,u_2,\cdots,u_m\}$，表示有 m 个指标因素与评判目标密切相关。

（2）评语集：V 为有限集合，$V=\{v_1,v_2,\cdots,v_n\}$，表示评语级别有 n 个，一般的评语级别设置为 3～5 个，较为常见的评语有优、良、中、差，严重、一般、轻度等。

（3）单因素判断：单个因素 u_i 的评判，可用 $m\times n$ 阶矩阵来表示，即

$$\boldsymbol{R}=\begin{bmatrix} r_{11} & \cdots & r_{1n} \\ \vdots & & \vdots \\ r_{m1} & \cdots & r_{mn} \end{bmatrix} \tag{4.3}$$

式中：r_{ij} 表示集合U中的第i个因素u_i的评价对评语v_j的隶属程度，r_{ij} 取值范围为[0,1]。

开展综合评判时，每一项重要性不尽相同，使用 $A=[a_1\ a_2\ \cdots\ a_m]$ 代表各因素权重。则一级综合模糊评判结果如下

$$\boldsymbol{B}=\boldsymbol{A}\cdot\boldsymbol{R}=[a_1\quad a_2\quad\cdots\quad a_m]\begin{bmatrix} r_{11} & r_{12} & \cdots & r_{1n} \\ r_{21} & r_{22} & \cdots & r_{2n} \\ \vdots & \vdots & & \vdots \\ r_{m1} & r_{m2} & \cdots & r_{mn} \end{bmatrix} \tag{4.4}$$

式中：$\boldsymbol{B}=[b_1\ b_2\ \cdots\ b_n]$，是考虑各因素的综合评判，根据最大隶属度原则，选取 $\boldsymbol{B}$ 中最大的 b_i 对应的评语等级作为综合评判结果。当出现多层次评价时，计算方式是从最基础的下级往上一级计算，利用下级的综合评价结果 $\boldsymbol{B}_i$ 组成新的单因素评判矩阵 $\boldsymbol{R}_i$，i 的数目取决于上级指标分解成下级指标的个数，即层次树中该节点的分支数，再使用本层的权重 $\boldsymbol{A}_i$，计算 $\boldsymbol{B}=\boldsymbol{A}_i\cdot\boldsymbol{R}_i$ 得到本级的多指标综合评价结果 $\boldsymbol{B}$，再和其他分支得到的 $\boldsymbol{B}$ 共同组合成更高一级的单因素评判矩阵 $\boldsymbol{R}$，以此类推，得到最终的综合评价结果（图 4.9）。

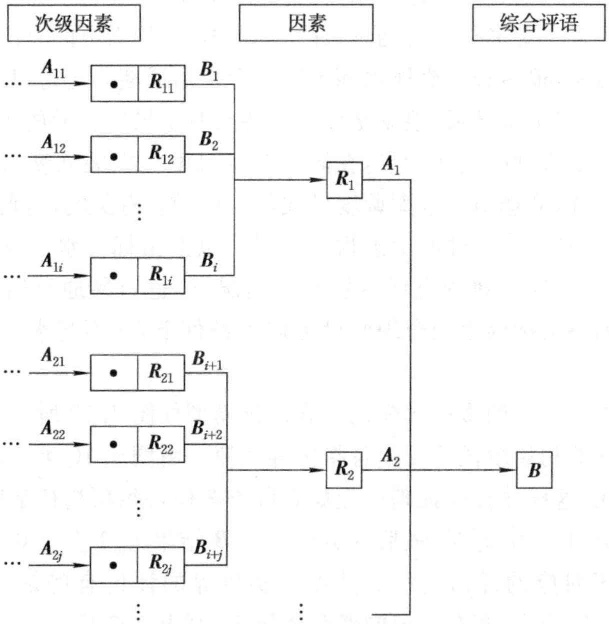

图 4.9　多层次模糊综合评价结构

4.2.2 丹江口水库调度生态环境影响多层次模糊综合评价模型与算法

根据敏感易得性，选取湖库对水位调节敏感，并能通过遥感和GIS手段获取的生态环境指标构建多层次模糊综合评价模型。当指标出现水位响应复杂性或冲突性时，则向下分解当前指标，直至得到与水位映射单调的指标层次为止。

主准则层影响因子有

$$U=\{U1(\text{生态效应 }E),U2(\text{工程效应 }P)\}$$

次准则层影响因子有

$$U1=\{\text{水质水污染 }Q,\text{地质灾害 }ED,\text{水生物栖息地状况 }C,\text{淹没损失 }L\}$$

$$U2=\{\text{供水灌溉 }W,\text{航运交通 }T,\text{防汛 }F,\text{发电 }EC,\text{采砂 }D\}$$

二级次准则层影响因子有

$$Q=\{\text{水温 }WT,\text{淹没农业用地面积 }LS,\text{水环境容量 }WC\}$$

$$ED=\{\text{坡度 }GD,\text{植被覆盖 }VC\}$$

$$C=\{\text{水温 }WT,\text{浅滩湿地面积 }GS\}$$

$$L=\{\text{人口与产业损失 }HR,\text{农业土地资源损失 }AR\}$$

综合生态环境评价的评语集为

$$V=\{\text{优 }V1,\text{良 }V2,\text{中 }V3,\text{差 }V4\}$$

需要注意的是该指标分解层次并不是生态环境评价的指标全集，生态环境问题机制复杂，指标体系众多，指标间相互交叉，效应累积，驱动因素复杂。然而全要素研究在当前还存在着多指标监测难、评价模型构建难、影响机制不明、影响时间尺度大等诸多瓶颈，很多影响终极水利工程整个生命周期才会得以显现，不进行合理简化，定量评价将举步维艰，很难全面兼顾各类时空尺度各异的生态环境影响指标。所以需要依据流域的实际特点，在同一时空尺度下以关联度大、可控性强、影响敏感为选择标准，遴选出与水库调度模式(水位控制)有关的、可调可控的生态环境影响因素，建立具有代表性的生态指标体系。以上指标与水位有着“立竿见影”的密切关联，在无前期实地调查详尽资料的情况下，也容易通过遥感和GIS技术提取。其他未列举指标因素则合理假设为同等条件下，并不与水位变动发生关联交叉影响。

基于以上指标构建的多层次模糊综合评价模型如图4.10所示。

在无视差异的初始阶段可设定各指标等权值。由图4.10可见，各层次权值要保持整体归一化，这样才能保证理论上如有种方案使得每项指标都取最优时，即每项指标输入均为[1　0　0　0]时，最后的综合评价 $\boldsymbol{B}$ 结果为[1　0　0　0]，以100%的最大隶属度收敛于对应的评语{优}。然而现实世界的评价有些是模糊的，特别是某种指标中间过渡阶段，其有一定的概率隶属于{优 $V1$，良 $V2$，中 $V3$，差 $V4$}各等级，需要明确各指标隶属度函数。同时影响权重也不尽相同，需要选取能反映湖库自然分布概率状态的权值。

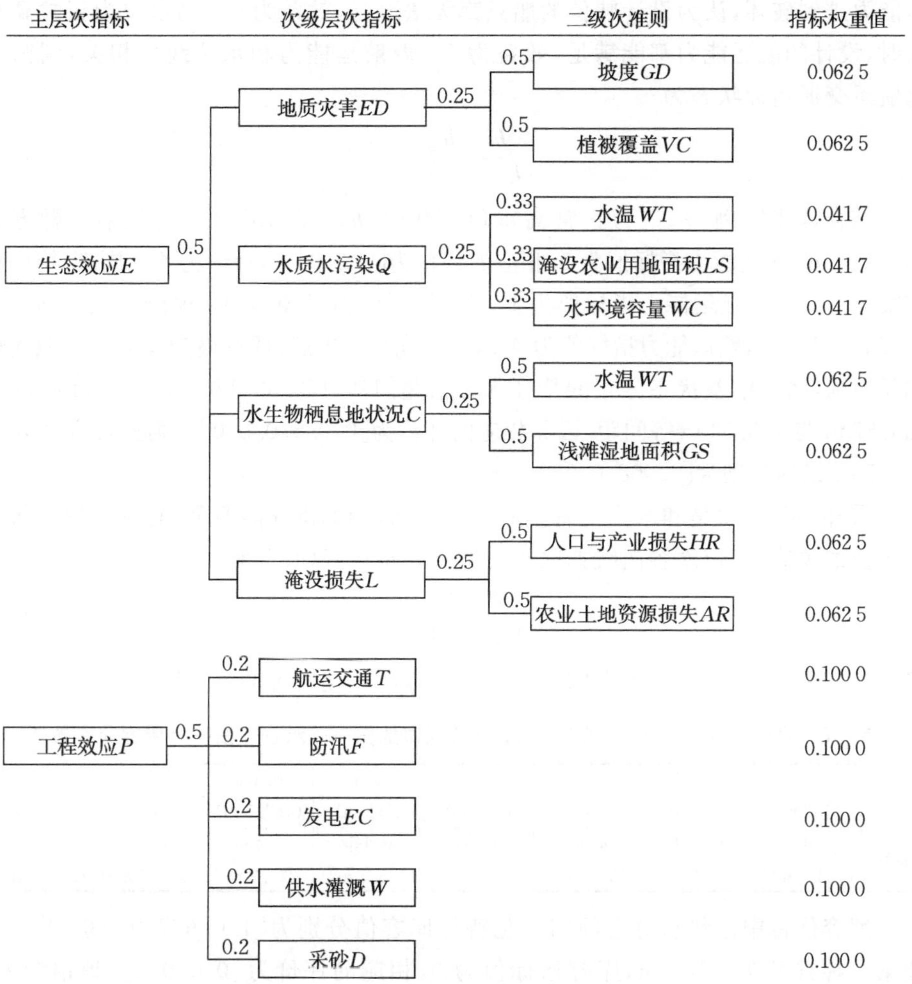

图 4.10　多层次模糊综合评价模型

1. 水位与指标准则间的映射

根据多层次模糊综合评价模型，当权值取定时，输入每项基层指标准则的评价，则可得到最终的综合评价。水库调度模式是以控制水位的形式实现，而生态环境影响是基于指标准则的，因此应建立不同水位与指标准则间的映射，获得不同水位方案对指标准则的定量影响程度。

1）归一化处理

各指标间需要相互交叉，效应累积地去综合评价调度方案的效益，然而各物理量单位和量级一般都不相同，需要进行归一化处理，着重关注指标所处状态的概率、比重、隶属等概念。

以航运交通 T 为例，该指标状态和水位有直接关联，当水位低于死水位时，航运能力遭到破坏，认为设计吨位的船只都无法通行，效益为 0。当水位为正常高水位时，设计的航运能力都能满足，效益为 1。取航运能力和水位线性相关，则归一化航运交通指标状态为

$$\frac{h - h_{min}}{h_{max} - h_{min}} \tag{4.5}$$

结合具体实例，h_{max} 为正常高水位 170 m，h_{min} 为 150 m。因此第一种方案 $h=150$ m，航运能力指标值为 0，相应的评价为[0 0 0 1]，评语为差。同理，第四种方案 $h=170$ m，航运能力指标值为 1，相应的评价为[1 0 0 0]，评语为优。第二种方案 $h=160$ m，航运能力指标值为 0.5，处于优与差中点，评价最为模糊。按照线性相关原则，优良中差状态分布的特征水位值是[170 163.33 156.67 150]，160 m 与 156.67 m 与 163.33 m 等间距，因此相应的评价为[0 0.5 0.5 0]。第三种方案 $h=163.5$ m，隶属度则为[0.008 0.992 0 0]。

另外一些关联是和水位呈特定曲线关系的，例如供述灌溉 W 的库容指标状态与水位的关联，水位库容曲线如表 4.6 所示。按照式(4.5)和

$$\frac{V - V_{min}}{V_{max} - V_{min}} \tag{4.6}$$

将水位与库容归一化，得到新的归一化水位与归一化库容曲线，见表 4.6。

表 4.6　丹江口水库基于 1∶5 万 DEM 计算提取的归一化水位—归一化库容曲线数值

高程	0 (150 m)	0.125 (152.5 m)	0.25 (155 m)	0.35 (157 m)	0.5 (160 m)	0.675 (163.5 m)	0.75 (165 m)	1 (170 m)
容积	0 (123.6 m^3)	0.100 (139.9 m^3)	0.209 (157.7 m^3)	0.294 (171.5 m^3)	0.445 (196.1 m^3)	0.630 (226.2 m^3)	0.707 (238.8 m^3)	1 (286.5 m^3)

库容优良中差状态对应的归一化特征库容值分别为[1 0.667 0.333 0]。因此第一种方案 $h=150$ m，库容指标值为 0，相应的评价为[0 0 0 1]，评语为差。同理，第四种方案 $h=170$ m，库容指标值为 1，相应的评价为[1 0 0 0]，评语为优。第二种方案 $h=160$ m，库容指标值为 0.445，介于 0.667～0.333，隶属度为[0 0.335 0.665 0]。第三种方案 $h=163.5$ m，库容指标值为 0.630，隶属度则为[0 0.89 0.11 0]。当用于评价的水位方案通过表 4.6 无法直接查到容积时，则依据表 4.6 线性插值得到或者通过拟合多项式求解得到。

还有些联系是基于公式表达的，发电效益 EC 中发电机组功率为

$$N = 9.81\eta QH \tag{4.7}$$

发电机组的功率 N 取决于机组效率 η 和流量 Q、水头 H，公式形式上和物理电学公式一致，流量对应电流，水位对应电压。一般情况下，在闸门开度一致的条件下，流量也是 H 的函数，有一个反映水轮机组特性的水头—流量曲线，水头越高，对应的

流量越大，机组功率越大。由功率公式可见，在高水头运行是机组的最优工况，死水位则意味出现发电破坏状况，机组应避免在此条件下运行。在有水轮机组特性（水头—流量曲线）的条件下，发电效益 EC 的状态评价方法和库容相同，计算各种特征水位下的功率值，通过归一化评价四组水位发电效益隶属度。在发电机组信息不足的情况下，可采用基于公式次数的等价简化方式。即水头—流量曲线可用二次多项式很好地拟合时，则功率 N 与 h^3 成正比，对应的发电效益 EC 状态评价可用式(4.8)简化，即

$$EC = a\left(\frac{h - h_{\min}}{h_{\max} - h_{\min}}\right)^3 \tag{4.8}$$

式中：h 是水头高程；a 是经验系数，取值范围为(0,1)。在模糊数学中类似的处理方式很多，把客观事物选择一个与其特性近似的分布函数来表达，称为 F 分布，相应的形式有矩形分布、梯形分布、抛物线分布、正态分布、柯西分布等。经验参数则需要实测数据确定。

还有一些联系是离散的，例如不同水位条件下淹没农业用地面积 LS，仅取决于消落带上实际农业生产状况，且处于不断变化之中，不可能建立一种固定的函数关系。该指标状态主要是依据实测值，例如某一水位的 LS 状态通过遥感数据统计淹没农业用地面积，然后以最高水位淹没最大面积为上限，最低水位淹没面积为下限，采用同样的归一化方式处理，计算该淹没状态到各评语的隶属度。

最后一些联系由于作用机理还不明朗，只能定性地判断水位涨落造成一定的影响。如水温 WT，高水位条件下水深加大，水体容积加大，整体水温会下降，下降程度和水深的直接关联还很难定量描述。评判则是通过专家判断，选择使用推理、统计、经验直觉判断等方式给出指标状态。

2) 指标准则计算

依据上述总结的各种指标评价类型，依次计算各指标准则的具体评价隶属度。先计算生态效应。

(1)生态效应 E。

——坡度 GD。

属于离散型，具体根据§4.1 中 1∶5 万 DEM 坡度统计结果，地质灾害重点关注 15°以上陡坡面积分布情况，绝对的陡坡面积没有意义，应关注每一段水位内陡坡占淹没面积比重的变化情况。统计 150 m、160 m、163.5 m、170 m 水位对应条件下的 15°以上陡坡面积比重，以陡坡面积比重最大为 1、最小的 0，得到对应四组评价。需要注意的是，优良中差评语对应的特征状态值分别为[0 0.333 0.667 1]，值越小的风险越低，生态效益越好。统一约定后面所有指标是以正效益的角度衡量，而不是以危险、危害、风险的负效应为评判。四组水位对应的评价为[1 0 0 0]，[0 0.255 0.745 0]，[0 0 0.821 0.179]，[0 0 0 1]。

——植被覆盖 VC。

属于离散型，统计四组水位各自以上 5 m 内的植被覆盖率，分别为[0.528 0.417 0.305 0.329]，150 至 155 m 间的植被覆盖率最高，163.5 至 168.5 m 最低。植被覆盖度归一化后为[1 0.502 0 0.107]，则四组评价为[1 0 0 0]，[0 0.506 0.494 0]，[0 0 0 1]，[0 0 0.321 0.679]。

——地质灾害 ED。

根据式(4.4)，水位 150 m 时潜在地质灾害风险评价计算为

$$\boldsymbol{ED}=\boldsymbol{A}\cdot\boldsymbol{R}=[0.5\quad 0.5]\begin{bmatrix}1 & 0 & 0 & 0\\ 1 & 0 & 0 & 0\end{bmatrix}=[1\quad 0\quad 0\quad 0]$$

同理计算得到水位 160 m 时，有

$$\boldsymbol{ED}=\boldsymbol{A}\cdot\boldsymbol{R}=[0.5\quad 0.5]\begin{bmatrix}0 & 0.255 & 0.745 & 0\\ 0 & 0.506 & 0.494 & 0\end{bmatrix}=[0\quad 0.381\quad 0.620\quad 0]$$

水位 163.5 m 时，有

$$\boldsymbol{ED}=\boldsymbol{A}\cdot\boldsymbol{R}=[0.5\quad 0.5]\begin{bmatrix}0 & 0 & 0.821 & 0.179\\ 0 & 0 & 0 & 1\end{bmatrix}=[0\quad 0\quad 0.411\quad 0.590]$$

水位 170 m 时，有

$$\boldsymbol{ED}=\boldsymbol{A}\cdot\boldsymbol{R}=[0.5\quad 0.5]\begin{bmatrix}0 & 0 & 0 & 1\\ 0 & 0 & 0.321 & 0.679\end{bmatrix}=[0\quad 0\quad 0.161\quad 0.840]$$

依据最大隶属度准则，四种水位条件下，当植被与地形坡度同等重要时，水位 150 m 时评价为优，水位 160 m 与 163.5 m 时为中的隶属度均比良大，故均为中等状态，水位 170 m 时为差，水位高时相应的植被覆盖和坡度地形状况均不理想。

——水温 WT。

如前所述，考虑一般气候条件下，水温低时不利于浮游生物生长，可有效抑制蓝藻，对水质条件改善有利。水位对水温具体影响不明朗，但是采用线性评价不合理，考虑到水是较好的热传递物质，各部分水温差异不大，同等热辐射条件下水量的多少一定程度决定了水体温度。因此水位对水温的影响近似借用水位对库容的影响。水位从低到高排列时，四种方案水温评价为[0 0 0 1]，[0 0.335 0.665 0]，[0 0.89 0.11 0]，[1 0 0 0]。

——淹没农业用地面积 LS。

属于离散型，主要统计四组水位对应淹没的耕地和园地面积。分别为[0 93.35 119.59 168.53]，单位为 km^2。不同耕作物的园地耕地所用的化肥农药等营养化物质不尽相同，如能获取更准确的土地三级分类信息，将有助于提高消落带上营养物质对水质污染影响的评价精度，这也是下一步的努力方向。在此仅以淹没的耕地和园地面积总和为评价依据，不做具体细分。同样归一化后得到评价分别为[1 0 0 0]，[0 0.338 0.662 0]，[0 0 0.870 0.130]，[0 0 0 1]。

——水环境容量 WC。

当使用湖库均匀混合模型时，水环境容量 M 为

$$M=(C_s-C_0)V \tag{4.9}$$

式中：C_s 为水质目标值；C_0 为现状污染物浓度，单位为 mg/L；V 是库容。由此可见，水体还能接受的污染物和水体容积是成正比的。即水环境容量 M 的状态评价和库容一致，即为[0 0 0 1]，[0 0.335 0.665 0]，[0 0.89 0.11 0]，[1 0 0 0]。

使用湖库均匀混合模型时，水环境容量 M 为

$$M=(C_s-C_0)\exp\left(\frac{K\phi h_L r^2}{2Q_P}\right)Q_P \tag{4.10}$$

排污废水流量 Q_P 一定时，扩散角 ϕ 与排污口地形有关，湖库排污取 2π，h_L 为计算区平均水深，r 为计算区边界到排污口距离。ϕ 和 r 为定值，而 h_L 又与水位有关，则非均匀混合模型水环境容量 M 与 $\exp(h)$ 成正比。

——水质水污染 Q。

根据式(4.4)，水位 150 m 时水质水污染评价计算如下

$$\boldsymbol{B}=\boldsymbol{A}\cdot\boldsymbol{R}=[0.33\quad 0.33\quad 0.33]\begin{bmatrix}0&0&0&1\\1&0&0&0\\0&0&0&1\end{bmatrix}=[0.333\quad 0\quad 0\quad 0.667]$$

水位 160 m 时，有

$$\boldsymbol{B}=\boldsymbol{A}\cdot\boldsymbol{R}=[0.33\quad 0.33\quad 0.33]\begin{bmatrix}0&0.335&0.665&0\\0&0.338&0.662&0\\0&0.335&0.665&0\end{bmatrix}=[0\quad 0.336\quad 0.664\quad 0]$$

水位 163.5 m 时，有

$$\boldsymbol{B}=\boldsymbol{A}\cdot\boldsymbol{R}=[0.33\quad 0.33\quad 0.33]\begin{bmatrix}0&0.890&0.110&0\\0&0&0.870&0.130\\0&0.890&0.110&0\end{bmatrix}$$

$$=[0\quad 0.593\quad 0.363\quad 0.044]$$

水位 170 m 时，有

$$\boldsymbol{B}=\boldsymbol{A}\cdot\boldsymbol{R}=[0.33\quad 0.33\quad 0.33]\begin{bmatrix}1&0&0&0\\0&0&0&1\\1&0&0&0\end{bmatrix}=[0.667\quad 0\quad 0\quad 0.333]$$

四种水位条件下，考虑水温、淹没农田、环境容量影响同等重要的条件下，高水位 170 m 时水质条件最好，水位 150 m 时为差，水位 160 m 时为中，水位 163.5 m 时为良。分析原因是，水位上涨时，取等值影响时水质有利因素是两个，包括环境容量和水温，不利因素是淹没农田。从实际遥感监测结果看，发现丹江口水库水质整体优质，蓝藻暴发、水体富营养化问题并不突出，水温和水环境容量对改善水质

效果不像巢湖那样蓝藻严重的水域那么明显。相反，消落带上农用地带来的营养物质是水质波动的主要根源，水质遥感监测为后续调整权值提供了重要依据。

——水生生物栖息地状况 C。

影响水生生物栖息地状况的因素很多，此处只选择了与水位密切相关的水温 WT 与浅滩湿地面积 GS。最早关注水利工程与水生物影响的美国，监测到高坝深库的开发模式显著地降低了水库河流的平均水温，造成多种鱼类灭绝，低水温降低了生物活性。有专家建议在鱼群产卵季节要打破只注重工程效益的蓄水模式，要进行反调节，实现生态调度，加大下泄流量，提升河流流速与水温，增加四大家鱼产量。因此此处水温对生物状况的影响和前面水温对水质的影响成反比，即

$$\frac{1/V - 1/V_{\max}}{1/V_{\min} - 1/V_{\max}} \tag{4.11}$$

减少蓄水，加大下泄的为优，水位从低到高排列时，四种方案水温状态值为[1 0.350 0.202 0]，则相应的水温评价为[1 0 0 0]，[0 0.05 0.95 0]，[0 0 0.606 0.394]，[0 0 0 1]。

浅滩湿地面积 GS 关注的是坡度小于 15°的缓坡面积比重，与大于 15°陡坡的比重关系为 $GS=1-GD$。这类缓坡随水位的增长，湿周变化明显，增加了更多的适宜水生物栖息的浅滩面积。优良中差评语对应的特征状态值分别为[1 0.667 0.333 0]，与坡度效应评语关系也是 $V_{GS}=1-V_{GD}$，四种方案湿地评价为[1 0 0 0]，[0 0.255 0.745 0]，[0 0 0.821 0.179]，[0 0 0 1]。

根据式(4.4)，水位 150 m 时水生生物状况评价计算如下。

$$\boldsymbol{B}=\boldsymbol{A}\cdot\boldsymbol{R}=[0.5\quad 0.5]\begin{bmatrix}1 & 0 & 0 & 0\\ 1 & 0 & 0 & 0\end{bmatrix}=[1\quad 0\quad 0\quad 0]$$

水位 160 m 时，有

$$\boldsymbol{B}=\boldsymbol{A}\cdot\boldsymbol{R}=[0.5\quad 0.5]\begin{bmatrix}0 & 0.050 & 0.950 & 0\\ 0 & 0.255 & 0.745 & 0\end{bmatrix}=[0\quad 0.152\quad 0.848\quad 0]$$

水位 163.5 m 时，有

$$\boldsymbol{B}=\boldsymbol{A}\cdot\boldsymbol{R}=[0.5\quad 0.5]\begin{bmatrix}0 & 0 & 0.606 & 0.394\\ 0 & 0 & 0.821 & 0.179\end{bmatrix}=[0\quad 0\quad 0.713\quad 0.287]$$

水位 170 m 时，有

$$\boldsymbol{B}=\boldsymbol{A}\cdot\boldsymbol{R}=[0.5\quad 0.5]\begin{bmatrix}0 & 0 & 0 & 1\\ 0 & 0 & 0 & 1\end{bmatrix}=[0\quad 0\quad 0\quad 1]$$

四种水位条件下，考虑水温、浅滩湿地影响同等重要，150 m 时为优，160 m 时为良，163.5 m 时为中，170 m 时沿岸陡边坡多，水深大，水温低，不利于水生生物生长。

——淹没损失 L。

根据土地利用分类数据细分到二级用地的基本信息状况，淹没损失 L 评估主要分为人口与产业损失 HR、农业土地资源损失 AR 两指标。其中，人口与产业损失主要指居民与工矿用地面积损失，农业土地资源主要包括耕地、园地、草地、林地。这五项用地经济价值不同，不同水位淹没损失率也不同。参考有关文献（江迎，2012；李文波，2008），常见的地类不同水深条件的淹没损失率见表 4.7。

表 4.7　常见地类不同水深的损失率　单位：%

水深/m	0～0.5	0.5～1	1～1.5	1.5～2	2～3	>3
居民地	31	45	67	75	80	80
耕地	80	90	100	100	100	100
水作物	0	0	5	10	15	20
草地	0	5	15	20	30	50
旱地作物	70	80	85	90	100	100
园地	80	90	95	100	100	100
林地	0	0	5	5	10	20

再根据丹江口流域湖北、河南有关地区的经济年鉴，统计各类经济与产业总值以及对应的产业规模，按照比例转换成无量纲的百分数，模拟该地区相同面积条件下各类用地的经济价值。模拟价值如表 4.8 所示。

表 4.8　丹江口流域常见地类模拟价值

经济财产指标	价值/(万元/km^2)
居民地	100
耕地	50
草地	20
园地	80
林地	60

以水位 170 m 为例，利用 GIS 的空间分析功能得到不同淹没水深条件下的各地类面积值如表 4.9 所示。

表 4.9　水位 170 m 时不同淹没水深下的各地类面积　单位：km^2

水深/m	0～0.5	0.5～1	1～1.5	1.5～2	2～3	>3
居民地	0.15	0.11	0.41	0.25	0.67	6.60
耕地	5.68	5.34	7.52	6.33	23.17	121.8
草地	3.19	1.52	2.66	3.73	9.10	76.3
园地	0.28	0.08	0.10	0.07	0.05	3.19
林地	1.03	1.72	1.64	3.31	3.20	61.12

按照对应的损失率与价值，得到水位 170 m 时淹没损失，如表 4.10 所示。

表 4.10　水位 170 m 时淹没损失模拟价值　　单位：万元/km^2

淹没地类	淹没损失
居民地	100×6.37=63.7
耕地	50×168.17=8 408.5
草地	20×42.1=842
园地	80×3.7=296
林地	60×12.79=767.4

第一项居民地损失为人口与产业损失 *HR* 状态，二至五项之和为农业土地资源损失 *AR* 状态。同理可分别计算各水位下的淹没损失。得到四组水位下人口与产业损失 *HR* 评价为[1 0 0 0]，[0 0.436 0.564 0]，[0 0.213 0.787 0]，[0 0 0 1]。

四组水位下农业土地资源损失 *AR* 评价为[1 0 0 0]，[0 0.607 0.393 0]，[0 0.321 0.679 0]，[0 0 0 1]。

根据式(4.4)，淹没损失 *L* 四种方案综合评价为[1 0 0 0]，[0 0.522 0.478 0]，[0 0.267 0.733 0]，[0 0 0 1]。

淹没损失随水位增加，评价依次为优、良、中、差。

——生态环境效应 *E* 评价结果。

生态环境效应所有状态评价已确定，并组合成新的评判矩阵 **R**。四种方案生态效益综合评价为：

水位 150 m 时，有

$$\boldsymbol{B}=\boldsymbol{A}\cdot\boldsymbol{R}=[0.25\quad 0.25\quad 0.25\quad 0.25]\begin{bmatrix}1 & 0 & 0 & 0\\0.333 & 0 & 0 & 0.667\\1 & 0 & 0 & 0\\1 & 0 & 0 & 0\end{bmatrix}$$

$$=[0.833\quad 0\quad 0\quad 0.167]$$

水位 160 m 时，有

$$\boldsymbol{B}=\boldsymbol{A}\cdot\boldsymbol{R}=[0.25\quad 0.25\quad 0.25\quad 0.25]\begin{bmatrix}0 & 0.381 & 0.619 & 0\\0 & 0.336 & 0.664 & 0\\0 & 0.152 & 0.848 & 0\\0 & 0.522 & 0.478 & 0\end{bmatrix}$$

$$=[0\quad 0.348\quad 0.652\quad 0]$$

水位 163.5 m 时，有

$$\boldsymbol{B}=\boldsymbol{A}\cdot\boldsymbol{R}=[0.25\quad 0.25\quad 0.25\quad 0.25]\begin{bmatrix}0 & 0.410 & 0.590 & 0\\0 & 0.593 & 0.363 & 0.044\\0 & 0 & 0.713 & 0.287\\0 & 0.267 & 0.733 & 0\end{bmatrix}$$

$$=[0\quad 0.318\quad 0.600\quad 0.083]$$

水位 170 m 时，有

$$B = A \cdot R = [0.25\ \ 0.25\ \ 0.25\ \ 0.25] \begin{bmatrix} 0 & 0 & 0.161 & 0.839 \\ 0.667 & 0 & 0 & 0.333 \\ 0 & 0 & 0 & 1 \\ 0 & 0 & 0 & 1 \end{bmatrix}$$

$$= [0.167\ \ 0\ \ 0.040\ \ 0.793]$$

由此可见，170 m 高水位条件下生态效应 E 有小概率隶属于优，原因是第二项水质状态在高坝深库条件下，水环境容量大、水温低，有助于抑制水中藻类滋生。但是正如前文所述，通过遥感监测结果发现，水位淹没消落带农田对水质的影响更大，权重应合理调整，可以预见调整权值后，水环境容量与水温的影响降低，170 m 方案隶属于优的概率更小。可见在高水头方案，在综合考虑淹没损失、生物栖息、消落带污染、地质灾害风险等生态因素时，是一项会给生态环境带来负面效应的调节，需要有关管理部门做好蓄水后相应的移民安置、消落带农业种植管理、边坡治理等处置措施。

水位 163.5 m 与 160 m 时综合评价是中，水位 163.5 m 有一定概率隶属于差，主要是地形条件决定的，水位 163.5 m 时陡坡地形比例增幅很快，170 m 高程以下可用于耕作和水生植物栖息的缓坡地形大部分都集中在低水位附近，因此水位 163.5 m 时淹没的农业用地多，可供栖息的浅滩湿地少，地质灾害风险也比较严重。

水位 150 m 时评价为优，小概率隶属于差是由水环境容量小和较高的水库水温利于藻类等浮游生物生长引起的。

(2)工程效应 P。

——航运交通 T。

如前所述，与水位线性相关，四种方案状态评价是[0 0 0 1]，[0 0.5 0.5 0]，[0.008 0.992 0 0]，[1 0 0 0]。

——防汛 F。

与库容状态 V 相关，类似于灌溉 W，只是效益状态值 $F=1-V$，即还剩下多少比重的库容用于防汛。则四种防汛库容状态是[1 0.55 0.37 0]，四种方案状态评价是[1 0 0 0]，[0 0.65 0.35 0]，[0 0.11 0.89 0]，[0 0 0 1]。

——发电效益 EC。

如前所述，没有相关的水轮机组发电特性曲线信息时，可用 h^3 近似代替发电状态值，得到四种方案状态评价是[0 0 0 1]，[0 0 0.375 0.625]，[0 0 0.924 0.076]，[1 0 0 0]。

——供水灌溉 W。

和库容状态一致，前述已经给出，四种方案状态评价是[0 0 0 1]，[0 0.335 0.665 0]，[0 0.89 0.11 0]，[1 0 0 0]。

——采砂 D。

需要强调的是，湖库的砂石资源正常的开采流程是按照审批文件，在规定的地段按时按量开采，不会给生态环境带来破坏。然而过度开采，会造成水下栖息地被破坏、危害堤防安全等一系列严重的生态环境损害。因此，在湖库效益评价中，前者是湖库提供的正常工程效益，而后者则是生态环境风险，应根据湖库的实际情况予以区分。从丹江口水库管理部门也了解到，丹江口水库采砂问题不典型，与洞庭湖、鄱阳湖等砂石高产湖泊不同，丹江口水库的采砂问题属于管理中次要方向。因此，丹江口水库的采砂属于水库工程效益，不会造成生态环境破坏，但应给予较小的效益权重。在一般条件下，蓄水时水库在高水位下运行，流速减缓，利于泥沙沉积，且利于大型采砂船只通航。根据水库实际情况，在无须调查与评估采砂高发区域和破坏程度的条件下，近似地认为采砂效益与水位线性成正比，四种方案状态评价是[0 0 0 1]，[0 0.5 0.5 0]，[0.008 0.992 0 0]，[1 0 0 0]。

——工程效应 P。

综上，工程效益 P 四种方案为：

水位 150 m 时，有

$$\boldsymbol{B}=\boldsymbol{A}\cdot\boldsymbol{R}=[0.2\quad 0.2\quad 0.2\quad 0.2\quad 0.2]\begin{bmatrix}0 & 0 & 0 & 1\\ 1 & 0 & 0 & 0\\ 0 & 0 & 0 & 1\\ 0 & 0 & 0 & 1\\ 0 & 0 & 0 & 1\end{bmatrix}=[0.2\quad 0\quad 0\quad 0.8]$$

水位 160 m 时，有

$$\boldsymbol{B}=\boldsymbol{A}\cdot\boldsymbol{R}=[0.2\quad 0.2\quad 0.2\quad 0.2\quad 0.2]\begin{bmatrix}0 & 0.5 & 0.5 & 0\\ 0 & 0.65 & 0.35 & 0\\ 0 & 0 & 0.375 & 0.625\\ 0 & 0.335 & 0.665 & 0\\ 0 & 0.5 & 0.5 & 0\end{bmatrix}$$

$$=[0\quad 0.397\quad 0.478\quad 0.125]$$

水位 163.5 m 时，有

$$\boldsymbol{B}=\boldsymbol{A}\cdot\boldsymbol{R}=[0.2\quad 0.2\quad 0.2\quad 0.2\quad 0.2]\begin{bmatrix}0.008 & 0.992 & 0 & 0\\ 0 & 0.110 & 0.890 & 0\\ 0 & 0 & 0.924 & 0.076\\ 0 & 0.890 & 0.110 & 0\\ 0.008 & 0.992 & 0 & 0\end{bmatrix}$$

$$=[0.003\quad 0.597\quad 0.385\quad 0.015]$$

水位 170 m 时，有

$$\boldsymbol{B}=\boldsymbol{A}\cdot\boldsymbol{R}=\begin{bmatrix}0.2 & 0.2 & 0.2 & 0.2 & 0.2\end{bmatrix}\begin{bmatrix}1 & 0 & 0 & 0\\0 & 0 & 0 & 1\\1 & 0 & 0 & 0\\1 & 0 & 0 & 0\\1 & 0 & 0 & 0\end{bmatrix}=\begin{bmatrix}0.8 & 0 & 0 & 0.2\end{bmatrix}$$

由此可见，高水位 170 m 调度时，只有防洪是不利因素，其他都有着良好的工程效益。当汛期防洪要求是优先考虑目标时，防洪的权重增加，将有可能改变其评语。就工程效益总体而言，高水位效益评价只会在优和差两个极端中出现，具体取决于防洪的优先级别。与之相反，在死水位 150 m 调度时，工程效益最差，只有小概率隶属于优，这是出于防洪的考虑，其他工程效益均很差。

水位 163.5 m 时评价为良，水位 160 m 时为中，其中一个很大原因是尽管水位只增长了 3.5 m，但发电效益相差很大，水轮机组发电效益是随水位增长呈几何级数增长的，从发电部门角度出发，提高发电效益权重，将会使处于高水头运行的优化方案隶属于优的概率得到显著提高。同时库容增大也相应地改善了航运、灌溉等状态，只有防洪一项效益在递减。

综上所述，只考虑水位调度时空敏感的生态环境影响时，生态效益和工程效益的很多指标是相悖而行的目标，如何利用有效的调解方案在两者之间取得平衡以获得最大的综合效益是需要考虑的问题。有效的评价体系应该不仅能够获取准确的监测指标状况，还能精准地描述驱动因素改变时湖库的实际状态分布以及有关的改变与关联，从而为多目标优化决策提供最优解。然而具体效益分析很大一部分程度上取决于精准的权重体系构建，因此除了构建典型的多层次综合准则体系以及指标状态评判算法外，权重的选取也是一个核心问题。

2. 权重的选取

权重是衡量一项指标在整体评价体系中重要性的度量，其取值不同将直接导致不同的评价结果。常见的权值取定方法有专家评分法、德尔菲(Delphi)法、变异系数法、层次分析法等。专家评分法是应用得最广的一种，依据专家对区域目标的熟悉程度、作用机理的理解、影响程度的预见、优先程度的判断等专家知识，给出符合流域实际综合状态的权值。可见这种方式主观性强，会随专家的知识体系和对问题的偏好程度有一定的不同。同时，不同专家打分有时即使认知、共识一致，所打分数能够体现指标间的轻重缓急，但也会因打分的具体分配方式、重要性比例不同造成最后的结果有所不同。现实世界直接打分量化是困难的，然而对各事务进行两两比较，判断何者重要，重要程度是多少往往要容易得多。因此，运筹学家 Satty 提出层次分析法(analytic hierarchy process，AHP)，以主观与客观互补、定性与定量结合的方式定量计算各指标权重。该方法先根据专家经验给出指标间两两对比的重要程度，然后使用线性代数定量求解各指标权重。主观部分是两两重要性对比，这个在现实世界中一般比较好把握，且歧义不大。后续则是客观的数学计算，此种方式最大限度地避免了个体差异对权重的影响，有较好的准确性。

运用 AHP 计算权重主要有判断矩阵构造、一致性检验和权重计算三个步骤（徐泽水，1997；樊胜军，2003；Gaudenzi et al，2006；王洪利 等，2005；侯岳衡 等，1995）。

1）判断矩阵

在确定好因素和层次后，需要对同层次的因素进行两两比较，构建两两比较判断矩阵。判断矩阵对同层次指标进行两两比较，设上一层次指标为 B_k，本层指标为 $C_1, C_2, \cdots, C_n$。则，对同层次的因素进行两两比较可以构造 ***B-C*** 判断矩阵（表 4.11），记为 $C=(C_{ij})_{n\times n}$。

表 4.11　判断矩阵

B_k	C_1	C_2	…	C_n
C_1	1	C_{12}	…	C_{1n}
C_2	C_{21}	1	…	C_{2n}
⋮	⋮	⋮		⋮
C_n	C_{n1}	C_{n2}	…	1

矩阵 ***B-C*** 的特点是：对角线元素为 1，即自身与自身比较取同等重要为 1；对称位置的判断则有 $C_{ij}=1/C_{ji}$，即某一项指标比另一项重要 C 倍时，反过来另一项重要性则是当前项的 $1/C$。

判断矩阵中元素 C_{ij} 的具体取值则有一套统一约定的 Satty 标度，是用 1 至 9 九个自然数来表示指标因子间的相对重要性，如表 4.12 所示。

表 4.12　Satty 标度

定义		标度值
B_i 比 B_j 重要	绝对	9
	强烈	7
	明显	5
	稍微	3
同样重要		1
B_i 不如 B_j 重要	稍微	1/3
	明显	1/5
	强烈	1/7
	绝对	1/9

1、3、5、7、9 称为标准标度，通过相应的重要程度选取，在指标较多、情况比较特殊时，可能标准标度表述不够细致，则用 2、4、6、8 补充描述两标度之间的中间状

态。一般情况下，专家有共同认知和有相同理论体系的背景下，基本能获得相同的判断矩阵，分歧较少，从而避免直接打分造成的主观差异。

2）一致性检验

判断矩阵完成后，要进行一致性检验。判断矩阵是两两比较的结果，其中隐含着一定的逻辑推理一致性。如 $A>B$，$B>C$，则此时推理关系是 $A>C$。然而当指标体系复杂且部分指标模糊难以界定时，往往会出现专家给出 $A<C$ 的矛盾情况，这样的打分显然不符合逻辑推理一致性。因此需要对判断矩阵进行一致性检验，评价所构筑的判断矩阵的合理性。判断一致性的方法如下。

(1)一致性指标（CI）的计算为

$$CI=\frac{\lambda_{\max}-n}{n-1} \tag{4.12}$$

式中：$\lambda_{\max}$ 是判断矩阵的最大特征值；n 是本层次指标数目，即判断矩阵阶数。

(2)实际工程问题中，在阶数多、问题复杂、重要性接近的时候，很难保持绝对的一致性，需要引入平均随机一致性指标（RI），来获得一个相对可接受的一致性。平均随机一致性指标(RI）随阶数 N 的递增而增加。如表 4.13 所示。

表 4.13　平均随机一致性指标 RI

N	1	2	3	4	5	6	7	8	9
RI	0	0	0.58	0.90	1.12	1.24	1.32	1.41	1.45

(3)一致性比例（CR）的计算公式为

$$CR=\frac{CI}{RI} \tag{4.13}$$

当 $CR<0.10$ 时，构筑的判断矩阵的一致性是合理的，则该矩阵可用于后续权值计算。

3）权值求解

设权重向量为：$\boldsymbol{W}=[\omega_1\quad\omega_2\quad\cdots\quad\omega_n]^{\mathrm{T}}$，则可以构筑一个 $n\times n$ 阶矩阵 $\boldsymbol{A}$，即

$$\boldsymbol{A}=\begin{bmatrix}\omega_1/\omega_1 & \omega_1/\omega_2 & \cdots & \omega_1/\omega_n\\ \vdots & & & \vdots\\ \omega_n/\omega_1 & \omega_n/\omega_2 & \cdots & \omega_n/\omega_n\end{bmatrix} \tag{4.14}$$

使得

$$\boldsymbol{AW}=\begin{bmatrix}\omega_1/\omega_1 & \omega_1/\omega_2 & \cdots & \omega_1/\omega_n\\ \vdots & & & \vdots\\ \omega_n/\omega_1 & \omega_n/\omega_2 & \cdots & \omega_n/\omega_n\end{bmatrix}\begin{bmatrix}\omega_1\\ \omega_2\\ \vdots\\ \omega_n\end{bmatrix}=n\begin{bmatrix}\omega_1\\ \omega_2\\ \vdots\\ \omega_n\end{bmatrix}=n\boldsymbol{W} \tag{4.15}$$

由矩阵论可知，$\boldsymbol{AW}=n\boldsymbol{W}$ 时，$\boldsymbol{W}$ 为矩阵 $\boldsymbol{A}$ 的特征向量，n 为矩阵 $\boldsymbol{A}$ 的特征值。

求解 **A** 矩阵的特征值以及对应的特征向量，即可得到权重 **A**。由此可见，如果主观得到判断矩阵能够真实地贴近客观的权重比，那么判断矩阵就是 **A** 矩阵，求解判断矩阵的特征向量即为求解权重。

因为判断矩阵的赋分原则，此时求解的权重向量数量级落在区间[1,9]上，因此最后还有一个归一化的处理过程，即最后的权值 $\boldsymbol{a}=[a_1 \quad a_2 \quad \cdots \quad a_n]^{\mathrm{T}}$ 为

$$a_i=\omega_i/\sum_{j=1}^{n}\omega_j \quad (i=1,2,\cdots,n,\ j=1,2,\cdots,n) \tag{4.16}$$

4）实例计算

（1）生态效应 E 的判断矩阵。

根据丹江口库区规划，国家南水北调战略对水质要求最高，其次是高水位下的地质灾害治理，再次是水生物栖息地状况。由于蓄水前，相应的损失评估、移民安置、淹没补偿工作已经展开，该项指标对国家的宏观战略决策影响较小，排在最后，以此原则得到的判断矩阵如表 4.14 所示。

表 4.14　次级层次指标的判断矩阵

指标因子	地质灾害 *ED*	水质水污染 *Q*	水生物栖息地状况 *C*	淹没损失 *L*
地质灾害 *ED*	1	1/5	3	5
水质水污染 *Q*	5	1	7	9
水生物栖息地状况 *C*	1/3	1/7	1	3
淹没损失 *L*	1/5	1/9	1/3	1
权重	0.203	0.657	0.094	0.046

该矩阵最大特征根 $\lambda_{\max}=4.1707$，一致性检验：$CI=\dfrac{\lambda_{\max}-n}{n-1}=0.0569$，$RI=0.9$，$CR=\dfrac{CI}{RI}=0.0632$，$CR<0.1$。判断矩阵满足要求。$\lambda_{\max}$ 对应的特征向量经归一化处理后，各因子权重为 $w=[0.203 \quad 0.657 \quad 0.094 \quad 0.046]$。同理可计算以下各二级次准则指标权值。

二级次准则指标地质灾害 ED 的判断矩阵见表 4.15。

表 4.15　二次级层次指标 *ED* 判断矩阵

指标因子	坡度 *GD*	植被覆盖 *VC*
坡度 *GD*	1	3
植被覆盖 *VC*	1/3	1
权重	0.75	0.25

一致性检验得：$\lambda_{\max}=2$，$CI=0$，$CR=0$，判断矩阵具有满意一致性。

二级次准则指标水质 Q 的判断矩阵见表 4.16。

表 4.16　二次级层次指标 Q 的判断矩阵

指标因子	水温 WT	淹没农业用地面积 LS	水环境容量 WC
水温 WT	1	1/7	1/3
淹没农业用地面积 LS	7	1	5
水环境容量 WC	3	1/5	1
权重	0.081	0.731	0.189

由前述遥感监测结果可以看到，丹江口总体水质好，对水质影响最大的指标是消落带上淹没的农业用地面积。

一致性检验得：$\lambda_{max}=3.065, CI=0.0324, CR=0.0559$，判断矩阵具有满意一致性。

二级次准则指标水生物栖息地状态 C 的判断矩阵见表 4.17。

表 4.17　二次级层次指标 C 的判断矩阵

指标因子	水温 WT	浅滩湿地 GS
水温 WT	1	5
浅滩湿地 GS	1/5	1
权重	0.833	0.167

一致性检验得：$\lambda_{max}=2, CI=0, CR=0$，判断矩阵具有满意一致性。

二级次准则指标淹没损失 L 的判断矩阵见表 4.18。

表 4.18　二次级层次指标 L 的判断矩阵

指标因子	人口与产业损失 HR	农业土地资源损失 AR
人口与产业损失 HR	1	5
农业土地资源损失 AR	1/5	1
权重	0.833	0.167

一致性检验得：$\lambda_{max}=2, CI=0, CR=0$，判断矩阵具有满意一致性。

(2)工程效应 P 的判断矩阵。

按照丹江口水库工程规划，枯水季节保障供水第一，发电效益其次，兼顾防洪、航运，采砂问题不典型。但在汛期，为保障大坝工程安全，需要腾出足够的库容以备迎接洪峰，防汛拥有最高的优先级。以汛期调度为例，给出两两对比结果(表 4.19)。

表 4.19　工程效应 P 的判断矩阵

指标因子	航运交通 T	防汛 F	发电 EC	供水 W	采砂 D
航运交通 T	1	1/7	1/5	1/5	3
防汛 F	7	1	5	3	9
发电 EC	5	1/5	1	1/3	5
供水 W	5	1/3	3	1	7
采砂 D	1/3	1/9	1/5	1/7	1
权重	0.06	0.51	0.15	0.26	0.03

该矩阵最大特征根 $\lambda_{max}=5.3537$，一致性检验得：$CI=\frac{\lambda_{max}-n}{n-1}=0.0884$，$CR=\frac{CI}{RI}=0.079$，$CR<0.1$，判断矩阵满足要求。$\lambda_{max}$ 对应的特征向量经过归一化处理后，得到各因子的权值，$w=[0.06\quad 0.51\quad 0.15\quad 0.26\quad 0.03]$。

由此，所有次级层次指标权重和二级次准则权重均已计算给出。该权重体系是基于湖库规划与管理实际给出的，比等重要性的初始评价又进了一步，如图 4.11 所示。

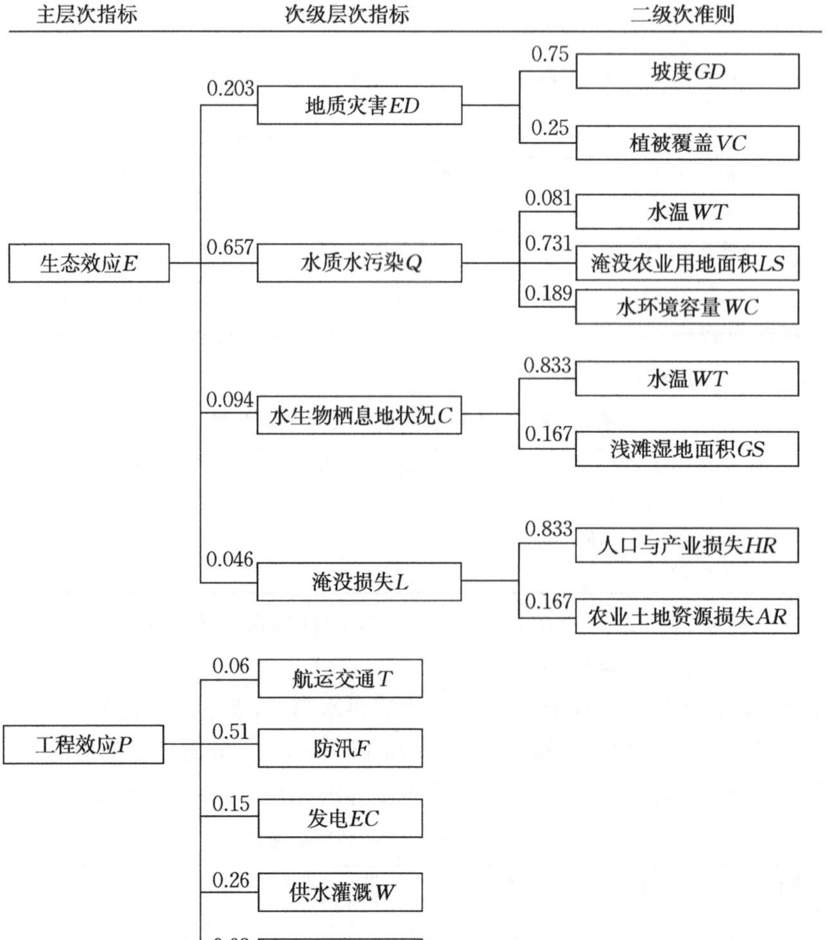

图 4.11　多层次模糊综合评价指标权重

可见，湖库调度多层次模糊综合评价的关键在于两点。一是不同调度方案条件下，各指标对应的真实自然状态的准确采集和提取；二是能够准确表达湖库当前管理目标主次的权重体系。

4.2.3 湖库调度方案综合效益评价

由于所有的次级准则权重和二级次准则权重均已给出，四种水位方案下各基层指标的状态也已知，则生态效应 E 和工程效应 P 通过前面等权重相同的计算方法可以求出，并对比两种权重体系最终的生态综合效益和工程效益，如表 4.20 所示。

表 4.20　两种权重体系下生态效应

水位	AHP 权重	等值权重
150 m	[0.823　0　0　0.177]	[0.833　0　0　0.167]
160 m	[0　0.315　0.685　0]	[0　0.348　0.652　0]
163.5 m	[0　0.168　0.658　0.174]	[0　0.317　0.599　0.084]
170 m	[0.177　0　0.016　0.807]	[0.167　0　0.040　0.793]

从结果可以看出，四种方案生态效应评价隶属度改变很小，最终评价等级也没变，说明现有生态指标构筑的综合效益对各分项权重不敏感。原因是水位对生态影响基本趋于一致，即淹没多、污染多、地质灾害风险大、低水温不利水生物等基本因素都趋向于高水位对生态环境造成一定的负面效应，少量有矛盾的生态指标又不是高权重的决定因素，如水环境容量，所以总体结果基本一致。

当汛期防汛是首要目标时，如表 4.21 所示，防汛库容权重影响大，按照最大隶属度原则，150 m 水位时因防汛指标优良，总体工程效益为优，结果与前面等权重时发生了逆转，并造成了评价两极分化。原因在于 170 m 高水位在发电、供水等方面有着巨大的效益，但在重权值的防汛上没有贡献，因此评价出现两头接近的极端模糊状态。此时选择隶属于良的 160 m 水位折中方案效益最佳。

表 4.21　汛期时两种权重体系下工程效益

水位	AHP 权重	等值权重
150 m	[0.510　0　0　0.490]	[0.2　0　0　0.8]
160 m	[0　0.463　0.453　0.094]	[0　0.397　0.478　0.125]
163.5 m	[0.001　0.377　0.621　0.011]	[0.003　0.591　0.385　0.015]
170 m	[0.490　0　0　0.510]	[0.8　0　0　0.2]

在非汛期的枯水季节，防汛成为较为次要的目标，供水第一，发电其次，防汛再次，则 AHP 权重如图 4.12 所示。

枯水期 AHP 评价与等权重结果基本相似，一旦防汛目标退居次要位置，则高水位下的巨大工程效益就凸显出来，且评价较为一致，没有两极分化，见表 4.22。

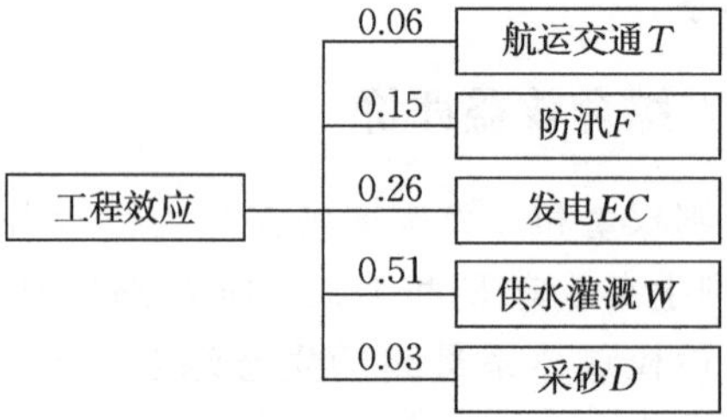

图 4.12 枯水期 AHP 指标权重

表 4.22 枯水期时两种权重体系下工程效益

水位	AHP 权重	等值权重
150 m	[0.150 0 0 0.850]	[0.2 0 0 0.8]
160 m	[0 0.313 0.534 0.163]	[0 0.397 0.478 0.125]
163.5 m	[0.001 0.560 0.430 0.009]	[0.003 0.591 0.385 0.015]
170 m	[0.860 0 0 0.140]	[0.8 0 0 0.2]

最后按照重视工程、兼顾生态环境与工程、重视生态三种管理思路，评价丹江口水库综合效益。分析调度结果对减少和遏制不良生态环境影响的改善作用，评估调度方式对湖库在生态环境负面效应累积问题上的可控性和潜力。AHP 权重为：重视工程时为[0.167 0.833]；兼顾生态环境与工程效益时为[0.5 0.5]；重视生态时为[0.833 0.167]。

(1)丹江口水库枯水期综合效益。

综合比较三组结果(表 4.23)，调度水位为 163.5 m 时是比较合适的折中方案，此种水位条件下对突出工程效益的管理目标而言是良评价方案，对两者兼顾和重视生态的管理目标则和 160 m 时差别不大，都是中方案。而 150 m 和 170 m 在环境和工程两者等权重时，出现评价两极化且隶属度模糊接近，均不是最好的方案。综合以上情况，在四种特征水位条件下，163.5 m 的综合评价最优。从两者兼顾的评级结果趋势来看，最优解应该在 163.5 m 与 170 m 之间，通过解算更多水位，例如每间隔 1 m 计算一次，得到更多评价方案，就能准确找到评价转折点对应的水位以及评价隶属度最大值对应的水位。有了这些特征水位，就能根据管理目标，找到与之对应的最优调度水位，并能根据最优水位、转折水位等特征水位集合，为湖库制定有针对性的调度规程。大量的指标和矩阵计算需要开发通用化的程序，可以灵活地构建多层次模型，以人机交互的方式给出指标判断矩阵，实现 AHP 权值自动计算，最后实现大量等步长的水位方案的综合评价。根据管理目标择优制定调度管理规程，也是未来要进一步完善的工作之一。

表 4.23　枯水期三组管理目标的综合效益对比

水位	重视工程	两者兼顾	重视生态
150 m	[0.262 0 0 0.738]	[0.487 0 0 0.513]	[0.710 0 0 0.290]
160 m	[0 0.314 0.550 0.136]	[0 0.314 0.604 0.082]	[0 0.314 0.659 0.027]
163.5 m	[0.008 0.494 0.468 0.03]	[0.001 0.364 0.544 0.091]	[0 0.233 0.620 0.147]
170 m	[0.746 0 0.002 0.252]	[0.519 0 0.008 0.473]	[0.292 0 0.013 0.695]

(2)丹江口水库洪汛期综合效益。

由于汛期低水位为优的高权重影响,汛期工程效益和生态效益评价趋于一致,即水位越低,效益越大。因此,无论是重视工程、兼顾生态环境与工程效益、重视生态三者权重分配方式为何,评价都是保持一致,即 150 m 为优,170 m 为差。但是如前所述,鉴于 150 m 优方案有两极分化的模糊趋势,所以汛期推荐 160 m 为最佳方案。

第5章　面向水质安全的库区土地开发压力源评价

——以三峡水库为例

三峡水库是我国的特大型水库，亦是淡水资源战略储备库，生态功能极其关键。然而，库区人地矛盾突出，水环境安全面临土地开发等常态型压力源的胁迫。本章利用前面章节所述的空间信息技术在获取地物时空数据方面的明显优势，以三峡库区为研究对象，综合采用GIS空间分析、数理统计分析、野外调查和实验数据分析、评估数学模型相结合的方法，分析流域土地开发的地理分布特征及其对水生态环境的影响，在此基础上，构建面向水质安全的土地开发压力源（预警）评估方法，重点以子流域单元为单位，进行三峡库区的实证分析。旨在定量评价土地开发对水质安全的压力风险，警示其不利的状态和变化，为三峡库区乃至其他类似区域土地开发过程中的水生态安全保障和风险管理提供技术支撑。

§5.1　基于空间信息技术的三峡库区生态环境指标信息提取

5.1.1　数据来源与处理

1. 土地利用分类数据

研究所用数据源为Landsat7/8系列陆地卫星所摄2000年、2005年和2010年分辨率为30 m的TM遥感影像。通过ENVI软件对影像数据进行辐射校正、几何校正和拼接处理，再使用面向对象分类软件eCognition对其进行分类，最后在ArcGIS软件中进行数据整理得到影像解译结果。

土地利用分类采用了全国土地利用现状调查分类体系，按照1984年制定的土地分类系统（表5.1）。分类结果经过校对符合精度要求。参照国家通用的土地利用分类系统，根据土地的利用方式属性，将2000年、2005年和2010年三期影像数据进行解译，分类为林地、草地、水域、耕地、人工表面、其他共6类一级土地利用类型，进一步分类为高密度林地、低密度林地、草地、水耕田、旱耕地、人工表面、水域、其他共8类二级土地利用类型。林地包括有林地、灌木林地和疏林地。草地指以生长草本植物为主，覆盖度在5%以上的各类草地。水域包括湖泊、水库和河滩地，人工表面用地指城乡居民点及工矿、交通用地。其他用地包括沙地、裸土地、裸岩以及其他难利用的土地。

表5.1　全国土地Ⅰ、Ⅱ级分类标准

序号	Ⅰ级分类	代码	Ⅱ级分类	指标
1	林地	101	常绿阔叶林	自然或半自然植被，$H=3\sim30$ m，$C>20\%$，不落叶，阔叶
		102	落叶阔叶林	自然或半自然植被，$H=3\sim30$ m，$C>20\%$，落叶，阔叶
		103	常绿针叶林	自然或半自然植被，$H=3\sim30$ m，$C>20\%$，不落叶，针叶
		104	落叶针叶林	自然或半自然植被，$H=3\sim30$ m，$C>20\%$，落叶，针叶
		105	针阔混交林	自然或半自然植被，$H=3\sim30$ m，$C>20\%$，$25\%<F<75\%$，
		106	常绿阔叶灌木林	自然或半自然植被，$H=0.3\sim5$ m，$C>20\%$，不落叶，阔叶
		107	落叶阔叶灌木林	自然或半自然植被，$H=0.3\sim5$ m，$C>20\%$，落叶，阔叶
		108	常绿针叶灌木林	自然或半自然植被，$H=0.3\sim5$ m，$C>20\%$，不落叶，针叶
		109	乔木园地	人工植被，$H=3\sim30$ m，$C>20\%$
		110	灌木园地	人工植被，$H=0.3\sim5$ m，$C>20\%$
		111	乔木绿地	人工植被，人工表面周围，$H=3\sim30$ m，$C>20\%$
		112	灌木绿地	人工植被，人工表面周围，$H=0.3\sim5$ m，$C>20\%$
2	草地	21	草甸	自然或半自然植被，$K>1.5$，土壤水饱和，$H=0.03\sim3$ m，$C>20\%$
		22	草原	自然或半自然植被，$K=0.9\sim1.5$，$H=0.03\sim3$ m，$C>20\%$
		23	草丛	自然或半自然植被，$K>1.5$，$H=0.03\sim3$ m，$C>20\%$
		24	草本绿地	人工植被，人工表面周围，$H=0.03\sim3$ m，$C>20\%$
3	水域	31	森林湿地	自然或半自然植被，$T>2$ 或湿土，$H=3\sim30$ m，$C>20\%$
		32	灌丛湿地	自然或半自然植被，$T>2$ 或湿土，$H=0.3\sim5$ m，$C>20\%$
		33	草本湿地	自然或半自然植被，$T>2$ 或湿土，$H=0.03\sim3$ m，$C>20\%$
		34	湖泊	自然水面，静止
		35	水库/坑塘	人工水面，静止
		36	河流	自然水面，流动
		37	运河/水渠	人工水面，流动
4	耕地	41	水耕田	人工植被，土地扰动，水生作物，收割过程
		42	旱耕地	人工植被，土地扰动，旱生作物，收割过程
5	人工表面	51	居住地	人工硬表面，居住建筑
		52	工业用地	人工硬表面，生产建筑
		53	交通用地	人工硬表面，线状特征
		54	采矿场	人工挖掘表面
6	其他	61	稀疏林	自然或半自然植被，$H=3\sim30$ m，$C=4\%\sim20\%$
		62	稀疏灌木林	自然或半自然植被，$H=0.3\sim5$ m，$C=4\%\sim20\%$
		63	稀疏草地	自然或半自然植被，$H=0.03\sim3$ m，$C=4\%\sim20\%$
		64	苔藓/地衣	自然，微生物覆盖
		65	裸岩	自然，坚硬表面
		66	裸土	自然，松散表面，壤质
		67	沙漠/沙地	自然，松散表面，沙质
		68	盐碱地	自然，松散表面，高盐分

注：C 为覆盖度/郁闭度(%)；F 表示针阔比率(%)；H 为植被高度(m)；T 是水一年覆盖时间(月)；K 是湿润指数。

2. 区域生态背景数据

DEM数据、线状水系图层(5级水系)主要来自国家基础地理信息库(原国家测绘地理信息局发布),精度为1∶250 000。现状水系图层和土壤类型图层(精度1∶100 000)源自中国科学院所建立的国家基础数据库。降水原始数据来自中国气象局发布的中国地面气候资料数据集,其空间图层根据以往多年多个站位的数据插值而得到。

3. 各土地覆盖类型营养物质输出参数

长江水利委员会长江科学院于库区及其上游地区典型支流布设18个坡面径流小区,包括12个坡度20°的小区和6个坡度25°的小区。小区面积为75～180 m^2不等,涵盖林地、草地、农耕地、裸地等土地利用类型。根据径流小区全年6次产流、产沙及污染物(包括吸附态、溶解态)浓度实测结果,获取氮、磷污染物输出参数。结合文献统计分析(王晓青,2012;王丽婧 等,2012;李平 等,2001),最后核定得到库区不同土地利用类型污染物输出系数。

5.1.2 土地覆盖空间分布特征提取

在ArcGIS软件环境下,分别将2000年和2005年以及2005年和2010年土地利用矢量图进行空间叠加,求出土地利用类型之间转化的面积,从而建立2000—2005年以及2005—2010年土地利用类型转化面积与概率矩阵(表5.2)。

表5.2 2000—2005年三峡库区土地利用转化面积矩阵 单位:km^2

土地利用类型	高密度林地	低密度林地	草地	水耕田	旱耕地	人工表面	水域	其他
高密度林地	23 329.69	3.46	0.07	0.79	3.10	55.09	136.58	0.11
低密度林地	30.12	10 379.32	0.16	0.11	1.32	126.09	62.06	0.03
草地	4.24	0.02	4 190.50	0.07	0.11	1.62	26.04	0.04
水耕田	3.42	0.57	0.17	4 187.79	2.84	113.30	37.32	0.82
旱耕地	228.63	167.07	67.43	1.02	10 631.09	144.82	111.33	0.05
人工表面	1.21	0.33	0.23	0.02	0.20	523.01	10.28	0.17
水域	0.92	0.29	0.15	1.80	8.82	0.49	739.05	0.01
其他	0.07	0.08	0.00	0.00	0.17	0.00	22.00	23.32

通过对各类土地转化分析可以看出,2000—2005年期间,库区有2.49%共计1 377.26 km^2的土地发生了土地覆盖变化,最显著的特征为耕地减少变化为新增的林地,人工表面和水域。从各土地利用类型的转化方向角度来分析,高密度林地主要向人工表面和水域转化,分别占原面积的0.23%和0.58%。低密度林地主要向人工表面、水域和高密度林地转化,分别占原面积的1.19%、0.59%和0.28%。草地的主要转化方向是水域,占原面积的0.62%,共计26.04 km^2。水耕田的主要转化方向是人工表面和水域,分别占原面积的2.61%和0.86%。旱耕地主要转化方向是林地和人工表面,分别有2.01%、1.47%、1.28%和0.98%的耕地转变成了

高密度林地、低密度林地、人工表面和水域。同时有1.92%的人工表面被水淹没。从土地流转的结果来看,高密度林地与低密度林地分别新增了0.97%和1.58%,基本来源于旱耕地的转化。草地新增了1.58%,主要来源为旱耕地的转化。2010年有45.72%的人工表面是在过去5年间新建的,其中15.02%来源于旱耕地,11.75%来源于水耕田,5.71%来源于高密度林地,13.07%来源于低密度林地的转化。新增水域约占水域总面积的35.43%,其中有11.93%来源于高密度林地,5.42%来源于低密度林地,9.73%来源于旱耕地,3.26%来源于水耕田,2.27%来源于草地,0.90%来源于人工表面的转化。

2005—2010年期间,库区有2.71%共计1 500.85 km^2 的土地发生了土地覆盖变化,最显著的特征为耕地减少变化为新增的林地,人工表面和水域。从各土地利用类型的转化方向角度来分析(表5.3),高密度林地主要向人工表面和水域转化,分别占原面积的0.44%和0.12%。低密度林地主要向人工表面和水域转化,分别占原面积的0.80%和0.39%。草地的主要转化方向是人工表面和水域,占原面积的0.64%和0.32%。水耕田的主要转化方向是人工表面,占原面积的4.53%。旱耕地主要转化方向是林地和人工表面,分别有2.13%、2.75%、2.98%和1.02%的耕地转变成了高密度林地、低密度林地、人工表面和水域。同时有1.61%的人工表面被水淹没。从土地流转的结果来看,高密度林地与低密度林地分别新增了0.96%和2.73%,基本来源于旱耕地的转化。2010年有43.22%的人工表面是在过去5年间新建的,其中19.00%来源于旱耕地,11.36%来源于水耕田,6.14%来源于高密度林地,5.04%来源于低密度林地,1.64%来源于草地的转化。新增水域约占水域总面积的17.39%,其中有7.88%来源于旱耕地,1.66%来源于水耕田,2.08%来源于高密度林地,2.98%来源于低密度林地,1.12%来源于人工表面,0.97%来源于草地的转化。

表5.3 2005—2010年三峡库区土地利用转化面积矩阵 单位:km^2

土地利用类型	高密度林地	低密度林地	草地	水耕田	旱耕地	人工表面	水域	其他
高密度林地	23 459.59	1.00	0.37	1.96	0.31	102.66	28.69	0.14
低密度林地	0.20	10 423.33	0.00	0.17	0.30	84.24	41.11	0.00
草地	0.06	0.04	4 217.53	0.02	0.02	27.40	13.42	0.00
水耕田	0.89	0.34	0.10	3 976.93	0.07	189.84	22.96	0.00
旱耕地	227.09	293.14	4.98	1.74	9 693.64	317.47	108.75	0.03
人工表面	0.38	0.12	0.01	0.04	0.21	948.15	15.50	0.00
水域	0.59	0.41	0.61	0.73	0.82	0.65	1140.80	0.00
其他	0.03	0.01	0.00	0.83	0.14	0.62	9.64	13.27

5.1.3 土地覆盖地理分布特征对水质影响分析

一定时期内相对稳定少变的地理环境因子往往是区域土地利用整体(宏观)格

局的控制性因子(即多种地理因子综合作用的结果是决定土地利用的基本格局),而易于变化的地理因子以及偶发事件则往往是导致土地利用格局发生变化的重要驱动性因子(如人口和经济社会发展、修建水库、地震等),土地利用格局的差异同样对于面源污染输出的强度有举足轻重的影响。本书前面所分析得到的区域土地利用模式特征决定某区域能输出多少营养物质,而本部分主要讨论相对稳定少变的地理环境因子对土地利用格局的影响作用。对于库区土地利用格局因子的分析讨论,是通过土地覆盖情况估算其对水质所造成面源污染压力的必要前提。

现有研究主要是通过定性讨论或空间相关性等参数的研究来分析格局因子对面源污染的输出所造成的影响,本章在土地利用模式数据的基础上,针对地形(高程、坡度)、区位(与河流的距离)和生态(土壤类型、多年平均降水量)3 类因素的 5 个因子进行分析,提取澎溪河流域中特定子流域的各土地利用类型坡度、陆上迁移距离等土地利用格局因子,与对应采样点的水质参数结合起来,进行线性回归分析,在兼顾土地覆盖特征情况下讨论格局因子与水质的关系,作为本书后续提出的综合评估土地开发压力源的理论依据之一。

如果说水库建设、社会经济发展等人类活动,很大程度上驱动了不同时相间土地利用的转化。那么,在时间上相对稳定的自然因素,尤其地理特征,则土地利用的空间分布具有重要影响。对于三峡库区,针对 5 类地理要素,统计了不同数值或分类区间的土地利用面积及组成状况。

1. 地形因素对土地利用分布的影响

地形因素主要指高程和坡度,通过影响径流量、冲刷强度、水土流失量影响污染物的输出。库区 67.17%的土地集中于 200～800 m 的高程区间内,从不同高程区间的角度分析(图 5.1),600 m 高程以下土地覆盖以耕地和人工表面为主,400 m 高程以上则以林地草地为主。耕地所占比例随着高程增加而降低,79.39%的耕地位于 800 m 高程以下;水域和人工表面与其类似,400 m 高程以下占 90.16%和 75.77%。林地和草地在各高程区间的分布相对稳定。从主要土地利用类型分析(图 5.2),人工表面集中于 200～400 m 高程区间的特征非常显著,库区 62.35%的人工表面位于此区间;耕地于 200～400 m、400～600 m、600～800 m 高程区间的分布比重分别为 35.29%、24.57%和 16.12%,结合图 5.1 可知水耕田更倾向分布于较低的高程区间;林地和草地于 200～600 m 高程区间分布最为密集,分别占类型总面积的 31.44%和 35.51%。

坡度的影响,与高程具有相似的规律,库区 64.50%的土地集中于 6°～30°坡度区间内,从不同坡度区间的角度分析(图 5.3),18°坡度以下土地覆盖以耕地和人工表面为主,18°坡度以上则以林地草地为主。耕地所占比例随着高程增加而降低,81.36%的耕地位于 24°坡度以下;水域和人工表面与其类似,18°坡度以下占 81.94%和 76.68%。林地和草地在各高程区间的分布相对稳定,其中低密度林地

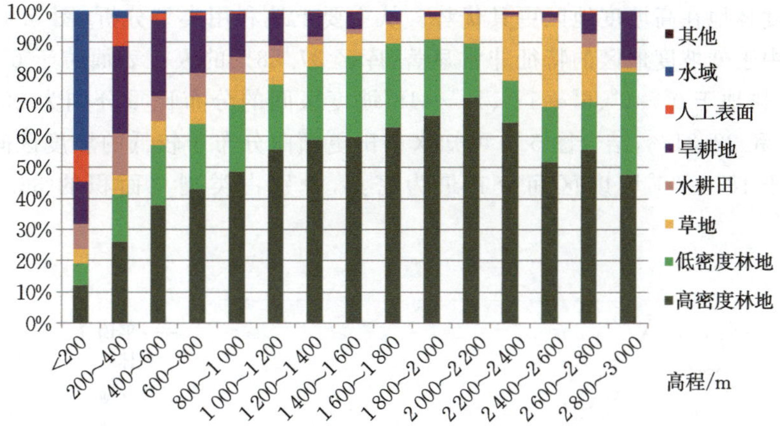

图 5.1　各高程区间土地利用分布特征

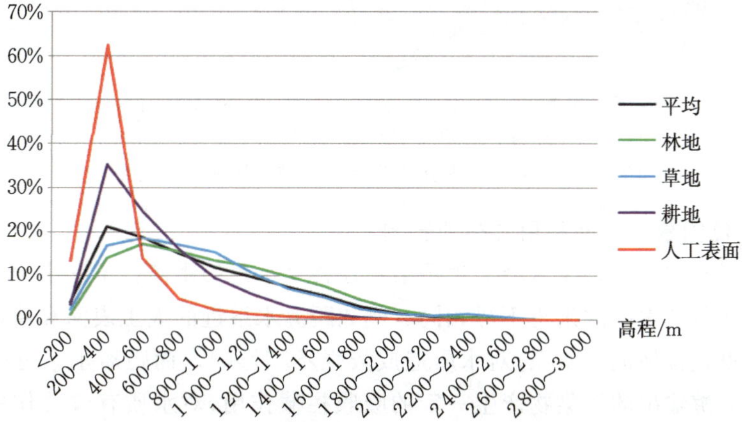

图 5.2　主要土地利用类型于不同高程区间分布特征

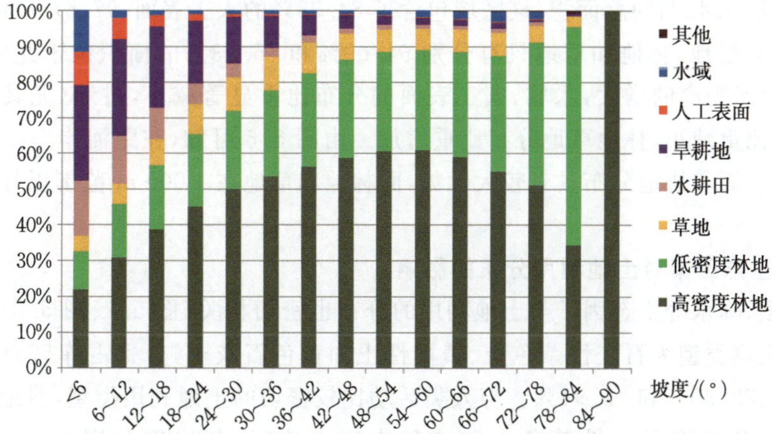

图 5.3　各坡度区间土地利用分布特征

较高密度林地在高坡度地区更具优势。从主要土地利用类型分析(图 5.4),人工表面集中于低坡度地区的特征非常显著,库区 37.28%的人工表面位于 6°坡度以下地区;耕地于 0°~6°、6°~12°、12°~18°坡度区间的分布比重分别为 20.03%、22.03%和 22.31%,结合图 5.3 可知水耕田更倾向分布于较低的坡度区间;林地和草地于 18°~30°坡度区间分布最为密集,分别占类型总面积的 36.80%和 39.23%。

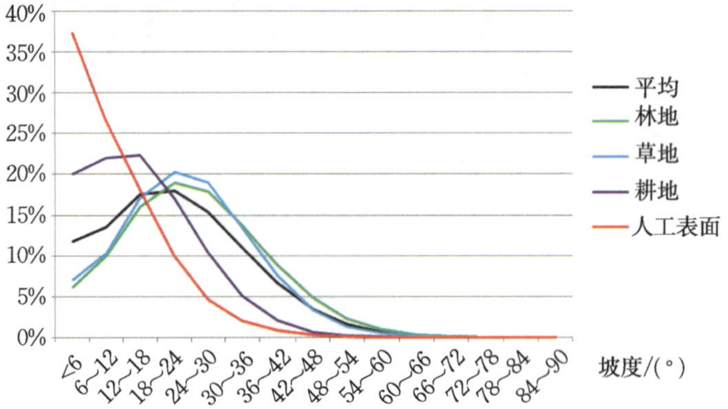

图 5.4 主要土地利用类型于不同坡度区间分布特征

2. 区位因素对土地利用分布的影响

区位因素主要考虑某区域产生污染物迁移至水系的距离。不同土地覆盖类型的区位特征所产生的效果也不尽相同。例如距离水系近的人工表面和耕地产生的污染物能更直接地流入水系,对水质造成较强不利影响。而距离水系近的林地却能对径流上游输出的污染物产生一定的吸收拦截作用,对水质有改善作用。该因子对水域、人工表面的影响最为显著(图 5.5),库区水系发达,各支流 1 000 m 范围内有流域 68.42%的总面积,该区域包含了 84.38%的人工表面、97.67%的水域和 75.19%的耕地,林地和草地只有分别 64.09%和 65.83%的面积位于此区域内。随着距河岸距离的增大,水域、人工表面的分布比重显著减小,耕地(尤其是水耕田)分布比重减小,林地草地分布比重增加。由图 5.6 可知,在距河岸 500 m 范围内,人工表面和耕地分布具有较大优势,而林地和草地在 1 000 m 范围以外才具备优势。

3. 生态因素对土地利用分布的影响

土壤、降水等生态因子与土地利用的分布也密切相关(图 5.7、图 5.8)。库区内主要土壤类型为石灰性紫色土、黄壤性土和黄色石灰土,分别占库区总面积的 34.25%、22.39%和 15.94%。与人类活动比较密切的土地利用类型,耕地和人工表面主要分布在石灰性紫色土和咸酸水稻土地区,其比例分别为 20.64%~46.15%和 13.79%~42.15%。同时旱耕地于黄褐土性土、黄色石灰土和黄壤性

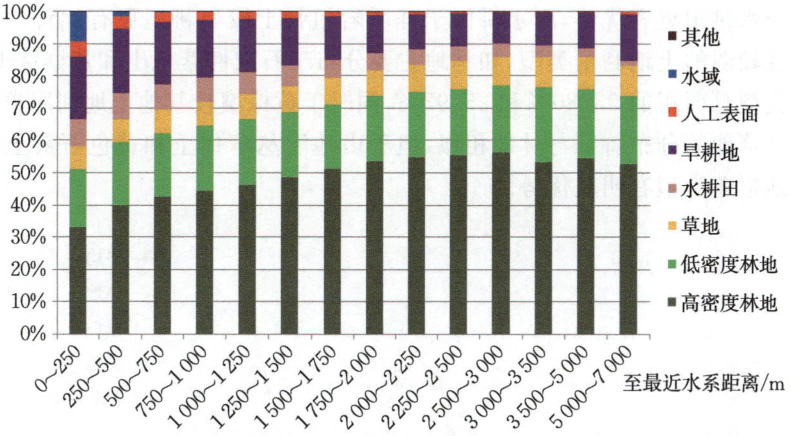

图 5.5　各距离区间土地利用分布特征

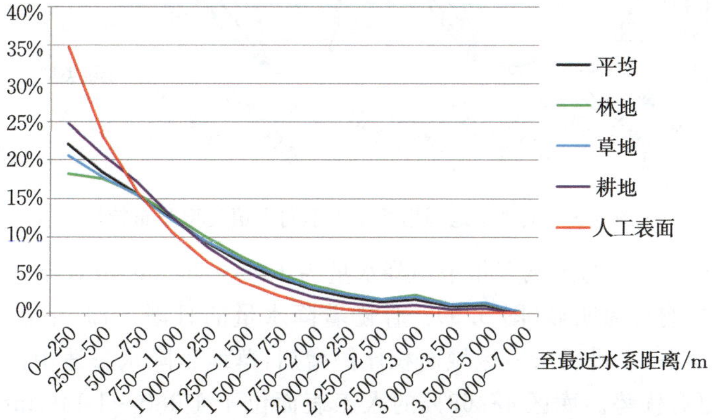

图 5.6　主要土地利用类型于不同距离区间分布特征

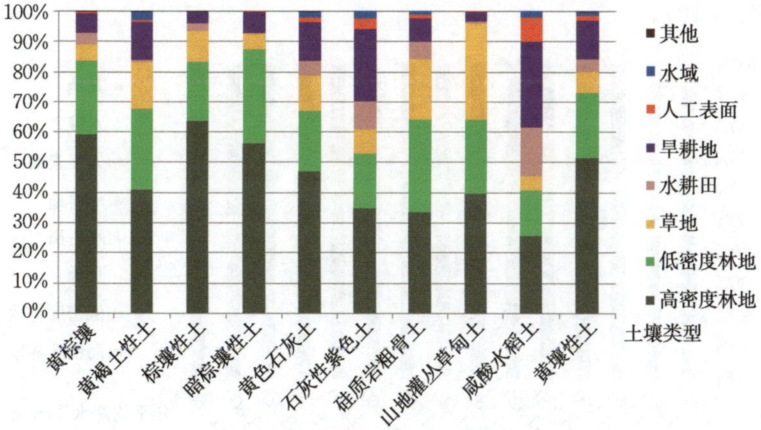

图 5.7　各土壤类型土地利用分布特征

土区域较水耕田更有优势，而水耕田于硅质岩粗骨土较旱耕地更有优势。受人类活动干扰较弱的土地利用类型，如林地主要分布于石灰性紫色土和黄壤性土区域，分别占类型总面积的 28.80%和 25.92%，同时于黄棕壤较其他土地利用类型有更大优势。草地的分布特征与林地相似，但于山地灌丛草甸土和黄色石灰土区域较其他土地覆盖类型有明显优势。

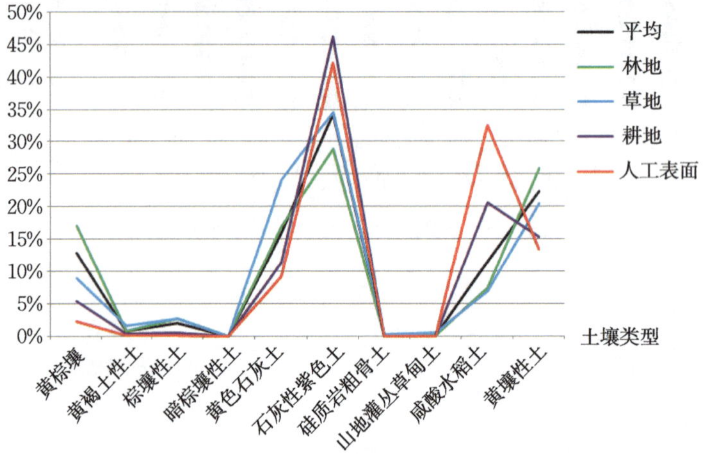

图 5.8　主要土地利用类型于不同土壤类型分布特征

库区内 51.92%的区域多年平均降水量为 1 080～1 200 mm，降水量对耕地和草地分布的影响较为明显(图 5.9)。伴随着降水量的日渐丰沛，旱耕地所占的区域面积比例变小，水耕田所占区域面积比例增加，草地于降水量适中区域(1 140～1 560 mm)更有优势。库区 48.69%的人工表面位于 1 080～1 140 mm 降水量区间，而草地于 1 140～1 200 mm 降水量区间有显著优势，其他土地覆盖类型则受影响不大(图 5.10)。

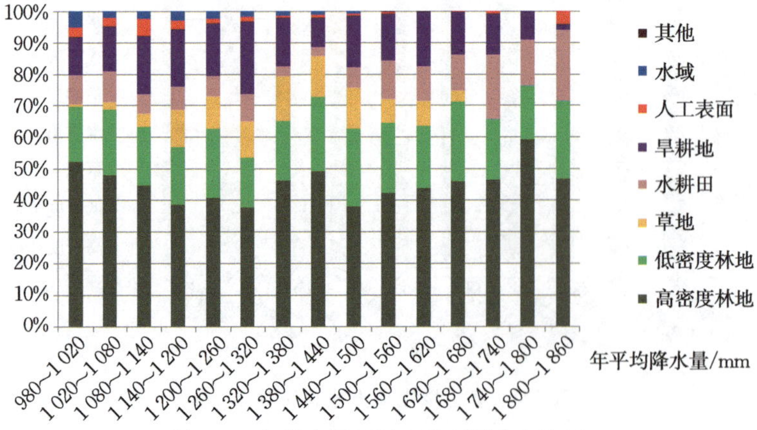

图 5.9　各降水量区间土地利用分布特征

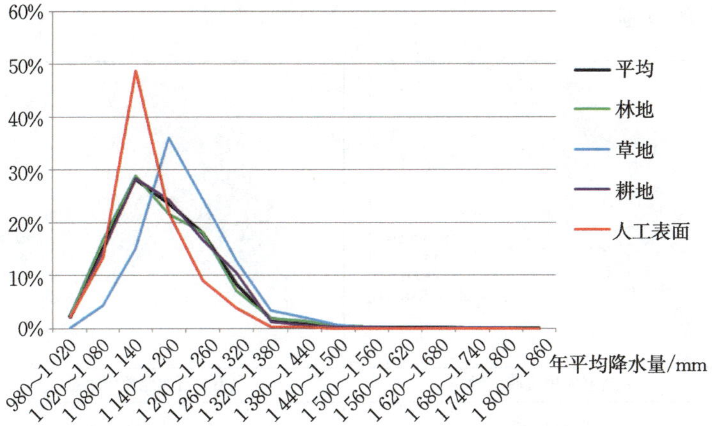

图 5.10　主要土地利用类型于不同降水量区间分布特征

4. 实验方案设计

1) 实验区概况

澎溪河位于东经 107°56′～108°54′、北纬 30°50′～31°42′，是三峡库区中段、北岸流域面积最大的次级河流。流域范围覆盖重庆开州区、云阳县，共涉及 55 个乡镇、街道，总人口约 196 万人，其中农业人口约 172 万人。流域为叶形丘陵山地，地势高峻，主要土地利用类型为林地和耕地。多年年降水量在 1 200 mm 左右，多年平均径流量为 21.13 m^3/s，流域水土流失严重。

根据流域 DEM 数据(图 5.11)及其衍生水系数据，将澎溪河流域划分为 67 个子流域，每个子流域都是一条支流的集水区或者多支流汇集的关键流域。因为面源污染主要是由雨水冲刷地表携带营养物质进入水系而产生的，子流域的设置可以确定流域内每一滴雨水和地表径流汇集至何处，为后续建立土地开发对面源污染和水质参数的映射关系打下基础。

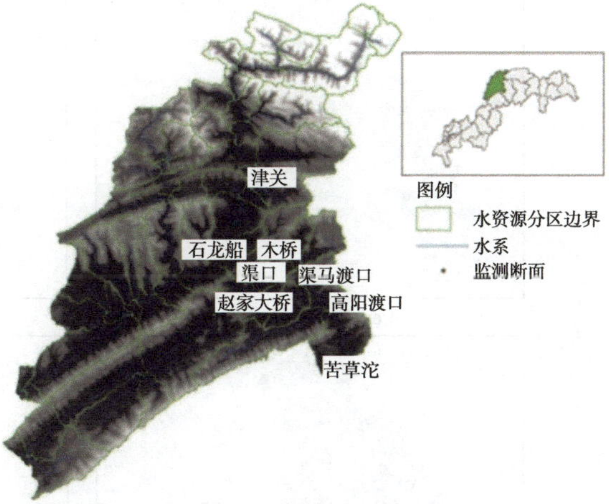

图 5.11　研究区域示意

2) 采样点流域划分

澎溪河流域有 8 个采样点，分别为控制独立支流的津关、石龙船、赵家大桥站，和多支流汇集后的木桥、渠口、渠马渡口、高阳渡口和苦草沱站，根据 DEM 和水系数据划分相应的采样点子流域，如图 5.12 所示。该子流域代表着采样点处水资源可能已流经的范围。

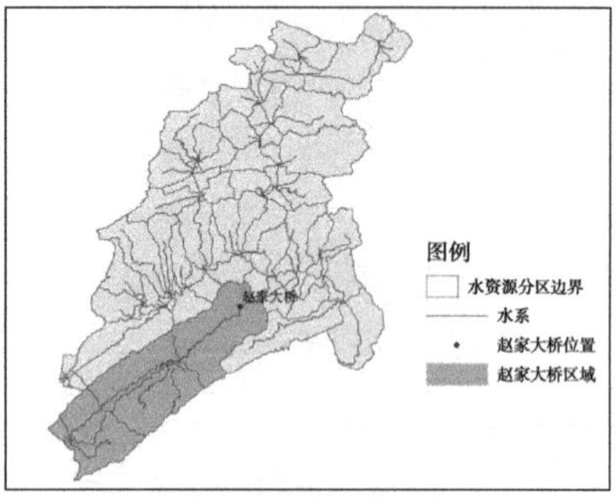

(a) 赵家大桥流域示意

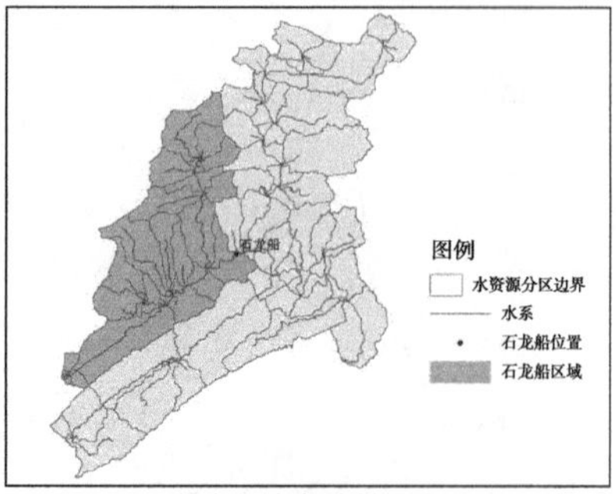

(b) 石龙船流域示意

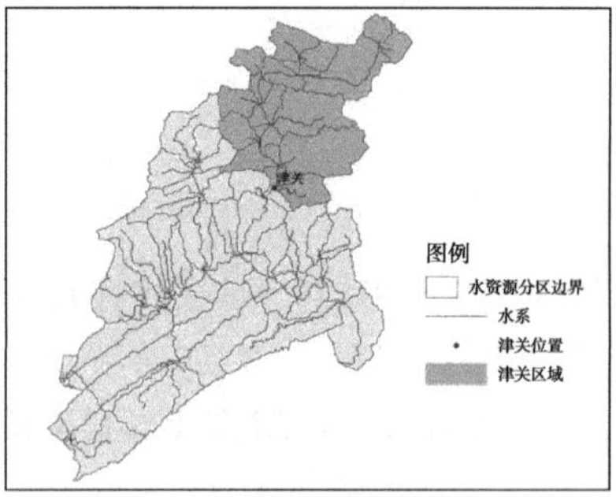

(c) 津关流域示意

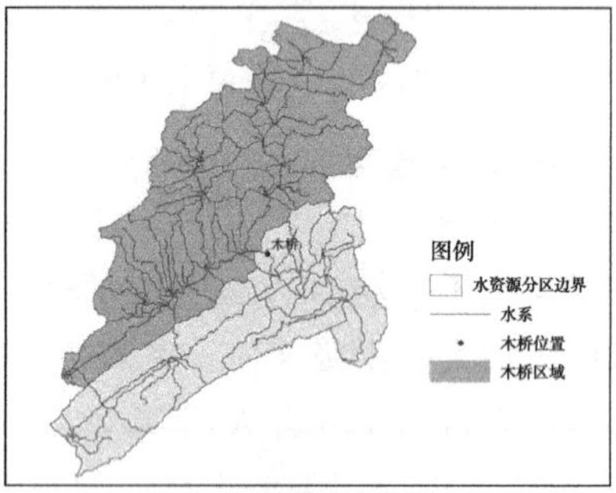

(d) 木桥流域示意

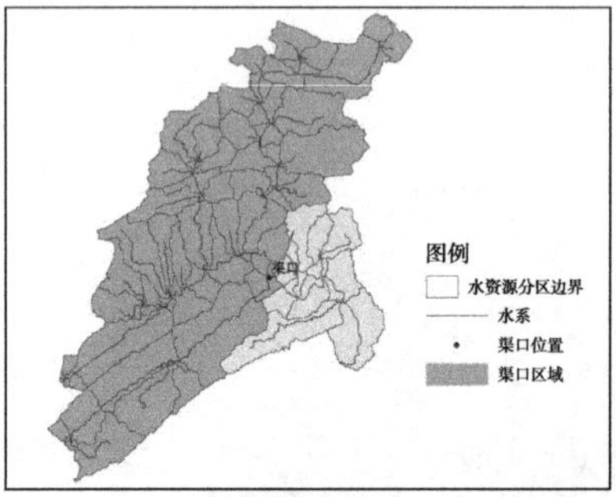

(e) 渠口流域示意

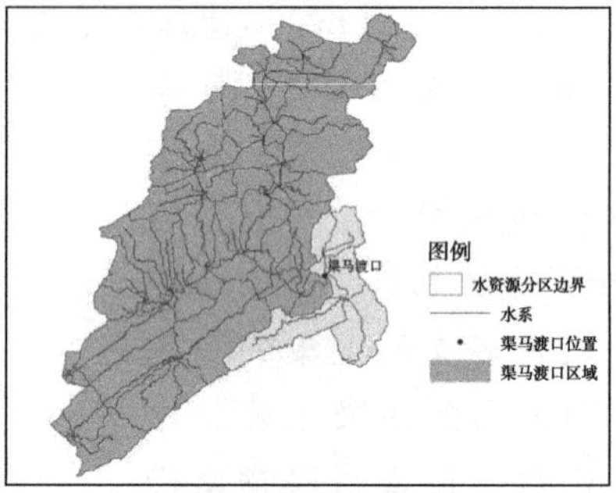

(f) 渠马渡口流域示意

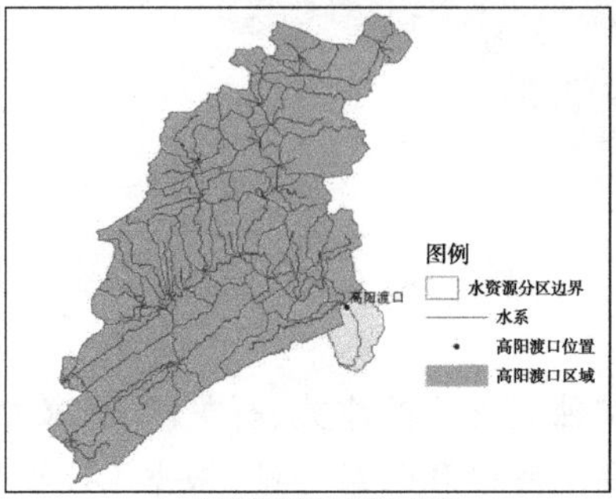

(g) 高阳渡口流域示意

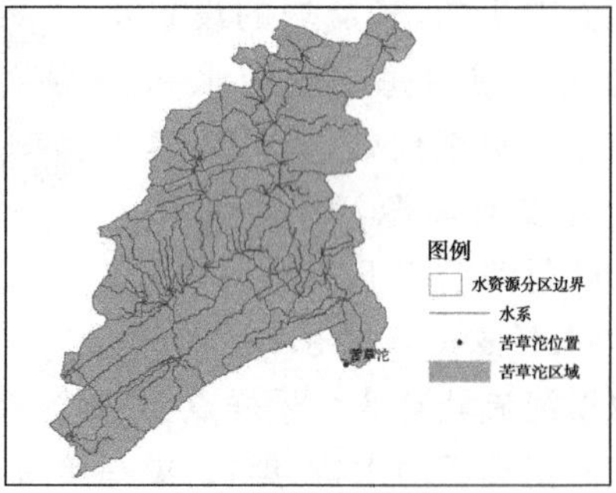

(h) 苦草沱流域示意

图 5.12 采样点子流域

3）线性回归方程

多元线性回归模型是一种在社会、经济、技术以及众多自然科学研究领域中已被广泛使用的数理统计方法。设因变量为 y，自变量为 x，自变量有 p 个，它们的 n 组观测值为$(x_{1i},x_{2i},\cdots,x_{pi},y_i)(i=1,2,\cdots,n)$，其多元线性回归表达式为

$$\left.\begin{array}{l} y_1=a_0+a_1x_{11}+a_2x_{12}+\cdots+a_px_{1p} \\ y_2=a_0+a_1x_{21}+a_2x_{22}+\cdots+a_px_{2p} \\ \vdots \\ y_n=a_0+a_1x_{n1}+a_2x_{n2}+\cdots+a_px_{np} \end{array}\right\}$$

矩阵形式为

$$\boldsymbol{y}=\boldsymbol{x}\boldsymbol{a}$$

式中：$y=\begin{bmatrix} y_1 \\ y_2 \\ \vdots \\ y_n \end{bmatrix}$；$x=\begin{bmatrix} 1 & x_{11} & x_{12} & \cdots & x_{1p} \\ 1 & x_{21} & x_{22} & \cdots & x_{2p} \\ 1 & x_{31} & x_{32} & \cdots & x_{3p} \\ \vdots & \vdots & \vdots & & \vdots \\ 1 & x_{n1} & x_{n2} & \cdots & x_{np} \end{bmatrix}$；$a=\begin{bmatrix} a_0 \\ a_1 \\ a_2 \\ \vdots \\ a_p \end{bmatrix}$，为多元线性回归方程的回归系数。

由于三峡库区的高速发展，区域内土地利用模式和格局都发生了较大变化。由于多元线性回归模型的方法简洁易行、运算成本低、能同时考虑多个因子等特点，本书选用该模型来分析土地利用模式和格局的多个因子与水质的相关关系。

地形因素中高程与坡度有相似的影响规律，所以选用坡度因子来代表区域的地形因素；区位因素中至最近水系距离对于土地覆盖分布有较强有影响作用，所以选用该因子代表区域的区位因素；生态因素中的土壤和降水类型对土地覆盖分布影响不大，所以暂不选用因子。采用线性回归的方法，设计如下两组方程，即

$$K=a_0+\sum_{i}^{n}(a_{1i}\cdot A_i+a_{2i}\cdot S_i+a_{3i}\cdot D_i) \tag{5.1}$$

$$K=a_0+\sum_{i}^{n}(a_{1i}\cdot F_i+a_{2i}\cdot S_i+a_{3i}\cdot D_i) \tag{5.2}$$

式中：K 为水质参数；a_0、a_{1i}、a_{2i}、a_{3i} 为线性回归因子；A_i 为第 i 类土地利用类型的面积；F_i 为第 i 类土地利用类型的面积比例；S_i 为第 i 类土地利用类型的平均坡度；D_i 为第 i 类土地利用类型距离最近水系的平均距离。

4）结果与分析

代入各采样点流域 2000 年、2005 年和 2010 年对应土地利用/覆盖变化数据和水质数据（TN，TP），一共 19 组数据进行线性回归，讨论林地（$i=1$）、草地（$i=2$）、耕地（$i=3$）、人工地表（$i=4$）的各因子与水质回归关系，得到结果如表 5.4 所示。

表 5.4　线性回归显著性检验

水质指标	TP	TN	TN	TP	水质指标
Multiple R	0.937 438	0.756 4	0.830 215	0.885 6	Multiple R
R Square	0.878 791	0.572 1	0.689 257	0.784 3	R Square
Adjusted R Square	0.636 372	−0.283 6	0.067 77	0.352 9	Adjusted R Square
Sig F	0.062 343	0.740 0	0.475 4	0.238 6	Sig F
P-value			P-value		
截距	0.315 379	0.790 8	0.428 689	0.230 1	截距
A_1	0.090 247	0.447 2	0.203 975	0.353 5	F_1
A_2	0.075 195	0.582 9	0.391 428	0.248 3	F_2
A_3	0.137 932	0.443 3	0.646 764	0.238 6	F_3
A_4	0.237 641	0.530 9	0.917 542	0.751 9	F_4
S_1	0.059 183	0.644 6	0.765 809	0.914 8	S_1
S_2	0.324 661	0.549 5	0.102 763	0.808 2	S_2
S_3	0.240 002	0.771 5	0.329 277	0.731 3	S_3
S_4	0.099 754	0.933 1	0.121 776	0.601 0	S_4
D_1	0.108 253	0.366 9	0.255 54	0.993 3	D_1
D_2	0.134 926	0.626 6	0.784 254	0.847 8	D_2
D_3	0.076 326	0.933 6	0.135 799	0.862 1	D_3
D_4	0.096 057	0.695 2	0.167 52	0.383 7	D_4

其中 Multiple R 为线性相关系数，用以衡量该 Y 值是否适用于线性相关分析。由以上分析结果来看，总磷(TP)含量适用于相对于面积/坡度/距离因子的线性相关分析，而总氮(TN)含量的线性相关适用性不佳。R Square 用以衡量 X 因子的变化对于Y 的变化所造成的影响程度。由结果可知面积/坡度/距离因子的变化容易引起采样点 TP 的变化，而与 TN 的变化关系不大。Adjusted R Square 用以衡量 X 因子的绝对值对于决定Y 绝对值大小所起的作用程度。由结果可知 TP 含量受土地覆盖的总面积影响大，而与面积比例关系不大。而 TN 值的大小与面积/坡度/距离因子关系不大。Sig F 为回归显著系数，与 P-value 一同衡量线性回归是否显著。可知采样点处 TP 含量与对应流域内的面积、坡度、距离因子回归较良好，回归最显著的因子是林地的坡度，其次为耕地距离水源的距离和草地的总面积，林地的总面积、人工表面的坡度和人工表面距离水源的距离也会对 TP 含量产生较大影响。

其中 TP 与面积/坡度/距离因子的回归因子如表 5.5 所示，可以发现在四种土地利用类型的面积因子中，TP 只与林地的面积成反比，但 TP 受人工表面和草地面积的影响要大于耕地与林地。坡度因子中，位于高坡度的林地较其他类型更能降低 TP 含量。距离因子中，河边的耕地能大幅增加水体中 TP。

表 5.5　TP 线性回归因子值

TP 线性回归因子	参数值
截距	0.942 281
A_1	−0.000 79
A_2	0.001 666
A_3	0.000 812
A_4	0.002 217
S_1	−0.208 06
S_2	0.129 963
S_3	0.088 483
S_4	0.029 574
D_1	0.263 55
D_2	0.356 401
D_3	−0.777 97
D_4	−0.142 3

§5.2　面向水质安全的三峡库区土地开发压力源评估

面向水质安全的土地开发压力源(预警)评估是指以水质安全维护和保障为核心目的,通过对土地开发这一要素进行观测、分析和评估,提前发现和警示水环境安全恶化问题及其胁迫因素,从而为提出缓解或预防措施提供基础。其优势和特点在于以评估的方式,预先发现水体恶化的可能性并予以评级,快速给出警示信息,操作相对简便、耗时少、数据要求低。土地开发作为主要的面源污染输出源,有稳定、持续的特征。在区域社会经济不断发展、土地开发持续进行的前提下,如果直到水质参数超标才得出区域土地开发不适当的结论,该区域的面源污染也很难立刻降低,这将对区域水生态造成较长期的威胁和难以逆转的破坏。而研究面向水质安全的土地开发压力源(预警)评估方法,是为了在水体受到污染破坏之前预先警示区域开发的不适当,为转变区域开发模式留下充足分析和运作的空间。

当前国内外对于水环境风险相关的预警技术研发仍处于积累阶段,对于土地开发这类常态压力源的分析、评估和预警研究更为不足,可参考的经验较少,但是水环境常态风险管理对其的需求迫切。尤其,研究区三峡库区是我国的水资源战略储备库,水环境安全不仅关系到库区,更关系到长江中下游沿线的稳定持续发展。而该区域作为高山峡谷地带,生态环境较为脆弱,人地矛盾突出,土地开发对水环境安全的压力突出。

本节在前述研究的基础上,以土地利用状况(尤其土地利用结构)作为影响流域氮磷物质输出风险的主要因素,在污染物输出参数的基础上,对各土地利用类型提出相应的面源污染输出压力综合指数，以此筛选对于水质安全影响较大的敏感土地利用类型；再根据敏感土地利用类型的总量和变化量两个指数，对该区域进行综合评估。

5.2.1　方法构建

1. 敏感土地类型和不利转化方向确定方法

参照国家通用的土地利用分类系统，根据土地的利用方式属性，将其分为耕地（水耕田和旱耕地）、林地、草地、水域、人工表面和其他 6 个一级用地类型。污染物输出系数是单位时间内某种土地利用方式下输出的污染物总负荷的标准化估计，以污染压力最小的土地利用类型（如林地）的污染物输出系数作为基准值，能分别突出不同土地覆盖类型氮、磷污染输出压力的差异。再兼顾库区平均情况求比值，可减弱氮、磷 2 种类型污染物输出系数特征差异对指数造成的影响，使指数着重于指示各类土地利用类型污染物输出压力的相对关系。根据不同土地覆盖类型土地利用污染物输出系数，采用指数来衡量各土地利用类型污染物输出的综合压力，可得

$$\omega_{N,i}=\frac{D_{N,i}/D_{N,0}}{\sum_{i=1}^{s}D_{N,i}/D_{N,0}} \tag{5.3}$$

$$\omega_{P,i}=\frac{D_{P,i}/D_{P,0}}{\sum_{i=1}^{s}D_{P,i}/D_{P,0}} \tag{5.4}$$

式中：i 为土地利用类型；s 为土地利用类型的种类总数；$\omega_{N,i}$ 与 $\omega_{P,i}$ 分别为污染物氮与磷输出压力综合指数，其值越大，表示第 i 种土地利用类型氮、磷污染物输出越多，对水质安全造成的压力越大；$D_{N,i}$ 与 $D_{P,i}$ 分别为第 i 种土地利用类型总氮与总磷的污染物输出系数，单位为 $t/(km^2 \cdot a)$；$D_{N,0}$ 与 $D_{P,0}$ 分别为污染压力最小的土地利用类型（如林地）总氮与总磷污染物输出系数，单位为 $t/(km^2 \cdot a)$。

当 $\omega_{N,i}>K$ 或 $\omega_{P,i}>K$ 时，认为该土地利用类型污染物输出压力大，即视为敏感土地类型。若 $(\omega_{N,i}+\omega_{P,i})<(\omega_{N,j}+\omega_{P,j})$，则认为从第 i 种土地利用类型向第 j 种土地利用类型发生的转变是不利于水质安全的，即确定为不利转化方向。由于不同研究区的污染物输出特征各异，因此具体的不利转化方向依据研究区实际确定。

2. 敏感单元筛选方法

敏感单元是区域内土地开发情况对水质安全有较大威胁、需要重点关注的单元，其特征是确定预警评估指标的重要依据。从土地覆盖现状的角度考虑，区域内敏感土地类型（如耕地、人工表面）的面积比例可以代表该区域污染输出的现有压

力。从土地覆盖变化的角度考虑，区域内发生不利转变的土地面积比例可以代表研究时段内该区域污染物输出压力的增加幅度，并从一定程度上反映其变化趋势。该研究采取兼顾状态、动态双重因素的原则来筛选敏感单元。即同时考虑敏感土地类型的面积与不利转变的面积这 2 个因素，任一因素超过标准值的控制单元都将被视为敏感单元。综上，建立公式如下

$$F_{1n}=\frac{a_n}{a_0} \tag{5.5}$$

$$F_{2n}=\frac{b_n}{b_0} \tag{5.6}$$

式中：n 为控制单元编号；F_{1n} 为土地利用状态评价指数，用以评价第 n 个控制单元内敏感土地类型的面积比例是否过大；a_n 为第 n 个控制单元内敏感土地类型面积占单元总面积的比例；a_0 为全流域敏感土地类型面积占流域总面积的比例；F_{2n} 为土地利用动态评价指数，用以评价第 n 个控制单元发生不利转化的土地面积所占比例是否过大；b_n 为第 n 个控制单元内发生不利转化的土地面积占单元总面积的比例；b_0 为全流域内发生不利转化的土地面积占总面积的比例。若 F_{1n} 或 F_{2n} 的值大于 1，即第 n 个控制单元内敏感土地面积或发生不利转化的土地面积超过了流域平均水平，认定该控制单元是敏感单元。

3. 预警评估指标确定原则

考虑到土地开发压力源评估是以水质安全预警为最终目标的评估，评估指标的选取除了考虑传统指标筛选中所提及的代表性、数据可得性等以外，仍需要注重以下原则。第一，状态与动态兼顾原则。这与敏感单元的筛选原则保持一致。评估指标集合的初步构建应能体现土地开发压力源的状态与动态，反映土地开发对于水质安全所造成的固有压力和新增压力。第二，指标最少原则。预警重在快速判断并发出警示的信号，不要求对评估对象进行全面的评估。评估指标的最终确定，要秉承少而精准的原则，着重反映评估对象最敏感的状态和变化。

在该研究中，初步构建的评估指标集合可以至少包含 2 个指标，即敏感土地类型的面积比例（a）、发生不利转化的土地面积比例（b）。前者反映固有压力，后者体现新增压力。可得如下确定方式：① 若某单元 $F_1>F_2$，且 $F_2<1$，则以该单元预警评估指标为 a；② 若某单元 $F_2>F_1$，且 $F_1<1$，则以该单元预警评估指标为 b；③ 若某单元 $F_1>1$ 且 $F_2>1$，则以该单元预警评估指标为 a 与 b。

4. 迁移距离耦合方法

面源污染物从区域土壤中流失之后，经过一定路程的陆上/水中迁移过程才到达水质控制断面，进而对目标断面水质参数造成影响。若以水质目标断面为预警保护对象，应在预警过程中考虑风险源对敏感目标影响大小的距离因素，因此提出敏感目标受威胁的距离系数 D_n，用以耦合迁移距离因素至衡量压力源本身的指

标 F_n 中，即

$$P_n = F_n \cdot D_n \tag{5.7}$$

式中：P_n 为第 n 个单元土地开发压力源综合评估指标；n 为区域编号；$F_n = \max(F_{1n}, F_{2n})$，对某一敏感目标而言，其距风险源（面源污染输出区域）的距离越远，受污染危害的可能性越小；D_n 是距离系数，它是关于风险源与敏感目标之间距离的函数。为了增强方法在不同研究区域内的适用性，提出各风险源与敏感目标之间的距离指数 d_n，考虑研究区域的实际情况差异，对各风险源至敏感目标的实际距离 d_{on} 进行线性变换，即

$$d_n = d_{0n} / (d_{0\min} + d_{0\max}) \tag{5.8}$$

式中：d_n 为第n个单元至敏感目标的距离指数；n 为区域编号；d_{0n} 为第n个单元至敏感目标的实际距离；$d_{0\min}$ 与 $d_{0\max}$ 分别为所有单元至敏感目标的实际距离中的最小值和最大值。由于 d_{0n} 为正实数，所以 $d_n \in (0,1)$；当某个单元恰好能代表研究区域的平均状态时，即当 $d_{0n} = (d_{0\min} + d_{0\max})/2$ 时，$d_n = 1/2$。

而 D_n 作为以 d_n 为自变量的完全映射函数，应当满足如下条件

$$\left.\begin{aligned} &\lim_{d_n \to 0} D_n = +\infty \\ &\lim_{d_n \to 1} D_n = 0 \\ &\lim_{d_n \to \frac{1}{2}} D_n = 1 \end{aligned}\right\} \tag{5.9}$$

其中，d_n 趋近于0和1分别代表该单元的距离指数极小和极大，由于对某一敏感目标而言，其距风险源（面源污染输出区域）的距离越远，受污染危害的可能性越小，所以 D_n 在 $d_n \in (0,1)$ 区间内单调递减，并相应趋近于正无穷和 0 值，即 $D_n \in (0, +\infty)$。$d_n \in (0,1)$ 趋近于1/2代表该单元的距离能反映区域所有单元距离的平均状态，由于耦合距离因素 D_n 后的土地开发压力源综合评估指标 P_n 仍旨在为评估（预警）分析服务，为保持预警阈值的适用性，耦合的距离系数 D_n 也应遵循以库区平均水平为标准值的原则，即当某单元至敏感目标的距离恰好等于库区所有样本的平均距离时，D_n 值为 1。据此原则，以三种不同的基本函数作为模型提出相互独立的 D_n 计算方法。

1）*以幂函数（倒数）为模型的距离耦合方法*

风险源对敏感目标影响大小的距离因素可以用距离指数的倒数来反映，而倒数函数的单调性和区间符合要求，即可以认为敏感目标受威胁的距离系数

$$D_n = k \cdot \frac{1}{d_n} + h \tag{5.10}$$

式中：k、h 为待定系数；n 为区域编号；d_n 为第 n 个单元至敏感目标的距离指数。根据距离系数计算原则式(5.9)，计算得到 $k = 1, h = -1$，即

$$D_n = 1/d_n - 1 = (d_{0\min} + d_{0\max})/d_{0n} - 1 \quad (5.11)$$

式中：D_n 为第 n 个区域威胁相应敏感目标的距离系数；n 为区域编号；d_n 为第 n 个单元至敏感目标的距离指数；d_{0n} 为第 $d_{0\max}$ 个单元至敏感目标的实际距离；$d_{0\min}$ 与 $d_{0\max}$ 分别为所有单元至敏感目标的实际距离中的最小值和最大值。其函数图像如图 5.13 所示。

由图 5.13 可以看出，该函数在 $d_n \in (0, 0.1)$ 的区间内，D_n 值过大，而在 $d_n \in (0.7, 1)$ 的区间内，D_n 值变化不明显，不利于充分体现不同区域 d_n 值所带来的差异。

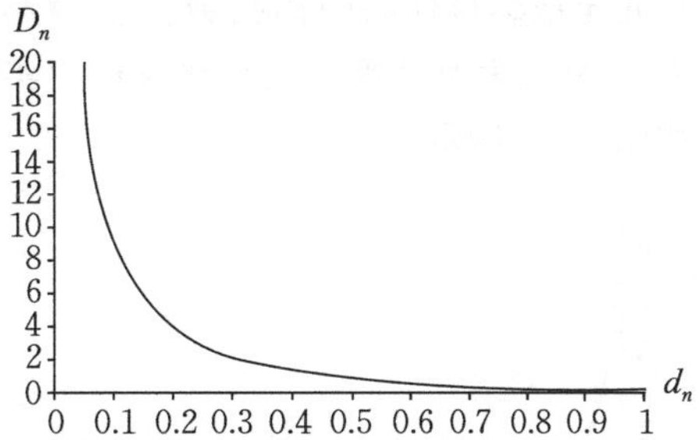

图 5.13　D_n 函数图像（以幂函数为模型）

2）以指数函数为模型的距离耦合方法

考虑到河流水质模型中常用指数函数来模拟污染物迁移转化等过程，这里探讨以指数函数为模型耦合迁移距离的方法。因为指数函数 $y = e^x$ 本身不符合单调性要求，所以需要复合其他种类的函数以改变其单调性与单调区间，即认为

$$D_n = k \cdot \exp(h(d_n)) \quad (5.12)$$

式中：k 为待定系数；$h(d_n)$ 为待定函数；n 为区域编号；d_n 为第 n 个单元至敏感目标的距离指数。然后通过尝试多种函数类型，结合式(5.9) 限定值，发现当 $k = 1$、$h(d_n) = \cot(\pi \cdot d_n)$ 时，函数符合要求，即

$$D_n = \exp(\cot(\pi \cdot d_n)) = \exp(\cot(\pi \cdot d_{0n}/(d_{0\min} + d_{0\max}))) \quad (5.13)$$

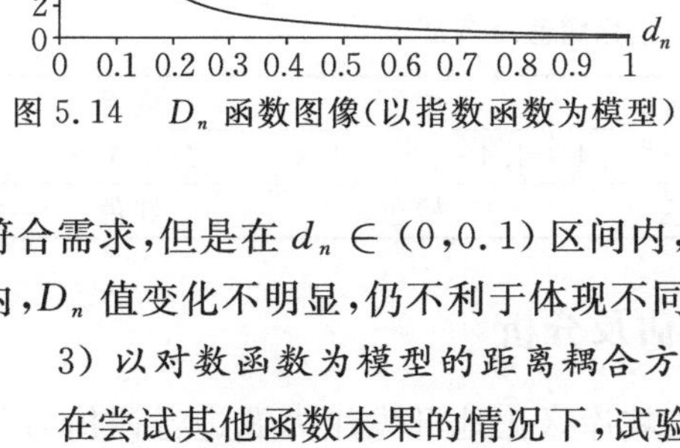

图 5.14　D_n 函数图像（以指数函数为模型）

式中：D_n 为第 n 个区域威胁相应敏感目标的距离系数；n 为区域编号；d_n 为第 n 个单元至敏感目标的距离指数；d_{0n} 为第 n 个单元至敏感目标的实际距离；$d_{0\min}$ 与 $d_{0\max}$ 分别为所有单元至敏感目标的实际距离中的最小值和最大值。其函数图像如图 5.14 所示。

由图 5.14 可以看出，该函数在 $d_n \in (0, 1)$ 区间内的单调性和极限值符合需求，但是在 $d_n \in (0, 0.1)$ 区间内，D_n 值仍是过大，而在 $d_n \in (0.7, 1)$ 区间内，D_n 值变化不明显，仍不利于体现不同区域的 d_n 值所带来的差异。

3）以对数函数为模型的距离耦合方法

在尝试其他函数未果的情况下，试验指数函数的反函数——对数函数是否可用，即认为

$$D_n = k \cdot \ln(d_n) + h \tag{5.14}$$

式中：k、h 为待定系数；n 为区域编号；d_n 为第 n 个单元至敏感目标的距离指数。根据距离系数计算原则式(5.9)，计算得 $k=-1/\ln2$，$h=0$，即

$$D_n = -\ln(d_n)/\ln2 = -\ln(d_{0n}/(d_{0\min}+d_{0\max}))/\ln2 \tag{5.15}$$

式中：D_n 为第 n 个区域威胁相应敏感目标的距离系数；n 为区域编号；d_n 为第 n 个单元至敏感目标的距离指数；d_{0n} 为第 n 个单元至敏感目标的实际距离；$d_{0\min}$ 与 $d_{0\max}$ 分别为所有单元至敏感目标的实际距离中的最小值和最大值。其函数图像如图 5.15 所示。

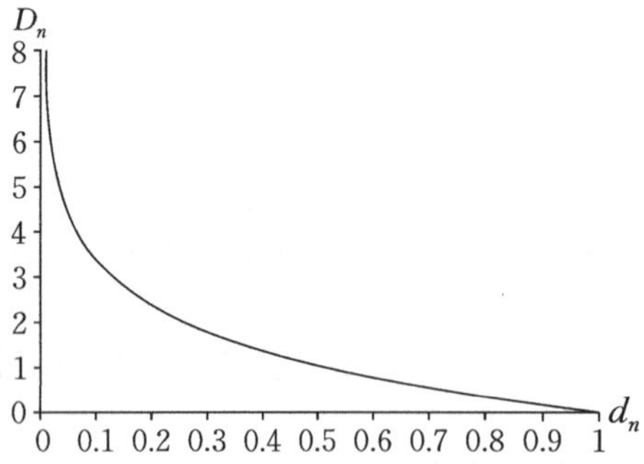

图 5.15　D_n 函数图像(以对数函数为模型)

由图 5.15 可以看出，该函数在 $d_n \in (0,1)$ 区间内的单调性和极限值符合需求，在 $d_n \in (0.02,1)$ 的区间内，函数值变化均匀，能较好体现不同区域的 d_n 值所带来的差异。

5. 预警级别划分方式

预警工作最早在洪水等灾害事件管理过程中予以开展。参照以英国为代表的按防灾过程划分预警级别的模式，本书中采用蓝色预警代表安全状态，黄色预警代表警惕状态，橙色预警代表准备状态，红色预警代表行动状态。考虑到预警指标性质的不同，将英国划分方法中的根据事件发生概率（概率 p 取 0.2、0.4、0.6）设置的阈值体系，进行转化调整(指标 F 取 1.2、1.4、1.6)，即以全流域平均情况作为评估的标准值，如表 5.6 所示。当单元内预警指标值不超过标准值 20%时，其预警级别为蓝色预警(无警)；当单元内有预警指标值超过标准值 20%而不超过 40%时，其预警级别为黄色预警(轻警)；当单元内有预警指标值超过标准值 40%而不超过 60%时，其预警级别为橙色预警(中警)；当单元内有预警指标值超过标准值 60%时，其预警级别为红色预警(重警)。

表 5.6　各预警级别指标阈值及表征

预警级别	无警	轻警	中警	重警
最大指标 F	$F \leqslant 1.2$	$1.2 < F \leqslant 1.4$	$1.4 < F \leqslant 1.6$	$F > 1.6$
颜色表征	天蓝色	黄色	橙色	红色

5.2.2　三峡库区土地开发压力源评估及分析

本小节主要以子流域尺度为单元对三峡库区土地开发压力源进行评估与分析，也可参照其中介绍的方法在区县尺度进行评估和分析，其内容本书不再赘述。

1. 三峡库区子流域划分

根据已有等高线数据图层，在ArcGIS 10.0软件中插值制成30 m分辨率的数字高程图(图5.16)，作为提取河网水系和划分子流域分区的基础数据。选定寸滩、清溪场、晒网坝、培石、坝区5个水质控制断面。

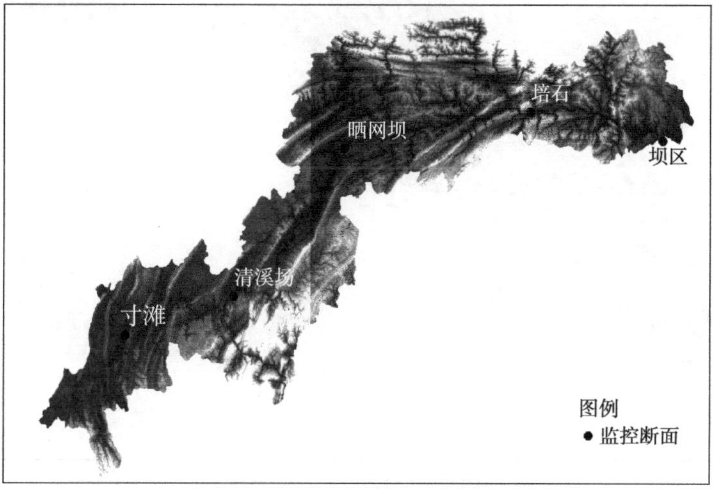

图5.16　三峡库区地形及控制断面示意

再利用ArcToolbox模块中水文分析工具，经过填洼、河网链接分级等步骤，将库区划分为足够数量的集水区。再结合DEM地形信息和筛选出的主要河流分布，将所得细密集水区融合为38个包含库区主要支流、河段及其流域的子流域分区。所划分子流域分区可以分为两种类型：①支流子流域中的面源污染物会随着雨水径流等先流入支流，再汇入长江，所以该类子流域的汇流点概化为支流与长江干流的交汇处；②河段子流域中的面源污染物直接经由陆地进入长江，所以该类子流域的汇流点概化为流域内长江干流的中点。

将38个子流域分区按水资源汇集过程归类为5个河段，可以认为该区域的面源污染污染物随径流向下游汇至对应控制断面。其中寸滩段包括圣水河河段、嘉陵江流域、箭河流域、九龙坡南岸区河段和笋溪河綦江流域共计5个子流域；清溪场段包括江北区河段、临江河流域、龙溪河流域、乌江流域、五布河流域、迎龙镇流域和御临河流域共计7个子流域；晒网坝段包括丰都县河段、黄金河流域、龙河流域、渠溪河碧溪河流域和忠县万州河段共计5个子流域；培石段包括大宁河流域、大溪河流域、梅溪河流域、磨刀溪流域、澎溪河流域、清水河红岩河流域、杨溪河流域、万州云阳河段、巫山河段和长滩河乌龙溪流域共计10个子流域；坝区段包括板桥河流域、边域溪小溪河流域、九畹溪流域、凉台河流域、青干河锣鼓洞河流域、三峡坝区乐天溪流域、童庄河流域、万福河流域、西河桥边河流域、香溪河流域和沿渡河流域共计11个子流域，如图5.17所示。

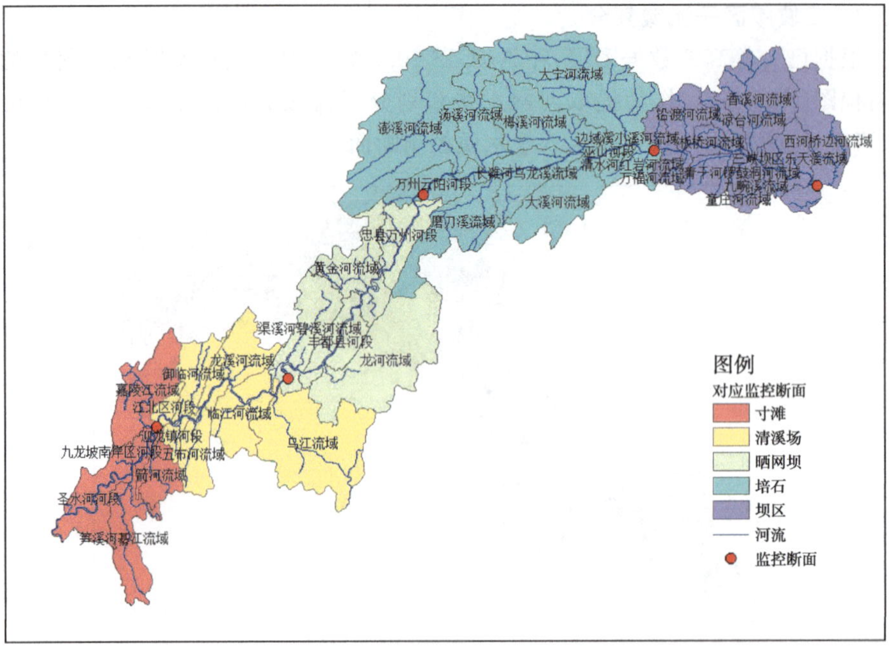

图 5.17　三峡库区子流域划分示意

2. 三峡库区敏感子流域筛选

因为库区敏感土地利用类型和不利转化方向的筛选与各土地利用类型的空间分布无关，所以在子流域尺度的土地开发压力源评估中，库区敏感土地利用类型仍为耕地（旱耕地、水耕田）与人工表面（城镇、农村居民点和交通、工矿用地），不利转化方向仍为林地—草地、林地—水耕田、林地—旱耕地、林地—人工表面、草地—水耕田、草地—旱耕地、草地—人工表面、水耕田—旱耕地、水耕田—人工表面、旱耕地—人工表面，共计 10 种转化类型。

从敏感土地利用类型面积总量角度分析（图 5.18），2010 年库区敏感土地利用类型面积最大的子流域是澎溪河流域，为 1 587.62 km^2，其次为渠溪河碧溪河流域，为 912.89 km^2。从面积比例角度分析，2010 年库区敏感土地利用类型面积占区域总面积比例最大的单元是寸滩段（42.01%），清溪场段（35.41%）与晒网坝段（34.32%）居其次，坝区段（20.83%）和培石段（20.25%）最小。子流域中九龙坡南岸区河段（58.36%）和渠溪河碧溪河流域（54.09%）的敏感土地利用类型面积最大，江北区河段（53.77%）与龙溪河流域（53.00%）居其次。

从土地覆盖发生各类不利转变总面积的角度分析（图 5.19），2005 至 2010 年期间，其他类型用地（尤其是林地、水耕田）向人工表面的演替以 99.61%的占比成为三峡库区土地覆盖的最主要不利转化方向。其中清溪场段（233.09 km^2）发生不利转化的面积最多，寸滩段（222.44 km^2）居其次，分别占库区不利转化总面积的

32%和 31%。细化至子流域尺度可见，库区各子流域中嘉陵江流域的不利转化面积最多，为 137.05 km²。从面积比例角度分析，寸滩段与清溪场段发生不利演替所占比例最大，分别有 3.63%和 2.53%的土地发生了不利转化。

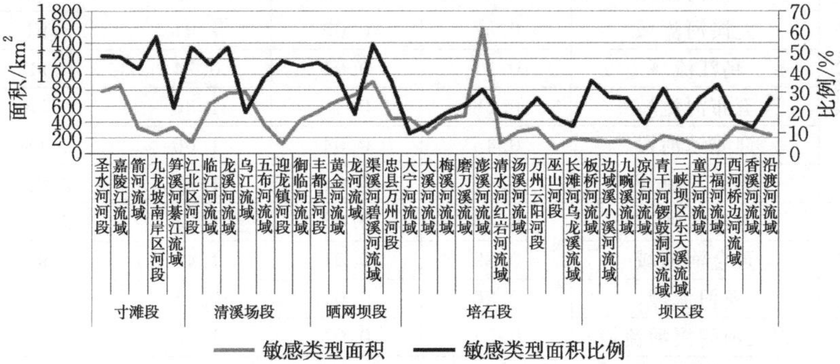

图 5.18　2010 年各子流域敏感土地利用类型分布情况

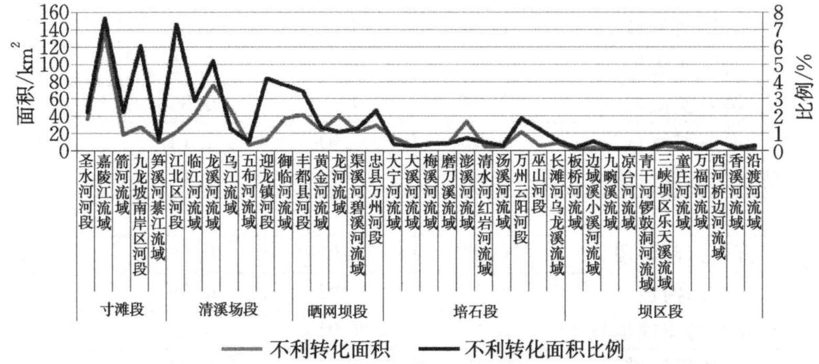

图 5.19　2005—2010 年各子流域不利转化面积与比例统计

根据式(5.5)、式(5.6)将库区土地覆盖数据代入计算，结果见表 5.7。可知，2010 年九龙坡南岸区河段、龙溪河流域、渠溪河碧溪河流域和江北区河段是库区敏感土地类型面积过多而产生污染压力较大的子流域，最高现状压力指数达 2.11。从压力变化来看，2005—2010 年嘉陵江流域、江北区河段和九龙坡南岸区河段土地开发所造成新增污染压力在库区中所占比重最大，新增压力指数达到 5.81、5.54 和 4.57。

表 5.7　三峡库区敏感子流域筛选

指数类别		a_n	b_n	F_{1n}	F_{2n}
寸滩段	圣水河河段	0.48	0.02	1.75	1.63
	嘉陵江流域	0.48	0.08	1.74	5.81
	箭河流域	0.42	0.02	1.52	1.63
	九龙坡南岸区河段	0.58	0.06	2.11	4.57
	笋溪河綦江流域	0.23	0.01	0.81	0.42

续表

指数类别		a_n	b_n	F_{1n}	F_{2n}
清溪场段	江北区河段	0.53	0.07	1.90	5.54
	临江河流域	0.44	0.03	1.60	2.13
	龙溪河流域	0.53	0.05	1.91	3.91
	乌江流域	0.21	0.01	0.74	0.92
	五布河流域	0.38	0	1.36	0.36
	迎龙镇河段	0.46	0.04	1.66	3.13
	御临河流域	0.44	0.04	1.57	2.85
晒网坝段	丰都县河段	0.45	0.03	1.63	2.57
	黄金河流域	0.39	0.01	1.4	0.95
	龙河流域	0.20	0.01	0.71	0.78
	渠溪河碧溪河流域	0.54	0.01	1.95	0.9
	忠县万州河段	0.36	0.02	1.29	1.69
培石段	大宁河流域	0.1	0	0.37	0.22
	大溪河流域	0.14	0	0.5	0.17
	梅溪河流域	0.2	0	0.72	0.25
	磨刀溪流域	0.24	0	0.86	0.26
	澎溪河流域	0.32	0.01	1.14	0.49
	清水河红岩河流域	0.19	0	0.7	0.33
	汤溪河流域	0.17	0	0.63	0.17
	万州云阳河段	0.27	0.02	0.98	1.38
	巫山河段	0.18	0.01	0.65	0.86
	长滩河乌龙溪流域	0.13	0.01	0.48	0.38
坝区段	板桥河流域	0.36	0	1.30	0.10
	边域溪小溪河流域	0.28	0	1	0.35
	九畹溪流域	0.27	0	0.99	0.06
	凉台河流域	0.15	0	0.54	0.03
	青干河锣鼓洞河流域	0.32	0	1.16	0.02
	三峡坝区乐天溪流域	0.16	0	0.56	0.26
	童庄河流域	0.27	0	0.98	0.27
	万福河流域	0.34	0	1.24	0.02
	西河桥边河流域	0.16	0	0.59	0.32
	香溪河流域	0.13	0	0.48	0.05
	沿渡河流域	0.27	0	0.99	0.17

3. 三峡库区土地开发压力源评估指标筛选

根据指标确定原则，分别确定各区县的预警评估指标（表 5.8）：①笋溪河綦江流域、大宁河流域、大溪河流域、梅溪河流域、磨刀溪流域、清水河红岩河流域、汤溪河流域、长滩河乌龙溪流域、九畹溪流域、凉台河流域、童庄河流域、西河桥边河流域、香溪河流域和沿渡河流域，$F_1 > F_2$ 且 $F_1 < 1$，以区县内敏感土地利用类型面积比例 1 个指标作为评估指标；② 乌江流域、龙河流域和巫山河段 $F_2 > F_1$ 且 $F_2 < 1$，以区县内土地覆盖发生不利转化的面积比例 1 个指标作为评估指标；③ 五布河流域、黄金河流域、渠溪河碧溪河流域、澎溪河流域、板桥河流域、边域溪小溪河流域、青干河锣鼓洞河流域和万福河流域，$F_1 > F_2$ 且 $F_1 > 1$，以区县内敏感土地利用类型面积比例 1 个指标作为评估指标；④ 圣水河流域，$F_1 > F_2$ 且 $F_2 > 1$，以区县内敏感土地利用类型面积比例与土地覆盖发生不利转化的面积比例 2 个指标作为评估指标；⑤ 其他区县，$F_2 > F_1$ 且 $F_1 > 1$，以区县内土地覆盖发生不利转化的面积比例和敏感土地利用类型面积比例 2 个指标作为评估指标。

表 5.8　库区子流域预警评估指标筛选

指数类别		F_{1n}	F_{2n}	选取指标	F_n
寸滩段	圣水河河段	1.75	1.63	F_1, F_2	1.75
	嘉陵江流域	1.74	5.81	F_1, F_2	5.81
	箭河流域	1.52	1.63	F_1, F_2	1.63
	九龙坡南岸区河段	2.11	4.57	F_1, F_2	4.57
	笋溪河綦江流域	0.81	0.42	F_1	0.81
清溪场段	江北区河段	1.9	5.54	F_1, F_2	5.54
	临江河流域	1.6	2.13	F_1, F_2	2.13
	龙溪河流域	1.91	3.91	F_1, F_2	3.91
	乌江流域	0.74	0.92	F_2	0.92
	五布河流域	1.36	0.36	F_1	1.36
	迎龙镇河段	1.66	3.13	F_1, F_2	3.13
	御临河流域	1.57	2.85	F_1, F_2	2.85
晒网坝段	丰都县河段	1.63	2.57	F_1, F_2	2.57
	黄金河流域	1.4	0.95	F_1	1.4
	龙河流域	0.71	0.78	F_2	0.78
	渠溪河碧溪河流域	1.95	0.9	F_1	1.95
	忠县万州河段	1.29	1.69	F_1, F_2	1.69
培石段	大宁河流域	0.37	0.22	F_1	0.37
	大溪河流域	0.5	0.17	F_1	0.5
	梅溪河流域	0.72	0.25	F_1	0.72
	磨刀溪流域	0.86	0.26	F_1	0.86
	澎溪河流域	1.14	0.49	F_1	1.14
培石段	清水河红岩河流域	0.7	0.33	F_1	0.7
	汤溪河流域	0.63	0.17	F_1	0.63
	万州云阳河段	0.98	1.38	F_2	1.38
	巫山河段	0.65	0.86	F_2	0.86
	长滩河乌龙溪流域	0.48	0.38	F_1	0.48

续表

指数类别		F_{1n}	F_{2n}	选取指标	F_n
坝区段	板桥河流域	1.30	0.10	F_1	1.30
	边域溪小溪河流域	1	0.35	F_1	1
	九畹溪流域	0.99	0.06	F_1	0.99
	凉台河流域	0.54	0.03	F_1	0.54
	青干河锣鼓洞河流域	1.16	0.02	F_1	1.16
	三峡坝区乐天溪流域	0.56	0.26	F_1	0.56
	童庄河流域	0.98	0.27	F_1	0.98
	万福河流域	1.24	0.02	F_1	1.24
	西河桥边河流域	0.59	0.32	F_1	0.59
	香溪河流域	0.48	0.05	F_1	0.48
	沿渡河流域	0.99	0.17	F_1	0.99

4. 三峡库区区域土地开发预警分级

将相关数据分析得到结果(表 5.9、图 5.20)，库区土地开发对水质产生压力最大的区域位于重庆市周边。其中，圣水河河段 F_1 指数值大于 F_2，为 1.75，所对应的指标超出评估标准值(全流域均值)的 74.73%，属于重警预警级别；嘉陵江流域 F_2 指数值大于 F_1，为 5.81，指标超标率 480.58%，属于重警预警级别；箭河流域 F_2 指数值大于 F_1，为 1.63，指标超标率 63.35%，属于重警预警级别；九龙坡南岸区河段 F_2 指数值大于 F_1，为 4.57，指标超标率 357.38%，属于重警预警级别；江北区河段 F_2 指数值大于 F_1，为 5.54，指标超标率 453.65%，属于重警预警级别；临江河流域 F_2 指数值大于 F_1，为 2.13，指标超标率 112.73%，属于重警预警级别；龙溪河流域 F_2 指数值大于 F_1，为 3.91，指标超标率 291.26%，属于重警预警级别；迎龙镇河段 F_2 指数值大于 F_1，为 3.13，指标超标率 212.85%，属于重警预警级别；御临河流域 F_2 指数值大于 F_1，为 2.85，指标超标率 184.70%，属于重警预警级别；丰都县河段 F_2 指数值大于 F_1，为 2.57，指标超标率 157.36%，属于重警预警级别；渠溪河碧溪河流域 F_1 指数值大于 F_2，为 1.95，指标超标率 95.10%，属于重警预警级别；忠县万州河段 F_2 指数值大于 F_1，为 1.69，指标超标率 69.04%，属于重警预警级别；黄金河流域 F_1 指数值大于 F_2，为 1.40，指标超标率 40.24%，属于中警预警级别；五布河流域市 F_1 指数值大于 F_2，为 1.46，指标超标率 35.99%，属于轻警预警级别；万州云阳河段 F_1 指数值大于 F_2，为 1.38，指标超标率 37.53%，属于轻警预警级别；板桥河流域 F_1 指数值大于 F_2，为 1.3，指标超标率 30.28%，属于轻警预警级别；万福河流域 F_1 指数值大于 F_2，为 1.24，指标超标率 24.41%，属于轻警预警级别；其他区县无指标超过标准值，属于无警预警级别。

表5.9　三峡库区子流域预警级别及表征

		指标超标比例/%	预警级别	颜色表征
寸滩段	圣水河河段	74.73	重警	红色
	嘉陵江流域	480.58	重警	红色
	箭河流域	63.35	重警	红色
	九龙坡南岸区河段	357.38	重警	红色
	笋溪河綦江流域	—	无警	天蓝色
清溪场段	江北区河段	453.65	重警	红色
	临江河流域	112.73	重警	红色
	龙溪河流域	291.26	重警	红色
	乌江流域	—	无警	天蓝色
	五布河流域	35.99	轻警	黄色
	迎龙镇河段	212.85	重警	红色
	御临河流域	184.70	重警	红色
晒网坝段	丰都县河段	157.36	重警	红色
	黄金河流域	40.24	中警	橙色
	龙河流域	—	无警	天蓝色
	渠溪河碧溪河流域	95.10	重警	红色
	忠县万州河段	69.04	重警	红色
培石段	大宁河流域	—	无警	天蓝色
	大溪河流域	—	无警	天蓝色
	梅溪河流域	—	无警	天蓝色
	磨刀溪流域	—	无警	天蓝色
	澎溪河流域	14.29	无警	天蓝色
	清水河红岩河流域	—	无警	天蓝色
	汤溪河流域	—	无警	天蓝色
	万州云阳河段	37.53	轻警	黄色
	巫山河段	—	无警	天蓝色
	长滩河乌龙溪流域	—	无警	天蓝色
坝区段	板桥河流域	30.28	轻警	黄色
	边域溪小溪河流域	—	无警	天蓝色
	九畹溪流域	—	无警	天蓝色
	凉台河流域	—	无警	天蓝色
	青干河锣鼓洞河流域	16.49	无警	天蓝色
	三峡坝区乐天溪流域	—	无警	天蓝色
	童庄河流域	—	无警	天蓝色
坝区段	万福河流域	24.41	轻警	黄色
	西河桥边河流域	—	无警	天蓝色
	香溪河流域	—	无警	天蓝色
	沿渡河流域	—	无警	天蓝色

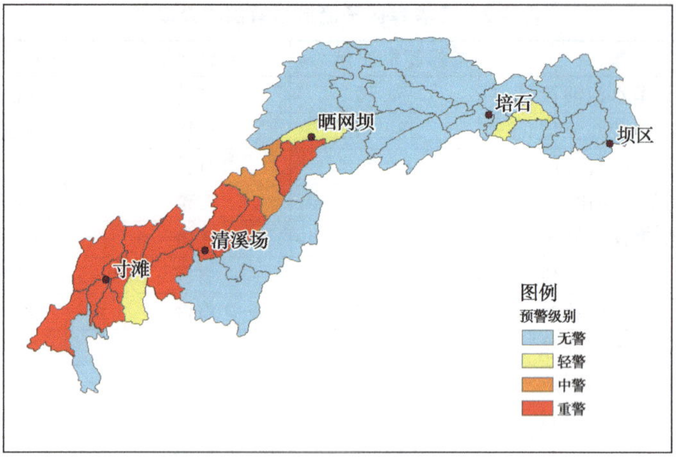

图 5.20　库区各区县预警等级示意

5. 三峡库区土地开发压力源综合评估

1) 耦合以幂函数(倒数)为模型距离系数的评估结果

通过 GIS 距离分析得到各区县至对应控制断面的距离 d_n。根据式(5.9),计算各区县压力源评估指标 F_n、敏感目标受威胁的距离系数 D_n 和土地开发压力源综合评估指标 P_n(表 5.10),并绘制库区土地开发压力源综合评估图(图 5.21)。结果显示:耦合距离后库区有圣水河河段、嘉陵江流域、箭河流域、九龙坡南岸区河段、笋溪河綦江流域、江北区河段、临江河流域、龙溪河流域、乌江流域、五布河流域、迎龙镇河段、御临河流域、黄金河流域、忠县万州河段、大宁河流域、清水河红岩河流域、巫山河段、九畹溪流域、三峡坝区乐天溪流域、童庄河流域、西河桥边河流域共计 21 个子流域是重警预警级别。从指标变化角度分析,距离控制断面较近的区域预警指标有较显著的增加,其中笋溪河綦江流域、乌江流域、五布河流域、黄金河流域、大宁河流域、清水河红岩河流域、巫山河段、九畹溪流域、三峡坝区乐天溪流域、童庄河流域、西河桥边河流域共计 11 个子流域是库区耦合距离因素后新增的重警级别子流域,距离控制断面较远的区域预警指标减小幅度较大,丰都县河段的预警级别由重警降为中警,渠溪河碧溪河流域的预警级别由重警降为无警,万州云阳河段、板桥河流域和万福河流域的预警级别由轻警降为无警。

表 5.10　三峡库区子流域预警级别及表征(以幂函数为模型)

指标类别		F_n	D_n	P_n	预警级别	颜色表征
寸滩段	圣水河河段	1.75	1.71	2.99	重警	红色
	嘉陵江流域	5.81	27.56	160.03	重警	红色
	箭河流域	1.63	11.38	18.58	重警	红色
	九龙坡南岸区河段	4.57	9.66	44.2	重警	红色
	笋溪河綦江流域	0.81	3.14	2.56	重警	红色

续表

指标类别		F_n	D_n	P_n	预警级别	颜色表征
清溪场段	江北区河段	5.54	0.83	4.59	重警	红色
	临江河流域	2.13	5.08	10.81	重警	红色
	龙溪河流域	3.91	2.95	11.52	重警	红色
	乌江流域	0.92	17.81	16.39	重警	红色
	五布河流域	1.36	1.48	2.01	重警	红色
	迎龙镇河段	3.13	1.01	3.17	重警	红色
	御临河流域	2.85	1.28	3.64	重警	红色
晒网坝段	丰都县河段	2.57	0.55	1.42	中警	橙色
	黄金河流域	1.4	1.47	2.06	重警	红色
	龙河流域	0.78	0.23	0.18	无警	天蓝色
	渠溪河碧溪河流域	1.95	0.11	0.21	无警	天蓝色
	忠县万州河段	1.69	5.37	9.08	重警	红色
培石段	大宁河流域	0.37	5.46	2.01	重警	红色
	大溪河流域	0.5	2.09	1.05	无警	天蓝色
	梅溪河流域	0.72	1.79	1.29	轻警	黄色
	磨刀溪流域	0.86	0.28	0.24	无警	天蓝色
	澎溪河流域	1.14	0.07	0.08	无警	天蓝色
	清水河红岩河流域	0.7	12.65	8.82	重警	红色
	汤溪河流域	0.63	0.25	0.16	无警	天蓝色
	万州云阳河段	1.38	0.04	0.05	无警	天蓝色
	巫山河段	0.86	3.92	3.36	重警	红色
	长滩河乌龙溪流域	0.48	0.65	0.31	无警	天蓝色
坝区段	板桥河流域	1.3	0.87	1.13	无警	天蓝色
	边域溪小溪河流域	1	0.39	0.39	无警	天蓝色
	九畹溪流域	0.99	2.45	2.42	重警	红色
	凉台河流域	0.54	1.47	0.79	无警	天蓝色
	青干河锣鼓洞河流域	1.16	1.31	1.52	中警	橙色
	三峡坝区乐天溪流域	0.56	5.24	2.96	重警	红色
	童庄河流域	0.98	1.8	1.76	重警	红色
	万福河流域	1.24	0.54	0.67	无警	天蓝色
	西河桥边河流域	0.59	18.86	11.2	重警	红色
	香溪河流域	0.48	1.89	0.9	无警	天蓝色
	沿渡河流域	0.99	0.57	0.56	无警	天蓝色

2）耦合以指数函数为模型距离系数的评估结果

通过GIS距离分析得到各区县至对应控制断面的距离 d_n。根据式(5.9)，计算各区县压力源评估指标 F_n、敏感目标受威胁的距离系数 D_n 和土地开发压力源综合评估指标 P_n（表5.11），并绘制库区土地开发压力源综合评估图（图5.22）。

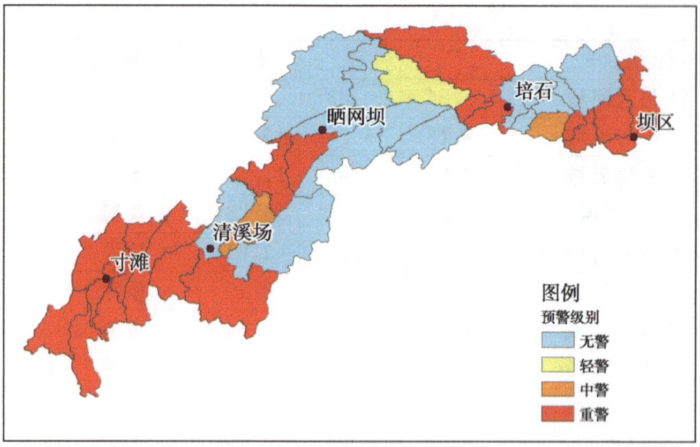

图 5.21　三峡库区土地开发压力源综合预警等级示意(以幂函数为模型)

结果显示:耦合距离后库区有圣水河河段、嘉陵江流域、箭河流域、九龙坡南岸区河段、笋溪河綦江流域、江北区河段、临江河流域、龙溪河流域、乌江流域、五布河流域、迎龙镇河段、御临河流域、黄金河流域、忠县万州河段、大宁河流域、清水河红岩河流域、巫山河段、九畹溪流域、三峡坝区乐天溪流域、西河桥边河流域共计 20 个子流域是重警预警级别。从指标变化角度分析,距离控制断面较近的区域预警指标有较显著的增加,其中笋溪河綦江、乌江流域、五布河流域、黄金河流域、大宁河流域、清水河红岩河流域、巫山河段、九畹溪流域、三峡坝区乐天溪流域、西河桥边河流域共计 10 个子流域是库区耦合距离因素后新增的重警级别子流域,距离控制断面较远的区域预警指标减小幅度较大,丰都县河段的预警级别由重警降为中警,渠溪河碧溪河流域的预警级别由重警降为无警,万州云阳河段、板桥河流域和万福河流域的预警级别由轻警降为无警。

表 5.11　三峡库区区县综合评估级别及表征(以指数函数为模型)

指标类别		F_n	D_n	P_n	预警级别	颜色表征
寸滩段	圣水河河段	1.75	1.55	2.7	重警	红色
	嘉陵江流域	5.81	8 566.73	49 736.86	重警	红色
	箭河流域	1.63	47.22	77.13	重警	红色
	九龙坡南岸区河段	4.57	26.98	123.42	重警	红色
	笋溪河綦江流域	0.81	2.87	2.34	重警	红色
清溪场段	江北区河段	5.54	0.86	4.77	重警	红色
	临江河流域	2.13	5.82	12.38	重警	红色
	龙溪河流域	3.91	2.66	10.41	重警	红色
	乌江流域	0.92	376.41	346.39	重警	红色
	五布河流域	1.36	1.36	1.86	重警	红色
	迎龙镇河段	3.13	1.01	3.16	重警	红色
	御临河流域	2.85	1.21	3.46	重警	红色

续表

指标类别		F_n	D_n	P_n	预警级别	颜色表征
晒网坝段	丰都县河段	2.57	0.62	1.58	中警	橙色
	黄金河流域	1.4	1.36	1.9	重警	红色
	龙河流域	0.78	0.22	0.17	无警	天蓝色
	渠溪河碧溪河流域	1.95	0.04	0.08	无警	天蓝色
	忠县万州河段	1.69	6.44	10.88	重警	红色
培石段	大宁河流域	0.37	6.64	2.44	重警	红色
	大溪河流域	0.5	1.86	0.93	无警	天蓝色
	梅溪河流域	0.72	1.61	1.16	无警	天蓝色
	磨刀溪流域	0.86	0.3	0.26	无警	天蓝色
	澎溪河流域	1.14	0.01	0.01	无警	天蓝色
	清水河红岩河流域	0.7	71.49	49.8	重警	红色
	汤溪河流域	0.63	0.26	0.16	无警	天蓝色
	万州云阳河段	1.38	0	0	无警	天蓝色
	巫山河段	0.86	3.84	3.29	重警	红色
	长滩河乌龙溪流域	0.48	0.7	0.34	无警	天蓝色
坝区段	板桥河流域	1.30	0.90	1.17	无警	天蓝色
	边域溪小溪河流域	1	0.44	0.44	无警	天蓝色
	九畹溪流域	0.99	2.18	2.14	重警	红色
	凉台河流域	0.54	1.36	0.73	无警	天蓝色
	青干河锣鼓洞河流域	1.16	1.24	1.44	中警	橙色
	三峡坝区乐天溪流域	0.56	6.15	3.47	重警	红色
	童庄河流域	0.98	1.62	1.59	中警	橙色
	万福河流域	1.24	0.6	0.75	无警	天蓝色
	西河桥边河流域	0.59	527.48	313.27	重警	红色
	香溪河流域	0.48	1.69	0.81	无警	天蓝色
	沿渡河流域	0.99	0.63	0.62	无警	天蓝色

3) 耦合以对数函数为模型距离系数的评估结果

通过 GIS 距离分析得到各区县至对应控制断面的距离 d_n。根据式(5.9)，计算各区县压力源评估指标 F_n、敏感目标受威胁的距离系数 D_n 和土地开发压力源综合评估指标 P_n（表 5.12），并绘制库区土地开发压力源综合评估图（图 5.23）。结果显示：耦合距离后库区有圣水河河段、嘉陵江流域、箭河流域、九龙坡南岸区河段、笋溪河綦江流域、江北区河段、临江河流域、龙溪河流域、乌江流域、五布河流域、迎龙镇河段、御临河流域、丰都县河段、黄金河流域、忠县万州河段、清水河红岩河流域、巫山河段、九畹溪流域、西河桥边河流域共计 19 个子流域是重警预警级别。从指标变化角度分析，距离控制断面较近的区域预警指标有较显著的增加，其中笋溪河綦江、乌江流域、五布河流域、黄金河流

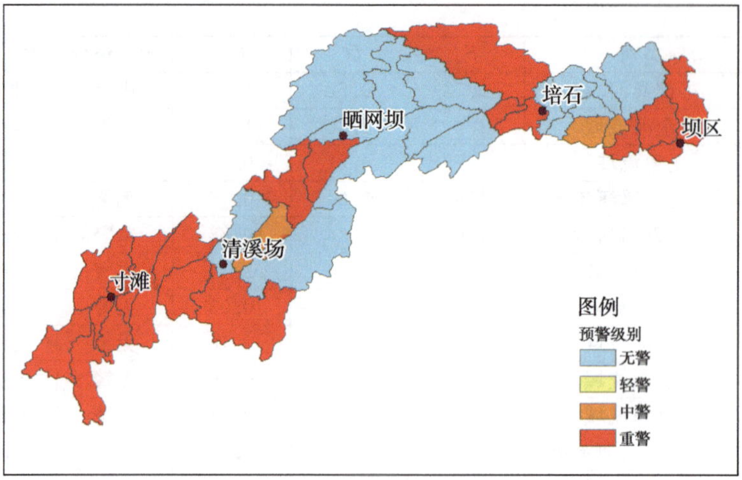

图 5.22　三峡库区土地开发压力源综合预警等级示意(以指数函数为模型)

域、清水河红岩河流域、巫山河段、九畹溪流域、西河桥边河流域共计 9 个子流域是库区耦合距离因素后新增的重警级别子流域，距离控制断面较远的区域预警指标减小幅度较大，丰都县河段的预警级别由重警降为中警，渠溪河碧溪河流域的预警级别由重警降为无警，万州云阳河段、板桥河流域和万福河流域的预警级别由轻警降为无警。

表 5.12　三峡库区区县综合评估级别及表征(以对数函数为模型)

指标类别		F_n	D_n	P_n	预警级别	颜色表征
寸滩段	圣水河河段	1.75	1.44	2.51	重警	红色
	嘉陵江流域	5.81	4.84	28.08	重警	红色
	箭河流域	1.63	3.63	5.93	重警	红色
	九龙坡南岸区河段	4.57	3.41	15.62	重警	红色
	笋溪河綦江流域	0.81	2.05	1.67	重警	红色
清溪场段	江北区河段	5.54	0.87	4.82	重警	红色
	临江河流域	2.13	2.6	5.54	重警	红色
	龙溪河流域	3.91	1.98	7.75	重警	红色
	乌江流域	0.92	4.23	3.9	重警	红色
	五布河流域	1.36	1.31	1.78	重警	红色
	迎龙镇河段	3.13	1.01	3.16	重警	红色
	御临河流域	2.85	1.19	3.38	重警	红色
晒网坝段	丰都县河段	2.57	0.64	1.64	重警	红色
	黄金河流域	1.4	1.3	1.83	重警	红色
	龙河流域	0.78	0.29	0.23	无警	天蓝色
	渠溪河碧溪河流域	1.95	0.15	0.29	无警	天蓝色
	忠县万州河段	1.69	2.67	4.52	重警	红色

续表

指标类别		F_n	D_n	P_n	预警级别	颜色表征
培石段	大宁河流域	0.37	2.69	0.99	无警	天蓝色
	大溪河流域	0.5	1.63	0.81	无警	天蓝色
	梅溪河流域	0.72	1.48	1.07	无警	天蓝色
	磨刀溪流域	0.86	0.36	0.31	无警	天蓝色
	澎溪河流域	1.14	0.09	0.11	无警	天蓝色
	清水河红岩河流域	0.7	3.77	2.63	重警	红色
	汤溪河流域	0.63	0.32	0.2	无警	天蓝色
	万州云阳河段	1.38	0.05	0.07	无警	天蓝色
	巫山河段	0.86	2.3	1.97	重警	红色
	长滩河乌龙溪流域	0.48	0.72	0.35	无警	天蓝色
坝区段	板桥河流域	1.30	0.90	1.18	无警	天蓝色
	边域溪小溪河流域	1	0.48	0.48	无警	天蓝色
	九畹溪流域	0.99	1.79	1.76	重警	红色
	凉台河流域	0.54	1.3	0.7	无警	天蓝色
	青干河锣鼓洞河流域	1.16	1.21	1.4	中警	橙色
	三峡坝区乐天溪流域	0.56	2.64	1.49	中警	橙色
	童庄河流域	0.98	1.49	1.46	中警	橙色
	万福河流域	1.24	0.62	0.77	无警	天蓝色
	西河桥边河流域	0.59	4.31	2.56	重警	红色
	香溪河流域	0.48	1.53	0.73	无警	天蓝色
	沿渡河流域	0.99	0.65	0.64	无警	天蓝色

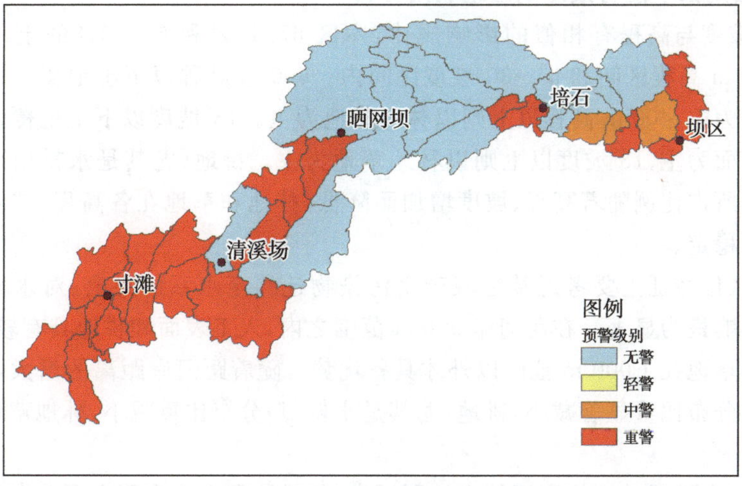

图 5.23　三峡库区土地开发压力源综合预警等级示意(以对数函数为模型)

§5.3　研究成果

水环境质量安全评估与预警是水环境风险管理的重要环节,其具有先觉性、预见性,具有对演化趋势、方向、速度、后果的警觉作用,具有为环境保护和生态建设服务的科学支撑功能。尤其,面向累积型风险的水环境质量安全评估,其关注对象为常态条件下的安全问题,与水环境管理日常工作结合紧密,与水环境管理的战略性、综合性决策工作关系密切,而由流域内土地开发变化带来的累积型面源污染是其中重要的评估内容。

本章通过分析面源污染的输出源头——土地覆盖,来对库区面源污染的总量进行评价和估计;在土地利用模式数据的基础上,针对地形(高程、坡度)、区位(与河流的距离)和生态(土壤类型、多年平均降水量)3 类因素的 5 个因子分析不同土地利用类型的空间分布格局特征,再将土地利用模式与格局结合起来于澎溪河流域进行线性回归实验,讨论了库区土地利用模式与格局的共同作用模式与水质参数的关系;在库区面源污染输出总量特征与格局因子影响分析的基础上,提出了面向水质安全的土地开发压力源评估方法,对各土地利用类型提出相应的面源污染输出压力综合指数,以此筛选对于水质安全影响较大的敏感土地利用类型;再根据敏感土地利用类型的总量和变化量两个指数,对该区域进行综合评估并于三峡库区进行实验与预警。

结果可概括为以下几个方面。

1. 格局因子能有效影响土地利用分布

(1)坡度与高程有相似的影响规律,库区 67.17%和 64.50%的土地集中于 200～800 m 高程区间和 6°～30°坡度区间内。600 m 高程以下土地覆盖以耕地和人工表面为主,400 m 高程以上则以林地草地为主。18°坡度以下土地覆盖以耕地和人工表面为主,18°坡度以上则以林地草地为主。耕地(尤其是水耕田)、水域和人工表面所占比例随着高程、坡度增加而降低,林地和草地在各高程、坡度区间的分布相对稳定。

(2)区位特征主要考虑某区域产生污染物迁移至水系的距离,对水域和人工表面的影响最为显著。在距河岸 500 m 范围之内,人工表面和耕地具有较大优势,而林地和草地在 1 000 m 范围以外才具备优势。随着距河岸距离的增大,水域、人工表面的分布比重显著减小,耕地(尤其是水耕田)分布比重减小,林地草地分布比重增加。

(3)与人类活动比较密切的土地利用类型,耕地和人工表面主要分布在石灰性紫色土和咸酸水稻土地区;旱耕地于黄褐土性土、黄色石灰土和黄壤性土区域较水耕田更有优势,而水耕田于硅质岩粗骨土较旱耕地更有优势。受人类活动干扰较弱的土地利用类型，如林地主要分布于石灰性紫色土和黄壤性土区域，同时于黄棕壤较其他土地利用类型有更大优势。草地的分布特征与林地相似，但于山地灌丛草甸土和黄色石灰土区域较其他土地覆盖类型有明显优势。降水量对耕地类型和草地分布的影响较为明显，对其他土地覆盖类型则影响不大。

(4)水质中 TP 比 TN 有较好的线性回归关系；TP 适用于相对于面积/坡度/距离因子的线性相关分析；因子的变化对采样点 TP 的变化影响较大；在四种土地利用类型的面积因子中，TP 只与林地的面积成反比，但 TP 受人工表面和草地面积的影响要大于耕地与林地。坡度因子中，位于高坡度的林地较其他类型更能降低 TP。距离因子中，河边的耕地能大幅增加水体中 TP。

2. 库区土地开发压力源评估预警

从子流域评估角度来看，圣水河河段、嘉陵江流域、箭河流域、九龙坡南岸区河段、江北区河段、临江河流域、龙溪河流域、迎龙镇河段、御临河流域、丰都县河段、渠溪河碧溪河流域、忠县万州河段共计 12 个流域属于重警区域，黄金河流域属于中警区域，五布河流域、万州云阳河段、板桥河流域、万福河流域属于轻警区域，其他区县属于无警区域。耦合距离后圣水河河段、嘉陵江流域、箭河流域、九龙坡南岸区河段、笋溪河綦江流域、江北区河段、临江河流域、龙溪河流域、乌江流域、五布河流域、迎龙镇河段、御临河流域、丰都县河段、黄金河流域、忠县万州河段、清水河红岩河流域、巫山河段、九畹溪流域、西河桥边河流域共计 19 个子流域是重警预警级别。

3. 提出面向流域水质安全预警的土地开发压力源评估方法

包括兼顾氮磷污染输出风险的敏感土地类型和不利转化方向确定方法、兼顾状态和趋势的敏感单元筛选方法、预警评估指标确定原则、预警级别划分方式。以三峡库区为案例的研究证明了面向流域水质安全预警的土地开发压力源评估方法的可操作性，既能够避免直接建立土地开发压力与水质之间响应关系的复杂不确定性，又能较好地体现对污染物输出风险的控制和对水质安全的保障。相对于以集成模型模拟为代表的传统方法而言，更能适应实际管理中的压力源风险的快速警示需求。

4. 面向水质安全的库区土地开发压力源改善措施

(1)从土地利用模式因子的角度分析，库区各单元退耕还林进展良好，同时在目前阶段的城镇扩张中应优先将耕地转化为人工表面，保护好已有的林、草覆被。

(2)从土地利用格局因子的角度分析，在高海拔地区应优先保持林地植被，同时应尽量后撤河岸边的耕地。

(3)从区域土地开发压力源对敏感受体影响的角度分析，库区应优先治理 19 个重警子流域(隶属于大渡口区、九龙坡区、南岸区、江北区、沙坪坝区、渝北区、北碚区、涪陵区、长寿区共计 9 个区)的面源污染。

第 6 章　总结与展望

§6.1 总　结

6.1.1 主要研究内容

本书的主要研究内容如下。

(1)面向对象分类理论和决策树算法的结合在方法上概念明晰,可操作性与可移植性强,为海量遥感数据自动解译提供了有效的技术手段,分类结果为湖泊水库管理评价提供数据支持,使得实现多期湖库流域土地利用全境动态监测成为可能。树形结构保证了管理目标不同的湖泊水库在大类分类方法、结构、框架不变的基础上,还能根据实际管理需求方便地增减管理分支,而不影响整个分类规则的制定与分类算法的实现。只需在原有的大类下增加分支即可,十分契合湖库管理中地物调查的需要。

(2)遥感定量反演技术能够精确地观测与反演水温、叶绿素这两项关键测水环境指标。

(3)尝试使用形态学原理在雷达影像上提取大型采砂船 L 形特征,并在高分辨率光学遥感影像上综合使用纹理、几何、尾迹信息,辅助识别采砂船只,有一定的准确性和通用性。

(4)采用一维水文演算与 GIS、RS 相结合的方式,能有效针对无法提供二维水动力计算方法所需的大量边界条件的少资料地区,同时对静态淹没法不成立的河道型湖泊水库也能很好适用。

(5)以热点湖库丹江口水库为研究实例,综合使用上述空间信息技术,获取水库大量与生态环境影响有关的指标自然分布状态,以水位调节为主线,构建起与水位变化有立竿见影效应的指标体系,运用模糊理论,基于不同水位条件下各指标状态数值,选取合适的权重体系,获得不同方案综合效益评价。尝试厘清与揭示水位调度造成的各指标间相互叠加、冲突与影响的实际效果。

(6)以三峡特大型水库为研究实例,综合采用 GIS 空间分析、数理统计分析、野外调查和实验数据分析、评估数学模型相结合的方法,分析流域土地开发的地理分布特征及其对水生态环境的影响。在此基础上,构建面向水质安全的土地开发压力源(预警)评估方法,重点以子流域单元为单位,进行三峡库区的实证分析。

6.1.2　主要创新点

本书的主要创新点如下。

(1)使用面向对象的算法改进传统基于光谱信息的遥感分类方法，综合利用研究对象的光谱、纹理、几何信息，将土地利用分类细分到符合管理评价需求的二级子类。

(2)针对静态淹没法和二维水动力学计算方法适用范围的局限性，将传统的一维水文洪水演算法与GIS相结合，对只有DEM和水文历史观测数据的少资料湖库开展不同规模洪水条件下的淹没研究，并能通过GIS的叠加分析功能统计计算相应的淹没损失。该方法能有效地应用于静态淹没法水平面假设不成立的河道型湖泊水库，同时又能改进二维水动力学计算方法严重依赖于高精度地形的局限性，为无高精度水下地形资料的河道型湖库提供淹没范围计算方法。

(3)重视生态环境因子间的“系统性”与“相关性”，遴选出与水位调节关联度大、可控性强、时空敏感的生态因子(完备齐全的评价指标体系构建目前还很困难，前述研究意义部分已重点阐述)，构成精简扼要、切实可行的典型生态环境影响综合评价指标体系。通过空间信息技术精准全面地获取湖泊水库评价指标体系有关的流域特征信息、自然状态分布。以调度控制的水位条件为主线串联起流域的各类生态环境要素间相互作用、交织的响应变化过程，以整体的、广泛联系的观点看待湖库水位调节对生态环境造成的深刻复杂影响其中蕴含的动态性(dynamicity)、非线性(non-linear)、不确定性(uncertainty)和模糊性(fuzziness)。

(4)尝试通过多层次模糊综合评判原理构建一种可移植、可量化的评价体系与方法，能够随着监测技术不断发展增减指标而不影响整个评价体系的构建与计算。重视能反映流域特征、工程目标和具有客观数值意义权重的取定方法研究，能够依据流域新形势、工程运行的新目标准确客观地调整权重。

(5)重视研究综合定量的评价过程中的科学问题、方法流程与体系构建。面对湖库工程调度生态环境效应缺乏定量评价的现状(目前多以定性与半定量为主)，开展调度模式对生态环境的时空影响的理论研究与生态指标的提取，探索水位调节对时空敏感生态环境影响的复杂作用机制，重视实现可量化的、具可操作性的新方法研究。以此开展调度方案评价，探索湖泊水库高度协调、兼顾环境的最佳调度模式。

(6)提出了面向流域水质安全预警的土地开发压力源评估方法。包括兼顾氮磷污染输出风险的敏感土地类型和不利转化方向确定方法、兼顾状态和趋势的敏感单元筛选方法、预警评估指标确定原则、预警级别划分方式。以三峡库区为案例的研究证明了面向流域水质安全预警的土地开发压力源评估方法的可操作性，既能够避免直接建立土地开发压力与水质之间响应关系的复杂不确定性，又能较好地体现对污染物输出风险的控制和对水质安全的保障。相对于以集成模型模拟为代表的传统方法而言，更能适应实际管理中的压力源风险的快速警示需求。

§6.2　展　望

传统的地面站网监测覆盖范围有限，主要以点(断面)位置为主，监测指标参数单一，难以全面反映流域生态环境状况及动态变化情况。同时存在着投资大、耗时长、实时性弱、维护难等缺点，早已不能满足管理与决策的需要。以遥感技术为代表的空间信息技术，以其具有的宏观、多尺度、快速和经济等特征，能够大范围覆盖、实时快速获取解译对象分布规律与宏观趋势，适宜获取流域生态环境因素的时空变化情况，特别是旨在建立指标对象在全流域范围内定量关联时，拥有实地散点观测所不具备的优势。到目前为止，以 RS/GIS 为主的空间信息技术已经成为全球性、区域(流域)性生态环境问题研究的重要手段，为流域生态环境监测和评价提供了强有力的工具，是未来生态环境监测与评价的发展方向。现阶段能通过遥感影像和 DEM 提取大量的生态环境指标，包括调节对应水位条件下的水深、水量、水温、含沙量、叶绿素、湿周、淹没范围、地形地貌、土地利用分类等。针对少资料、少站点、有大量空间信息数据的湖泊水库，基于空间信息技术也能开展有效的生态环境监测与评价，极大地丰富管理手段和降低管理成本，十分契合湖库管理部门的多项业务流程，如涉水违法开发利用、水污染监测、采砂监控、分蓄洪淹没损失评估、调度方案评价等。同时，空间信息技术对于一些出现在边远地区、不易达到地区的巡视面积过大、需要实时同步等的湖库管理，有着不可替代的作用。

随着空间信息技术的飞速发展，为拥有遥感这项先进的观测技术和打破西方国家对卫星数据的垄断地位，我国正致力于全面建设陆地资源系列(ZY)、环境与灾害监测系列(HJ)以及高分系列(GF)等一大批卫星星座。国产卫星陆续发射升空并投入使用，北斗导航卫星系统也正在逐步组网完毕，势必将打破国外对高分影像和高精度定位系统的垄断地位。从国产遥感卫星发展趋势来看，总体参数已接近或达到国际先进水平，极大地丰富了国际遥感数据资源。我国遥感数据来源正逐步走向全国产化，HJ、ZY、GF 等国产数据以其各自特有的空间尺度、光谱波段、覆盖范围等特征，已能完整构成一系列层次分明、信息齐全的遥感数据体系。同时伴随着无人机倾斜摄影技术的诞生，无人机低空遥感系统可在小区域范围内低成本、快速获取调查水域及周边区域的高分辨率遥感影像，产品精度满足大比例尺航空摄影测量精度要求。该技术利用多视几何理论，解算具有重叠度和同名点的相片，快速构建三维实景模型。其巨大的经济性和时效性给传统航空摄影测量、三维立体建模等领域带来了革命性冲击。这些遥测技术的飞速发展，将为生态环境监测与评价研究提供低价、优质、稳定的数据来源，为全面开展生态环境监测与评价提供必要的数据保障。

同时,爆炸式增长的海量生态环境监测数据为物联网、云计算、大数据等高新技术提供了广阔的用武之地。遥感、地理信息、物联网、云计算、大数据等诸多空间信息技术相结合的建设模式,将极大地提高湖库管理的工作效率与管理水平,是未来生态环境动态监测与评价体系建设的新思路。强大的空间信息采集、传输、存储、计算能力,将有望使复杂庞大的生态环境定量评价由单水位驱动发展到水位流量等多因素驱动阶段,由单水库模式发展到梯级水库群间互馈作用、协同补偿、联合调控模式,有效克服"维数灾难"瓶颈。

"绿水青山就是金山银山。"在修复生态环境摆在压倒性位置,共抓大保护,不搞大开发的国家战略思想指导下,基于空间信息技术的生态环境动态监测与评价研究是对水生态文明建设的具体落实与响应,应努力提高相关理论、方法、技术的科技水平,促进生态环境持续改善,切实维护好绿水青山。

参考文献

蔡其华,2006. 充分考虑河流生态系统保护因素完善水库调度方式[J]. 中国水利(2):14-17.

曹波,陈文龙,魏思奇,2019. 岸线动态变化立体监测及管理信息系统研究[J]. 长江科学院院报,36(10):28-33.

曹波,康玲,沈定涛,2012. 地震形成堰塞湖潜在影响范围快速评估[J]. 人民长江,43(8):93-97.

曹波,康玲,谭德宝,等,2015. 地震诱发堰塞湖下游淹没风险评估方法对比研究[J]. 武汉大学学报(信息科学版),40(3):333-340.

曹波,严晓峰,2010. 基于高分辨率遥感图像的船只纹理研究[J]. 长江科学院院报,27(1):45-48.

柴春岭,2008. 基于可变模糊集理论的水文水资源系统模拟、评价与决策方法及应用[D]. 大连:大连理工大学.

陈进,黄薇,2008. 长江水库群联合调度可能性分析[J]. 长江科学院院报,25(2):1-5.

陈靖,李天文,冯丽丽,等,2008. GIS 技术在洪水灾害评估中的应用研究——以渭河中下游地区为例[J]. 西北大学学报(自然科学版),38(4):663-667.

陈凯麒,王东胜,刘兰芬,等,2005. 流域梯级规划环境影响评价的特征及研究方向[J]. 中国水利水电科学研究院学报,3(2):79-84.

陈启慧,2005. 美国两条河流生态径流试验研究[J]. 水利水电快报,26(15):23-24.

陈守煜,2009. 可变模糊集理论与模型及其应用[M]. 大连:大连理工大学出版社.

陈守煜,2012. 可变集及水资源系统优选决策可变集原理与方法[J]. 水利学报,43(9):1066-1073.

陈守煜,李敏,2006. 基于可变模糊集理论的水资源可再生能力评价模型[J]. 水利学报,37(4):431-435.

戴昌达,姜小光,唐伶俐,2004. 遥感图像应用处理与分析 [M]. 北京:清华大学出版社.

丁志雄,2004. 基于 RS 与 GIS 的洪涝灾害损失评估技术方法研究[D]. 北京:中国水利水电科学研究院.

丁志雄,王义成,2008. 基于遥感与 GIS 的堰塞湖库区淹没分析与灾害评估[J]. 水利水电技术,10(39):115-120.

樊胜军,2003. 层次分析法在建设工程评标中的应用[D]. 西安:西安建筑科技大学.

范建容,田兵伟,程根伟,等,2008. 基于多源遥感数据的 5·12 汶川地震诱发堰塞体信息提取[J]. 山地学报,26(3):257-262.

付湘,纪昌明,2000. 洪灾损失评估指标的研究[J]. 水科学进展,11(4):432-435.

付雅琴,2009. 基于复杂系统理论的梯级水电开发生态环境影响评价研究[D]. 武汉:华中科技大学.

傅伯杰,陈利顶,马克明,1999. 黄土高原区小流域土地利用变化对生态环境的影响——以延安市羊圈沟流域为例[J]. 地理学报,54(3):241-246.

高庆华,马宗晋,张业成,等,2006. 自然灾害评估[M]. 北京:气象出版社.

葛全胜，戴君虎，何凡能，等，2008. 过去 300 年中国土地利用、土地覆被变化与碳循环研究[J]. 中国科学：D 辑地球科学，38(2)：197-210.

郭青海，马克明，张易，2009. 城市土地利用异质性对湖泊水质的影响[J]. 生态学报，29(2)：776-787.

郭瑜，2006. 水资源与防洪系统工程模糊集理论的应用研究[D]. 大连：大连理工大学.

韩黎阳，2014. 三峡库区典型土地利用类型及空间格局的环境效应研究[D]. 北京：中国林业科学研究院.

贺辉，彭望琭，余先川，2006. 基于组合小波变换和数学形态学的 ASAR 目标桥梁综合检测[J]. 计算机辅助工程，15(3)：98-101.

侯岳衡，沈德家，1995. 指数标度及其与几种标度的比较[J]. 系统工程理论与实践，15(10)：43-46.

胡慧萍，2011. 面向对象分类技术的景观信息获取[D]. 长沙：中南大学.

黄慧萍，吴炳方，2006. 地物大小、对象尺度、影像分辨率的关系分析[J]. 遥感技术与应用，21(3)：243-248.

贾海峰，刘雪华，2006. 环境遥感原理与应用[M]. 北京：清华大学出版社.

江迎，2012. 基于云模型和 GIS/RS 的坝堤溃决风险分析及灾害损失评估研究[D]. 武汉：华中科技大学.

焦俊超，马安青，李福建，2010. 基于 GIS 的崂山区洪水危险等级模糊评判研究[J]. 水土保持通报，30(5)：161-164.

金相灿，1995. 中国湖泊环境[M]. 北京：海洋出版社.

李纪人，1998. 遥感技术在 1998 年洪涝灾害监测与评估中的应用[J]. 中国航天(11)：3-5.

李平，李秀彬，刘学军，2001. 我国现阶段土地利用变化驱动力的宏观分析[J]. 地理研究，20(2)：129-138.

李文波，2008. 基于 RS/GIS 的水电开发生态环境时空影响定量分析研究[D]. 武汉：华中科技大学.

李谢辉，王磊，2013. 河南省洪灾风险危险性区划研究[J]. 人民黄河，35(1)：10-13.

梁顺林，2009. 定量遥感[M]. 北京：科学出版社.

刘家福，李京，刘荆，等，2008. 基于 GIS/AHP 集成的洪水灾害综合风险评价——以淮河流域为例[J]. 自然灾害学报，17(6)：110-114.

隆文非，张新华，黄金池，等，2008. 水库溃坝洪水预测方法研究及应用[J]. 四川大学学报，40(1)：21-26.

罗青，2013. 面向典型目标的高分影像多特征分割[D]. 武汉：武汉大学.

麻泽龙，程根伟，2006. 河流梯级开发对生态环境影响的研究进展[J]. 水科学进展，17(5)：748-753.

马荣华，2010. 湖泊水环境遥感[M]. 北京：科学出版社.

马荣华，孔繁翔，段洪涛，等，2008. 基于卫星遥感的太湖蓝藻水华时空分布规律认识[J]. 湖泊科学，20(6)：687-694.

梅安新，彭望琭，秦其明，等，2001. 遥感导论[M]. 北京：高等教育出版社.

莫登奎,林辉,孙华,等,2005.基于高分辨率遥感影像的土地覆盖信息提取[J].遥感技术与应用,20(4):411-414.

潘世兵,李小涛,宋小宁,2009. 四川汶川"5·12"地震滑坡堰塞湖遥感监测分析[J]. 地球信息科学学报,11 (3):299-303.

覃志豪,李文娟,徐斌,等,2004. 陆地卫星 TM6 波段范围内地表比辐射率的估计[J].国土资源遥感,61(3):28-36.

施国庆,朱淮宁,荀厚平,等,1998. 水库溃坝损失及其计算方法研究[J].灾害学,13(4):28-33.

史旭,周扬,2009. 汶川地震堰塞湖的雷达遥感识别研究[J]. 水电能源科学,27(5):65-68.

孙波中,2011.多尺度分割技术在高分辨率影像信息提取中的应用研究[D]. 西安:西安科技大学.

孙显,2011. 高分辨率遥感图像理解[M]. 北京:科学出版社.

谭衢霖,刘正军,沈伟,2007.一种面向对象的遥感影像多尺度分割方法[J].北京交通大学学报,31(4):111-114.

童磊,2012.面向对象的遥感影像信息提取技术研究[D].广州:中山大学.

童立强,2008. "5·12"汶川大地震极重灾区地震堰塞湖应急遥感调查[J]. 国土资源遥感,77(3):61-63.

汪闽,骆剑承,明冬萍,2005. 高分辨率遥感影像上基于形状特征的船舶提取[J]. 武汉大学学报,30(8):685-688.

汪恕诚,2004. 论大坝与生态[J].水力发电,30(4):1-4.

王洪利,冯玉强,2005. 基于云模型标度判断矩阵的改进层次分析法[J]. 中国管理科学,13:32-37.

王建平,程声通,贾海峰,等,2003.用影像进行湖泊水色反演研究的人工神经网络模型[J].环境科学,24(2):73-76.

王丽婧,翟羽佳,郑丙辉,等,2012. 三峡库区及其上游流域水污染防治规划[J]. 环境科学研究,25(12):1370-1377.

王桥,王文杰,2006. 基于遥感的宏观生态监测技术研究[M]. 北京:中国环境科学出版社.

王晓青,2012. 三峡库区澎溪河(小江)富营养化及水动力水质耦合模型研究[D]. 重庆:重庆大学.

王宗明,国志兴,宋开山,等,2009. 2000～2005 年三江平原土地利用/覆被变化对植被净初级生产力的影响研究[J]. 自然资源学报,24(1):136-146.

吴保生,邓玥,马吉明,2004. 格伦峡大坝人造洪水试验[J].人民黄河,26(7):12-13.

谢跟踪,2004. GIS 在区域生态环境信息系统研究中的应用[M]. 北京:中国环境科学出版社.

徐刚峰,王平,沈振康,2006. 基于骨架特征的机场主跑道识别[J]. 红外与激光工程,35(6):717-721.

徐泽水,1997. 层次分析法中构造判断矩阵的新方法[J]. 系统工程(S1):204-206.

杨保安,张科静,2008. 多目标决策分析理论、方法与应用研究[M]. 上海:东华大学出版社.

杨纶标,高英仪,2011. 模糊数学原理及应用[M].广州:华南理工大学出版社.

喻锋,李晓兵,王宏,等,2006. 皇甫川流域土地利用变化与生态安全评价[J]. 地理学报,61(6):

645-653.

翟宜峰,2003. 基于 GIS/RS 的洪水灾害评估模型[J]. 人民黄河,25(3):6-7.

詹道江,叶守泽,2000. 工程水文学[M]. 3 版. 北京:水利水电出版社.

张东华,刘荣,2009. 一种基于 DEM 的洪水有源淹没分析算法的设计与实现[J]. 东华理工大学学报,32(2):181-184.

张红萍,胡昌伟,刘舒,2005. 蒙洼蓄滞洪区洪水淹没数值模拟[J]. 中国水利水电科学研究学报,3(4):291-296.

张润森,濮励杰,刘振,2013. 土地利用/覆被变化的大气环境效应研究进展[J]. 地域研究与开发,32(4):123-128.

张亭禄,贺明霞,2002. 基于人工神经网络的一类水域叶绿素 a 浓度反演方法[J]. 遥感学报,6(1):40-44.

张煜,陈鹏霄,芦云峰,2008. 堰塞湖特征参数快速提取及影响分析评估[J]. 人民长江,39(22):96-98.

赵宇鸾,林爱文,2008. 基于面向对象和多尺度影像分割技术的城市用地分类研究——以武汉市城市中心区为例[J]. 国土资源科技管理,25(5):90-94.

周春艳,王萍,张振勇,2008. 基于面向对象信息提取技术的城市用地分类[J]. 遥感技术与应用,13(1):31-35.

周品,李勇,谭建军,等,2007. 基于 DEM 的洪水淹没计算机算法优化研究[J]. 微计算机信息,23(3):196-198.

AMIRI B J, NAKANE K, 2009. Modeling the linkage between river water quality and landscape metries in the Chugoku district of Japan[J]. Water Resource Manage, 23: 931-956.

ANDERSON M T, GRAF J B, MARZOLF G R, 1996. Controlled flooding of the Colora-do River in Grand Canyon: the rationale and data-collection planned [R]. Denver: U. S. Geological Survey.

ANDERSON M, NORMAN J, DIAK G, et al, 1997. A two-source time-integrated model for estimating surface fluxes from thermal infrared satellite observations [J]. Remote Sensing of Environment, 60: 195-216.

BARNES B B, HU C M, HOLEKAMP K L, et al, 2014. Use of Landsat data to track historical water quality changes in Florida Keys marine environments [J]. Remote Sensing of Environment, 140: 485-496.

BENZ U C, HOFMANN P, WILLHAUCK G, 2004. Multi-resolution, object-oriented fuzzy analysis of remote sensing data for GIS-ready information [J]. ISPRS Journal of Photogrammetry and Remote Sensing, 58 (3-4): 239-258.

BRISMAR A, 2004. Attention to impact pathways in EISs of large dam projects [J]. Environmental Impact Assessment Review, 24: 59-87.

CHEN J, HILL A A, URBANO L D, 2009. A GIS-based model for urban flood inundation [J]. Journal of Hydrology, 373(1-2): 184-192.

CORREIA F N, REGO F C, SARAIVA M D G, et al, 1998. Coupling GIS with Hydrologic and

Hydraulic Flood Modelling[J]. Water Resources Management, 12(3): 229-249.

COSTABILE P, MACCHIONE F, 2015. Enhancing river model set-up for 2-D dynamic flood modelling [J]. Environmental Modelling & Software, 67:89-107.

CUN J, YANG H, HUANG Y M, 2002. Rapidly assessing the flood disaster by using Remote rensing and GIS [J]. Geoscience and Remote Sensing Symposium, 5: 2880-2885.

DIERMANSE F L M, GEERSE C P M, 2012. Correlation models in flood risk analysis [J]. Reliability Engineering & System Safety, 105: 64-72.

DUAN H T, MA R H, XU X F, 2009. Two-decade reconstruction of algal blooms in China's Lake Taihu[J]. Environmental Science and Technology, 43(10): 3522-3528.

DYMOND J R, STEPHENS P R, NEWSOME P F, et al, 1992. Percent vegetation cover of a degrading rangeland from SPOT [J]. International Journal of Remote Sensing, 13(11): 1999-2007.

FAN J P, DAVID K Y, YAU A K, et al, 2001. Automatic image segmentation by integrating color-edge extraction and seeded region growing [J]. IEEE Transactions on Image Processing, 10 (10): 1454-1466.

FENG R, TRISTROM C, DANNY G, 2006. Model based ISAR ship classification [J]. Digital Signal Processing, 16:628-637

FEYISA G L, MEILBY H, FENSHOLT R, et al, 2014. Automated water extraction index: a new technique for surface water mapping using Landsat imagery [J]. Remote Sensing of Environment, 140: 23-35.

FOODY G M, 2002. Status of land cover classification accuracy assessment [J]. Remote Sensing of Environment, 80:185-201.

GAGNON L, KLIMPT J E, SEELOS K, 2002. Comparing recommendations from the World Commission on Dams and the IEA initiative on hydropower [J]. Energy Policy, 30: 1299-1304.

GARCÍA S G, 2000. A real-time flood forecasting system based on GIS and DEM [J]. Remote Sensing and Hydrology, 31:439-445.

GAUDENZI B, BORGHESI A, 2006. Managing risks in the supply chain using the AHP method [J]. International Journal of Logistics Management, 17(1):114.

GLEICK P H, 1996. Water in Crisis: Paths to sustainable water use [J]. Ecological Application, 8(3):570-580.

GRATEZ R D, PECH R R, DAVIS A W, 1988. The assessment and monitoring of sparsely vegetated rangelands using calibrated Landsat data [J]. International Journal of Remote Sensing, 9(7): 1201-1222.

GUO X D, CHEN L D, FU B J, 1997. Effects of land use/land cover changes on regional ecological environment[J]. Advances in Environmental Science, 7(6): 66-75.

HAAKSTAAD M, KOGELER J W, DAHLE S, 1994. Studies of sea surface temperatures in selected northern Norwegian fjords using Landsat TM data [J]. Polar Research, 13:95-104.

HOFINANN P,2001. Detecting. informal settlements from IKONOS image data using methods of object oriented image analysis: an example from CapeTown(South Africa)[A]. Remote Sensing of Urban Areas/Fernerkundungin urbanen Raumen: 41-42.

HOWARD D,ROBERTS S C,BRANKIN R,1999. Target detection in SAR imagery by genetic programming [J]. Advances in Engineering Software,30: 303-311.

JHA R,MISHRA B K,2007. Impact of land-use change on runoff using RS and GIS: the case of the Bagmati River [J]. Nepal Methodology in Hydrology,22:480-484.

JI L,ZHANG L,WYLIE B,2009. Analysis of dynamic thresholds for the normalized difference water index [J]. Photogrammetric Engineering and Remote Sensing,75:1307-1317.

JIANG W G,DENG L,CHEN L Y,et al,2009. Risk assessment and validation of flood disaster based on fuzzy mathematics[J]. Progress in Natural Science,19:1419-1425.

JIMENEZ-MUNOZ J C, SOBRINO J A, 2003. A generalized single channel method for retrieving land surface temperature from remote sensing data [J]. Journal of Geophysical Research,108: 4688-4695.

KERR Y H, LAGOUARDE J P, IMBERNON J, 1992. Accurate land surface temperature retrieval fromAVHRR data with use of an improved split window algorithm [J]. Remote Sensing of Environment,41:197-209.

KONIECZKI A D, GRAF J B, CARPENTER M C, 1997. Streamflow and sediment data collected to determine the effects of a controlled flood in March and April 1996 on the Colorado River between Lees Ferry and Diamond Greek, Arizona [R]. Denver: U. S. Geological Survey.

KUSTER T, 2004. Quantitative detection of chlorophyll in cyanobacterial blooms by satellite remote sensing [J]. Limnology and Oceanography,49(6):2179-2189.

LIGON F K,DIETRICH W E,TRUSH W J,1995. Downstream ecological effects of dams [J]. Bioscience,45(3):183-195.

MA R,TANG J,DAI J,2006. Bio-optical model with optimal parameter suitable for Taihu Lake in water color remote sensing [J]. International Journal of Remote Sensing, 27(9): 4305-4328.

MCFEETERS S K, 1996. The use of the normalized difference water index (NDWI) in the delineation of open water features [J]. International Journal of Remote Sensing, 17: 1425-1432.

MILLET I, WEDLEY W C, 2002. Modelling risk and uncertainty with the analytic hierarchy process [J]. Journal of Multi-criteria Decision Analysis,11: 97-107.

NEAL J C, FEWTRELL T J, BATES P D, et al, 2010. A comparison of three parallelisation methods for 2D flood inundation models [J]. Environmetal, Modelling & Software, 25: 398-411.

OTSU N, 1979. A threshold selection method from gray-level histograms [J]. IEEE Transactions on Systems,Man and Cybernetics,9:62-69.

PASTINAA D, LOMBARDOA P, FARINAB A, et al, 2003. Super-resolution of polarimetric SAR images of ship targets [J]. Signal Processing, 83: 1737-1748.

POWELL K, 2002. Open the floodgates [J]. Nature, 420: 356-358.

PROFF N J, ALLAN J D, BAIN M B, et al, 1997. The natural flow regime a parading for river conservation and restoration [J]. Bioscience, 47: 769-784.

QIN Z, KARNIELI A, BERLINER P, 2001. A mono window algorithm for retrieving land surface temperature from Landsat TM data and its application to the Israel-Egypt border region [J]. International Journal of Remote Sensing, 22(18): 3719-3746.

RAHMAN M, CHAUDHRY M H, 1998. Simulation of dam-break flow with grid adaptation [J]. Advances in Water Resources, 21 (1): 1-9.

RASHIN P D, HANSEN E, MARGILIS R M, 1996. Water and sustainability: global patterns and longrange problem [J]. Natural Researchs Forum, 20(1): 1-15.

RICHTER B D, BAUMGARTNER J V, JENNIFER P, et al, 1996. A method for assessing hydrologic alteration within ecosystems [J]. Conservation Biology, 10(4): 1163-1174.

RICHTER B D, BAUMGARTNER J V, WIGINGTON R, et al, 1997. How much water does a river need? [J]. Freshwater Biology(37): 231-249.

SALMON G M, HARTOFRD D N, 1995. Risk analysis for dam safety [J]. International Water Power & Dam Construction, 47(3): 52-59.

SATTY T L, 1980. The Analytic Hierarchy Process [M]. New York: McGraw-Hill.

SCHNEIDER K, MAUSER W, 1996. Processing and accuracy of Landsat Thematic Mapper data for lake surface temperature measurement [J]. International Journal of Remote Sensing, 17: 2027-2041.

SHEN D T, RUI Y K, WANG J C, et al, 2015. Flood inundation extent mapping based on block compressed tracing[J]. Computers & Geosciences, 80: 74-83.

SOBRINO J A, JIMENEZ-MUNOZ J C, PAOLINI L, 2004. Land surface temperature retrieval from LANDSAT TM 5[J]. Remote Sensing of Environment, 90: 434-440.

STREUTKER D R, 2002. A remote sensing study of the urban heat island of Houston, Texas [J]. International Journal of Remote Sensing, 23: 2595-2608.

TESFAMARIAM S, SADIP R, 2006. Risk-based environmental decision-making using fuzzy analytic hierarchy process [J]. Stochastic Environmental Research and Risk Assessment, 21: 35-50.

THOMAS A, BYRNE D, WEATHERBEE R, 2002. Coastal sea surface temperature variability from Landsat infrared data [J]. Remote Sensing of Environment, 81: 262-272.

WAN Z M, 2014. New refinements and validation of the collection-6 MODIS land-surface temperature/emissivity product [J]. Remote Sensing of Environment, 140: 36-45.

WANG G X, LIU J Q, CHEN L, 2006. Comparison of spatial diversity of land use changes and the inpacts on two typical areas of Heihe river basin[J]. Acta Geographica Sinica, 61(4): 339-348.

WANG Y M,LI Z W,TANG Z H,et al,2011. A GIS-based spatial multi-criteria approach for flood risk assessment in the Dongting Lake region,Hunan,central China [J]. Water Resour Manage,25: 3465-3484.

WEBB A R, 2000. Gamma mixture models for target recognition Pattern Recognition [J]. Pattern Recognition,33: 2045-2054.

WENG Q H,LU D S,SCHUBRING J,2004. Estimation of land surface temperature-vegetation abundance relationship for urban heat island studies [J]. Remote Sensing of Environment,89: 467-483.

XIE T,ZHOU J Z,SONG L X,et al,2011. Dynamic evaluation and implementation of flood loss based on GIS grid data [J]. Communications in Computer and Information Science,228: 558-565.

XU H Q, 2006. Modification of normalized difference water index (NDWI) to enhance open water features in remotely sensed imagery [J]. International Journal of Remote Sensing,27: 3025-3033.

XUE Y,XU W L,LUO S J,ET al,2011. Experimental study of dam-break flow in cascade reservoirs with Steep bottom slope [J]. Journal of Hydrodynamics,23(4): 491-497.

YU F,LI X B,WANG H,2014. Optimization of land use pattern based on eco-security: a case study in the huangfuchuan watershed [J]. Acta Ecologica Sinica,34(12): 3198-3210.

ZHANG Q W,ZHONG M,2011. Using multi-level fuzzy comprehensive evaluation to assess reservoir induced seismic risk [J]. Journal of Computer,6(8): 1670-1676.

ZHAO M J,XU T,2005. Research on the environmental impacts of land use and land cover change[J]. Research of Soiland Water Conservation,12(1): 43-46

ZHENG D,BASTIAANSSEN W G M,2013. Estimating water volume variations in lakes and reservoirs from four operational satellite altimetry databases and satellite imagery data [J]. Remote Sensing of Environment,134: 403-416.